天基探测与应用前沿技术丛书

主编 杨元喜

# 光学卫星摄影测量原理

Optical Satellite Photogrammetric Principle

王建荣 著

国防工業出版社

·北京·

# 内容简介

本书从航天系统工程角度出发，结合工程实践经验，系统地介绍了航天光学卫星摄影测量定位理论与方法，主要内容包括卫星摄影测量基本理论、光学卫星有效载荷、精密定轨与定姿、光学影像预处理、相机参数在轨标定、光学影像高精度定位以及数据仿真等。

本书适合于航天、测绘、遥感、地理信息系统领域的科研人员、工程技术人员及相关专业高等院校教师学习参考。

**图书在版编目（CIP）数据**

光学卫星摄影测量原理 / 王建荣著. -- 北京 : 国防工业出版社, 2024. 7. -- (天基探测与应用前沿技术丛书 / 杨元喜主编). -- ISBN 978-7-118-13398-1

Ⅰ. P236

中国国家版本馆 CIP 数据核字第 2024TQ3915 号

※

国防工业出版社 出版发行

（北京市海淀区紫竹院南路 23 号　邮政编码 100048）

雅迪云印（天津）科技有限公司印刷

新华书店经售

*

**开本** 710×1000　1/16　**插页** 4　**印张** 11¾　**字数** 217 千字

2024 年 7 月第 1 版第 1 次印刷　**印数** 1—1500 册　**定价** 98.00 元



国防书店：(010) 88540777　　书店传真：(010) 88540776

发行业务：(010) 88540717　　发行传真：(010) 88540762

# 天基探测与应用前沿技术丛书
# 编审委员会

# 丛 书 序

天高地阔、水宽山远、浩瀚无垠、目不能及，这就是我们要探测的空间，也是我们赖以生存的空间。从古人眼中的天圆地方到大航海时代的环球航行，再到日心学说的确立，人类从未停止过对生存空间的探测、描绘与利用。

摄影测量是探测与描绘地理空间的重要手段，发展已有近200年的历史。从1839年法国发表第一张航空像片起，人们把探测世界的手段聚焦到了航空领域，在飞机上搭载航摄仪对地面连续摄取像片，然后通过控制测量、调绘和测图等步骤绘制成地形图。航空遥感测绘技术手段曾在120多年的时间长河中成为地表测绘的主流技术。进入20世纪，航天技术蓬勃发展，而同时期全球地表无缝探测的需求越来越迫切，再加上信息化和智能化重大需求，“天基探测”势在必行。

天基探测是人类获取地表全域空间信息的最重要手段。相比传统航空探测，天基探测不仅可以实现全球地表感知（包括陆地和海洋），而且可以实现全天时、全域感知，同时可以极大地减少野外探测的工作量，显著地提高地表探测效能，在国民经济和国防建设中发挥着无可替代的重要作用。

我国的天基探测领域经过几十年的发展，从返回式卫星摄影发展到传输型全要素探测，已初步建立了航天对地观测体系。测绘类卫星影像地面分辨率达到亚米级，时间分辨率和光谱分辨率也不断提高，从1:250000地形图测制发展到1:5000地形图测制；遥感类卫星分辨率已逼近分米级，而且多物理原理的对地感知手段也日趋完善，从光学卫星发展到干涉雷达卫星、激光测高卫星、重力感知卫星、磁力感知卫星、海洋环境感知卫星等；卫星探测应用技术范围也不断扩展，从有地面控制点探测与定位，发展到无需地面控制点支持的探测与定位，从常规几何探测发展到地物属性类探测；从专门针对地形测量，发展到动目标探测、地球重力场探测、磁力场探测，甚至大气风场探测和海洋环境探测；卫星探测载荷功能日臻完善，从单一的全色影像发展到多光谱、高光谱影像，实现“图谱合一”的对地观测。当前，天基探测卫星已经在国土测绘、城乡建设、农业、林业、气象、海洋等领域发挥着重要作用，取得了系列理论和应用成果。

任何一种天基探测手段都有其鲜明的技术特征，现有天基探测大致包括几何场探测和物理场探测两种，其中诞生最早的当属天基光学几何探测。天基光学探测理论源自航空摄影测量经典理论，在实现光学天基探测的过程中，前人攻克了一系列技术难关，《光学卫星摄影测量原理》一书从航天系统工程角度出发，系统介绍了航天光学摄影测量定位的理论和方法，既注重天基几何探测基础理论，又兼顾工程性与实用性，尤其是低频误差自补偿、基于严格传感器模型的光束法平差等理论和技术路径，展现了当前天基光学探测卫星理论和体系设计的最前沿成果。在一系列天基光学探测工程中，高分七号卫星是应用较为广泛的典型代表，《高精度卫星测绘技术与工程实践》一书对高分七号卫星工程和应用系统关键技术进行了总结，直观展现了我国 1∶10000 光学探测卫星的前沿技术。在光学探测领域中，利用多光谱、高光谱影像特性对地物进行探测、识别、分析已经取得系统性成果，《高光谱遥感影像智能处理》一书全面梳理了高光谱遥感技术体系，系统阐述了光谱复原、解混、分类与探测技术，并介绍了高光谱视频目标跟踪、高光谱热红外探测、高光谱深空探测等前沿技术。

天基光学探测的核心弱点是穿透云层能力差，夜间和雨天探测能力弱，而且地表植被遮挡也会影响光学探测效能，无法实现全天候、全时域天基探测。利用合成孔径雷达（SAR）技术进行探测可以弥补光学探测的系列短板。《合成孔径雷达卫星图像应用技术》一书从天基微波探测基本原理出发，系统总结了我国 SAR 卫星图像应用技术研究的成果，并结合案例介绍了近年来高速发展的高分辨率 SAR 卫星及其应用进展。与传统光学探测一样，天基微波探测技术也在不断迭代升级，干涉合成孔径雷达（InSAR）是一般 SAR 功能的延伸和拓展，利用多个雷达接收天线观测得到的回波数据进行干涉处理。《InSAR 卫星编队对地观测技术》一书系统梳理了 InSAR 卫星编队对地观测系列关键问题，不仅全面介绍了 InSAR 卫星编队对地观测的原理、系统设计与数据处理技术，而且介绍了双星“变基线”干涉测量方法，呈现了当前国内最前沿的微波天基探测技术及其应用。

随着天基探测平台的不断成熟，天基探测已经广泛用于动目标探测、地球重力场探测、磁力场探测，甚至大气风场探测和海洋环境探测。重力场作为一种物理场源，一直是地球物理领域的重要研究内容，《低低跟踪卫星重力测量原理》一书从基础物理模型和数学模型角度出发，系统阐述了低低跟踪卫星重力测量理论和数据处理技术，同时对低低跟踪重力测量卫星设计的核心技术以及重力卫星反演地面重力场的理论和方法进行了全面总结。海洋卫星测高在研究地球形状和大小、海平面、海洋重力场等领域有着重要作用，《双星跟飞海洋测高原理及应用》一书紧跟国际卫星测高技术的最新发展，描述了双星跟飞卫星测高原理，并结合工程对双星跟飞海洋测高数据处理理论和方法进行了全面梳理。

天基探测技术离不开信息处理理论与技术，数据处理是影响后期天基探测产品成果质量的关键。《地球静止轨道高分辨率光学卫星遥感影像处理理论与技术》一书结合高分四号卫星可见光、多光谱和红外成像能力和探测数据，侧重梳理了静止轨道高分辨率卫星影像处理理论、技术、算法与应用，总结了算法研究成果和系统研制经验。《高分辨率光学遥感卫星影像精细三维重建模型与算法》一书以高分辨率遥感影像三维重建最新技术和算法为主线展开，对三维重建相关基础理论、模型算法进行了系统性梳理。两书共同呈现了当前天基探测信息处理技术的最新进展。

本丛书成体系地总结了我国天基探测的主要进展和成果，包含光学卫星摄影测量、微波测量以及重力测量等，不仅包括各类天基探测的基本物理原理和几何原理，也包括了各类天基探测数据处理理论、方法及其应用方面的研究进展。丛书旨在总结近年来天基探测理论和技术的研究成果，为后续发展起到推动作用。

期待更多有识之士阅读本丛书，并加入到天基探测的研究大军中。让我们携手共绘航天探测领域新蓝图。

杨元喜

2024 年 2 月

# 前　言

卫星摄影测量是人类获取地球地理空间信息的重要手段，也是解决全球无图区或困难地区测绘的有效途径，在国防和国民经济建设中发挥了重要的作用。卫星搭载的测绘相机通常包括框幅式相机和线阵电荷耦合器件（CCD）相机，框幅式相机通常利用在不同摄站对同一区域摄影实现立体影像，线阵CCD相机则可以利用两线阵或三线阵相机获取立体影像，也可以利用单线阵相机通过卫星平台的前后或左右摆动获取同轨或异轨立体影像。

从测量对象和专业类型分，航天测绘卫星可以分为大地测量卫星和地形测量卫星。地形测量卫星经过几十年的发展，从最初以框幅式测量相机为有效载荷的返回式测绘卫星，发展到目前以线阵CCD或面阵互补金属氧化物半导体（CMOS）测量相机为有效载荷的传输型测绘卫星和以干涉合成孔径雷达（InSAR）为有效载荷的全天候传输型卫星摄影测量体系。测绘卫星的种类日趋完善，从光学卫星发展到干涉雷达卫星、激光测高卫星、重力卫星、磁力卫星等；测绘卫星影像的地面分辨率已达到亚米级，时间分辨率和光谱分辨率也不断提高；卫星测绘应用技术范围也不断扩展，从有地面控制点定位和测图，发展到无地面控制点定位和测图，从专门针对地形测量，发展到对地球重力场、磁力场测量；测绘卫星载荷功能日益完善，从卫星载荷单一型向载荷密集型和集成型方向转变；定位精度和测图比例尺也日益提高，以满足1:250000地形图测制发展到满足1:5000地形图测制。

本书从航天系统工程的角度出发，结合作者多年从事航天摄影测量工程实践的经验，既注重理论性与系统性，又兼顾工程性与实用性。全书共8章：

第 1 章介绍光学卫星摄影测量国内外的发展与现状；第 2 章介绍摄影测量所需的基础理论，包括误差理论、常用坐标系、光学影像构像数学模型以及空间交会模型等；第 3 章介绍光学相机的特征、主要性能评价参数以及分类等；第 4 章介绍卫星影像的预处理，重点介绍多片 CCD 影像拼接和辐射校正；第 5 章介绍卫星摄影测量中的辅助定位，包括精密定轨、精密定姿以及激光测距仪等相关内容；第 6 章介绍光学影像高精度定位，重点介绍光束法区域网平差以及激光数据辅助联合平差等；第 7 章介绍遥感器标定，包括实验室标定及在轨标定的常用方法；第 8 章介绍卫星影像数据的仿真与定位精度评估。

本书在选题中得到了王任享院士和杨元喜院士的指导，撰写过程中得到所在光学卫星摄影测量团队成员的帮助，唐新明研究员对本书也提出了许多宝贵建议，在此一并表示感谢。

由于作者水平有限，书中难免存在不足之处，请读者指正。

作　者

2023 年 10 月

# 目　录

# 第1章 绪 论

## 1.1 概 述

自苏联1957年发射第一颗人造地球卫星以来，航天技术突飞猛进，推动并开辟了十分广阔的应用和研究领域，从气象、侦察、地质勘探到测绘，应用领域极为广泛，卫星摄影测量就是重要的应用领域之一。卫星摄影测量是以人造地球卫星作为遥感平台，用各种传感器在轨道空间对地球或其他星球进行探测，并根据获取的信息进行摄影测量处理，测制或修测地形图[1]，主要测绘产品包括数字高程模型（DEM）和数字表面模型（DSM）、数字正射影像图（DOM）、数字线划图（DLG）以及各类专题应用产品等。与航空摄影测量比较而言，卫星摄影测量具有不受地区和国界的限制、获取资料快速等特点[2]，是目前世界各国摄影测量发展的重要方向。在沙漠、海岛礁、境外等困难地区，由于人员无法到达或实时定位，地面控制点的获取往往比较困难甚至根本无法获取。因此，无地面控制点摄影测量是解决这些无图区问题或困难地区测绘的有效途径[3]。同时，随着空、天、地各类传感器的发展和应用，泛在感知数据可以说是无处不在、无时不在，大多数泛在感知是个体的感知、点状信息感知，单一的泛在感知信息很难体现信息的价值。航天测绘通常是针对大区域面状信息，具有极强的背景几何信息，甚至物理属性信息。只有将“点状”感知信息与具有背景的“面状”感知信息进行匹配，才能发挥零散“点状”感知信息的作用，进而展示泛在感知的整体价值。因此，航天测绘不仅是泛在感知的重要手段，也是泛在感知的空间基准框架和空间背景支撑框架，可以为泛在感知提供重要空间背景和空间位置[4]。

从测量对象和专业类型分，航天测绘卫星可以分为大地测量卫星和地形测量卫星[5]，前者主要有激光测高卫星、重力卫星、磁力卫星等，后者主要包括光学卫星和合成孔径雷达卫星。地形测量卫星经过几十年的发展，从最初以框幅式测量相机为有效载荷的返回式测绘卫星，发展到目前以线阵电荷耦合器件（CCD）相机或面阵互补金属氧化物半导体（CMOS）测量相机为有效载荷的传输型测绘卫星，以及以干涉合成孔径雷达（InSAR）为有效载荷的全天候传输型卫星摄影测量体系。返回式测绘卫星搭载框幅式相机实施静态摄影，获取中心投影影像，影像几何保真度好。同时，通过采用增大航向像幅的方式可获得较好的基高比，是实现无控或少量控制进行全球测绘的有效途径[6]。尽管返回式卫星在短期内可以实现大面积摄影覆盖，但卫星在轨飞行时间短，难以避开云层影响。为弥补云影对影像的影响及改善影像的时效性，往往要发射大量的卫星，摄影效率低，成本高。此外，卫星获取影像的质量只能在卫星回收后才能进行分析，无法实现在轨调整。随着光电子元器件、数据传输等技术的飞跃发展，以线阵 CCD 和面阵 CMOS 为探测器的传输型测绘卫星是当前发展的主流。

目前，测绘卫星影像地面分辨率已达到亚米级，时间分辨率和光谱分辨率也在不断提高；卫星测绘应用技术范围不断扩展，从有地面控制点定位和测图，发展到无地面控制点定位和测图，从专门针对地形测量，发展到对地球重力场、磁力场测量；测绘卫星载荷功能日益完善，从卫星载荷单一型向载荷密集型和集成型方向转变[5]；定位精度和测图比例尺也日益提高，从满足 1∶250000 地形图测制发展到满足 1∶5000 地形图测制。

## 1.2 国外光学测绘卫星发展历程及现状

### 1.2.1 返回式测绘卫星发展

美国从 20 世纪 60 年代中期开始研究框幅式卫星摄影测量技术，在“阿波罗”月球探测中使用框幅式相机进行月球影像获取[7]。同时，为满足对苏联军事作战准备的要求，美国开始发射“锁眼”（KH）系列军用光学成像侦察测绘卫星，该系列卫星为美国提供了重要的军事侦察与测绘能力，KH-1 至 KH-9 均为返回式胶片成像卫星，其中 KH-5 和 KH-6 为军事测绘专用卫星，携带有画幅式测量型相机，焦距为 76mm，地面分辨率为 11.68m。随后，1984 年又使用大幅面相机（LFC）作为航天飞机的有效载荷进行对地摄影测量，其相机焦距为 305mm，分辨率为 10m，可进行红外、彩色和全色 3 种谱段进行成像，具有像移补偿能力，一次任务可获取 2400 帧 23cm×46cm 影像，重叠影像的基高比为 0.3~1.2，具有非常高的几何精度，可实现无控定位和测绘产品生产[8]。冷战结束后，美国不再发射军事测绘专用卫星，而改为重点发射军事侦察测绘两用综合型大卫星。

苏联先后发射了上百颗返回式测绘卫星——“彗星”（Kometa），搭载 KFA200 以及大幅面相机（TK350）等测绘相机获取立体影像[9]，用于实现全球 1:50000 比例尺测绘产品测制。

但返回式卫星在轨飞行时间短，难以避开云层影响，摄影效率低，影像时效性难以保证。因此，在发展返回式卫星的同时，各国也积极开展传输型卫星的研究。

## 1.2.2　传输型遥感卫星发展

### 1.2.2.1　美国

KH-11 是美军第一代传输型详查卫星，可见光和红外相机采用 CCD 数字成像系统，分辨率达到 0.15m，具有实时传输获取影像的能力。KH-11 任务执行周期为 1976 年至 1988 年，共发射 9 颗卫星。KH-11B/KH-12 为改进型卫星，卫星配备的光学相机口径达到了 3m，分辨率为 0.1m，卫星还增加了红外相机，分辨率为 0.6m，可用于揭示伪装、侦查掩体工事和探测目标热特性等。为满足民用测绘遥感需求，美国从 1972 年开始先后发射多颗陆地卫星 LandSat，用于探测地球资源与环境，该系列地球观测卫星的主要任务是地矿调查、海洋与地下水资源勘探、农、林、畜牧业监管以及水利资源的合理开发与利用等[10]。LandSat 卫星搭载的传感器从最初的多光谱扫描仪、反束光导管摄像机和专题制图仪，到目前的陆地成像仪和热红外传感器，其数据已广泛运用于土地森林和水资源调查、农作物估产、矿产和石油勘探、海岸勘察、地质与测绘以及环境监测等方面。目前已成功发射到 LandSat-9，其发射、在轨时间及光学载荷如表 1.1 所列。同时，NASA 积极开展下一代 LandSatNext 的卫星计划，由 3 颗卫星组成星座，将提供高光谱、高空间分辨率和高时间分辨率的卫星影像，为水体检测、作物生产、气候研究等领域带来新的应用。

表 1.1　LandSat 系列卫星简介

| 参数 | LandSat-1 | LandSat-2 | LandSat-3 | LandSat-4 | LandSat-5 | LandSat-6 | LandSat-7 | LandSat-8 | LandSat-9 |
|---|---|---|---|---|---|---|---|---|---|
| 发射时间 | 1972 年 7 月 | 1975 年 1 月 | 1978 年 3 月 | 1982 年 7 月 | 1984 年 3 月 | 1993 年 10 月 | 1999 年 4 月 | 2013 年 2 月 | 2021 年 9 月 |
| 在轨情况 | 1978 年 1 月 | 1983 年 7 月 | 1983 年 9 月 | 2001 年 6 月 | 2012 年 12 月 | 发射失败 | 在役 | 在役 | 在役 |
| 轨道高度 /km | 908 | 908 | 908 | 705 | 705 | 705 | 705 | 705 | — |
| 光学载荷 | RBV MSS（4 谱段） | RBV MSS（4 谱段） | RBV MSS（4 谱段） | TM MSS（3 谱段） | TM MSS（3 谱段） | ETM | ETM+ | OLI TIRS | OLI-2 TIRS-2 |
| 分辨率/m | 80 | 40、80 | 40、80 | 30、120 | 30、120 | 15、30、60 | 15、30、60 | 15、30、100 | 15、30、100 |
| 幅宽/km | 185 | 185 | 185 | 185 | 60/120 | 60 | 20 | 185 | — |
| 动态范围 /bit | 6 | 6 | 6 | 8 | 8 | 8 | 8 | 12 | 14 |
| 卫星质量 /kg | 816 | 953 | 960 | 1941 | 1938 | — | 2200 | 2780 | — |

表 1.1 中，RBV 为反束光导管摄像机（Return Beam Vidicon），MSS 为多光谱扫描仪（Multispectral Scanner），TM 为专题制图仪（Thematic Mapper），ETM 为增强型专题制图仪（Enhanced Thematic Mapper），ETM+为增强型专题制图仪加（Enhanced Thematic Mapper Plus），OLI 为陆地成像仪（Operational Land Imager），OLI-2 为二代陆地成像仪，TIRS 为热红外传感器（Thermal Infrared Sensor），TIRS-2 为二代热红外传感器。

在发展 LandSat 系列卫星的同时，美国也积极开展测绘卫星的研究工作。20 世纪 80 年代提出 MAPSAT 卫星方案[11]，采用三线阵 CCD 相机进行“全球连续覆盖模式”进行摄影测量，并制定了 1∶50000 比例尺地形图精度标准，即 12m /6m（平面/高程，RMS）[12]。但由于对卫星平台稳定度精度要求较为苛刻（卫星平台稳定度要求为 $1\times10^{-6}$（°）/s），MAPSAT 卫星工程未能立项研制。2000 年美国实施航天飞机雷达地形测绘使命（SRTM），SRTM 历经 11 天顺利完成，测量地区覆盖了地球约 80%陆地面积，获取了全球的数字高程模型，当时对外公开发布数据格网间距为 90m，目前对外发布的格网间距为 25m。同时，美国也积极探索高分辨率商业遥感卫星发展道路，于 1999 年 9 月 24 日成功发射的 IKONOS 卫星，是世界上第一颗提供高分辨率卫星影像的商业遥感卫星[13]。IKONOS 卫星的成功发射，不仅提供 0.8m 分辨率的卫星影像，而且探索出地理信息快捷获取的新途径，开启了高分辨率商业卫星的发展模式[14]。2007 年以来发射的 WorldView－1、GeoEye－1、WorldView－2、WorldView-3 等卫星分辨率均达到或优于 0.5m，且都采用单线阵摄影模式，具备立体成像能力。WorldView-3 卫星发射于 2014 年 8 月 13 日，全色影像最高分辨率为 0.31m，多光谱影像分辨率为 1.24m，成像幅宽为 13.1km，在少量控制条件下满足 1∶5000~1∶10000 比例尺地图测制精度。WorldView-4 卫星发射于 2016 年 11 月，全色影像最高分辨率为 0.34m，多光谱影像分辨率为 1.36m，成像幅宽为 14.5km，由于控制陀螺故障，该卫星无法正常工作。目前仍以 WorldView-3 卫星为主获取高精度影像。由于安装了“控制力矩陀螺”，WorldView-3 卫星可以完成近 70°侧摆，从而实现大机动摄影。近期，美国又开始着力打造 WorldView 世景军团卫星，主要任务是为军民用户提供高分辨率遥感影像并用于测绘制图和侦察监视，最大用户是美国国家地理空间情报局。从 IKONOS 卫星到现在 WorldView 系列卫星，最初商业卫星的无控定位精度都不高，如 IKONOS 分辨率为 0.8m，但其无控定位精度平面 25m（CE90）、高程 12m（LE90）[15]。直到 2008 年以后，姿态测定系统的研制有了新的突破，利用高精度星敏感器联合陀螺数据或使用高精度星相机，相机摄影时刻的姿态达到子秒级，使无地面控制点条件下定位精度达到很高精度[16]，如 WorldView-3 卫星在无地面控制点条件下定位精度达到平面 3.1m（CE90）、高程 2.6m（LE90）[17]。美国高分辨率商业遥感卫星基本情况如表 1.2 所列。

表 1.2　美国高分辨率商业遥感卫星基本情况

| 参数 | Ikonos-2 | QuickBird-2 | OrbView-3 | WorldView-1 | GeoEye-1 | WorldView-2 | WorldView-3 | GeoEye-2（WorldView-4） |
|---|---|---|---|---|---|---|---|---|
| 发射时间 | 1999 年 9 月 | 2001 年 10 月 | 2003 年 6 月 | 2007 年 9 月 | 2008 年 9 月 | 2009 年 10 月 | 2014 年 8 月 | 2016 年 |
| 在轨情况 | 2015 年 | 2015 年 1 月 | 2011 年 3 月 | — | — | — | — | 2018 年故障失效 |
| 轨道高度/km | 681 | 450 | 470 | 496 | 681 | 770 | 617 | 681 |
| 光学载荷 | 全色多光谱（4 谱段） | 全色多光谱（4 谱段） | 全色多光谱（4 谱段） | 全色 | 全色多光谱（4 谱段） | 全色多光谱（8 谱段） | 全色多光谱（8 谱段）SWIR（8 谱段）CAVIS（12 谱段） | 全色多光谱（4 谱段） |

续表

| 参数 | Ikonos-2 | QuickBird-2 | OrbView-3 | WorldView-1 | GeoEye-1 | WorldView-2 | WorldView-3 | GeoEye-2 (WorldView-4) |
|---|---|---|---|---|---|---|---|---|
| 分辨率/m | 全色：0.82 多光谱：3.28 | 全色：0.61 多光谱：2.44 | 全色：1 多光谱：4 | 全色：0.46 | 全色：0.41 多光谱：1.64 | 全色：0.46 多光谱：1.85 | 全色：0.31 多光谱：1.24 SWIR：7.5 CAVIS：30 | 全色：0.34 多光谱：1.36 |
| 幅宽/km | 11.3 | 16.5 | 8 | 17.6 | 15.3 | 16.4 | 13.1 | 14.5 |
| 动态范围/bit | 11 | 11 | 11 | 11 | 11 | 11 | 11 | 11 |
| 无控定位精度/m | 25 CE90 12 LE90 | 23 CE90 17 LE90 | 11 CE90 16 LE90 | 4 CE90 3.7 LE90 | 4 CE90 6 LE90 | 3.5 CE90 3.6 LE90 | 3.1 CE90 2.6 LE90 | — |
| 卫星质量/kg | 817 | 1100 | 360 | 2290 | 1955 | 2615 | 2800 | — |

### 1.2.2.2 法国

SPOT 卫星主要是通过探测地球资源，提高对地球的认知和管理。自 1986 年 SPOT-1 发射以来，先后发射了 SPOT-2、SPOT-3、SPOT-4、SPOT-5、SPOT-6、SPOT-7、Pleiades-1A 以及 Pleiades-1B 等，卫星基本情况如表 1.3 所列。SPOT 系列卫星在制图、农业、林业、土地利用、水利、国防、环境监测及地质等领域发挥了重要作用。

表 1.3　法国遥感卫星基本情况

| 参数 | SPOT-1 | SPOT-2 | SPOT-3 | SPOT-4 | SPOT-5 | SPOT-6/7 | Pleiades |
|---|---|---|---|---|---|---|---|
| 发射时间 | 1986 年 2 月 | 1990 年 1 月 | 1993 年 9 月 | 1998 年 3 月 | 2002 年 5 月 | 2012 年 9 月（6）2014 年 6 月（7） | 2011 年 12 月（1A）2012 年 12 月（1B） |
| 在轨情况 | 1990 年 12 月 | 2009 年 7 月 | 1997 年 11 月 | 2013 年 7 月 | 2015 年 3 月 | — | — |
| 轨道高度/km | 822 | 822 | 822 | 450 | 496 | 694 | 694 |
| 光学载荷 | 全色多光谱（3 个谱段） | 全色多光谱（3 个谱段） | 全色多光谱（3 个谱段） | 单谱多光谱（3 个谱段）短波红外（SWIR） | 全色多光谱（3 个谱段）短波红外（SWIR） | 全色多光谱（4 个谱段） | 全色多光谱（4 个谱段） |
| 分辨率/m | 全色：10 多光谱：20 | 全色：10 多光谱：20 | 全色：10 多光谱：20 | 单谱：10 多光谱：20 短波红外：20 | 全色：2.5、5 多光谱：10 短波红外：20 | 全色：1.5 多光谱：6 | 全色：0.5 多光谱：2 |

续表

| 参数 | SPOT-1 | SPOT-2 | SPOT-3 | SPOT-4 | SPOT-5 | SPOT-6/7 | Pleiades |
|---|---|---|---|---|---|---|---|
| 幅宽/km | 60 | 60 | 60 | 60 | 60/120 | 60 | 20 |
| 动态范围/bit | 8 | 8 | 8 | 8 | 8 | 12 | 12 |
| 无控定位精度/m | 350 CE90 | 350 CE90 | 350 CE90 | 350 CE90 | 33 CE90<br>10 LE90 | 10 CE90 | 8.5 CE90 |
| 卫星质量/kg | 1800 | 1870 | 1907 | 2760 | 3000 | 714 | 970 |

在SPOT系列卫星中，SPOT-1~4卫星采用近极地圆形太阳同步轨道对地摄影，轨道倾角93.7°，轨道高度832km，卫星搭载推扫式的线阵CCD相机，其全色波段的地面分辨率为10m。SPOT-5于2002年5月4日发射，SPOT-5在SPOT-1~4卫星的基础上进一步提高了立体成像能力，可以获取同轨或异轨立体影像。星上载有2台高分辨率几何成像装置HRG（High Resolution Geometric），影像分辨率5m，幅宽60km、1台高分辨率立体成像装置HRS（High Resolution Stereoscopic），HRS装置由前视、后视相机组成，前后视相机与铅垂线的夹角均为20°，影像的分辨率在飞行方向为10m，线阵方向为5m[18]。在轨飞行中，可实时获取5m立体影像，同时，为了提高影像分辨率，采取所谓的"超分辨率成像"技术，可通过地面处理将HRG空间分辨率最高提高至2.5m。

2012年9月9日，SPOT-6卫星成功发射，SPOT-7于2014年7月2日发射成功，作为SPOT-6的双子卫星，SPOT-6/7处于同一轨道面彼此相位差180°。法国分别于2011年12月17日和2014年12月1日成功发射Pleiades-1A/1B卫星。SPOT-6/7与Pleiades-1A/1B组成4颗卫星星座，4颗卫星同处一个轨道平面，彼此之间相位差为90°。SPOT-6/7可以提供大幅宽的1.5m分辨率影像产品，Pleiades-1A/1B则可以针对特定目标区域提供0.5m分辨率的影像产品。同时，卫星可采取绕滚动轴或俯仰轴进行大角度摆动，灵活地实现对不同目标区域的观测，该星座可对全球任意地点进行每日2次的重访。2021年8月发射的Pleiades Neo-4是法国的新一代商业光学成像卫星，由4颗相同分辨率的高分辨率卫星组成，分辨率达到0.3m，幅宽14km。

#### 1.2.2.3 德国

20世纪80年代，德国科学家首先提出利用三线阵CCD相机进行立体摄影测量的思想，并研发了一系列新型摄影测量相机，其中较为典型的有

MOMS-2P、MOMS-02 等。MOMS-2P 相机用于获取在可见光和近红外谱段的（4 个通道）光谱数据，以及使用全色通道沿飞行轨道方向进行立体摄影[19]。MOMS-2P 的光学系统由 5 个镜头组成，其中 3 个用于立体摄影，另外 2 个进行多光谱摄影。MOMS-02 由 5 个线阵 CCD 相机构成，其中 3 台构成三线阵 CCD 立体测绘相机，交会角 21.4°，形成立体影像，此外，还有 2 个多光谱相机。正视的相机分辨率为 4.5m，幅宽为 37km；前、后视相机分辨率为 13.5m，幅宽为 7.8km。MOMS-02 相机于 1993 年在航天飞机上进行了飞行试验，摄影高度为 296km。其改进型 MOMS-2P 也在俄罗斯的“和平”号上进行了试验。2008 年 8 月 29 日，德国发射 RapidEye 卫星星座，该卫星星座由 5 颗卫星组成，5 颗卫星被均匀分布在一个太阳同步轨道内，轨道高 620km，其重访间隔时间短，一天内可访问地球任何一个地方，5 天内可覆盖北美和欧洲的整个农业区，并且每天可下传超过 400 万 $km^2$、5m 分辨率的多光谱图像。

#### 1.2.2.4 印度

印度空间研究组织（ISRO）很早就开始遥感技术的研究，自第一颗遥感卫星 IRS-1A 于 1988 年成功发射后，陆续发射了多颗遥感卫星。随着技术的发展和用户需求，卫星用途逐渐从侧重于遥感转向侧重制图。自 2005 年 5 月制图卫星 CartoSat-1 发射以来，印度又接连发射了制图卫星-2（2007 年 1 月）、制图卫星-2A（2008 年 4 月）、制图卫星-2B（2010 年 7 月）、制图卫星-2C（2016 年 6 月）、制图卫星-2D（2017 年 2 月）、制图卫星-2E（2017 年 6 月）、制图卫星-2F（2018 年 1 月）、制图卫星-3（2019 年 11 月），其中最高分辨率达 0.6m，为印度军民用户提供卫星测绘和制图数据。只有 CartoSat-1 是立体测绘卫星，搭载分辨率为 2.5m 的两线阵相机，沿轨道方向分别前视 26°、后视 5°构成立体像对，基高比为 0.62[20]，其余均搭载单线阵相机对地摄影。

#### 1.2.2.5 日本

陆地观测卫星（ALOS）是日本宇宙航空研究开发机构研制的大型综合对地观测卫星，ALOS-1 卫星于 2006 年 1 月发射，轨道高度为 692km。该卫星携带全色立体测图遥感仪（PRISM）、先进可见光与近红外辐射仪（AVNIR 2）和相控阵 L 波段合成孔径雷达（PALSAR）共 3 类传感器[21]。

其中，PRISM 具有多种不同的立体成像模式，是专门用于全球地形测绘的成像系统，具有 3 个独立的光学系统，分别用于向前、垂直和向后对地成像，相机焦距为 1.94m，具有同轨立体成像能力，下视光学相机扫描带宽为 70km，影像分辨率为 2.5m，前视和后视光学相机系统扫描带宽为 35km。前视和后视相机与下视相机之间的夹角分别为+24°和-24°，基高比为 1.0，具备良好的几何交会条件。同时，该系统还配有星敏感器和全球定位系统（GPS）用于姿态测量与定轨，为高精度的立体测图提供了必要的技术条件。AVNIR 为多光谱成像系统，影像分辨率为 10m，PALSAR 为雷达成像系统，分辨率为 7m。ALOS-1 卫星已于 2011 年 5 月终止运行。为保持地球遥感数据的连续性，进一步提高卫星遥感性能，日本相继规划了 ALOS 卫星的后续型号，即 L 波段雷达遥感卫星 ALOS-2 和光学遥感卫星 ALOS-3，ALOS-2 卫星已于 2014 年发射。

### 1.2.2.6　俄罗斯

Resurs-O1 是俄罗斯资源卫星系列，用于观测和监测地球自然资源；Kometa 是俄罗斯返回式卫星系列，主要用于地形图测制及更新、数字高程模型等高精度地形测量；Resurs-DK1 是俄罗斯的第一颗民用地球观测卫星，可获取 1m 分辨率的卫星影像，2006 年 6 月成功发射，星上装载星相机、俄罗斯全球卫星导航系统（GLONASS）接收机等设备，具有同轨或异轨立体成像能力。作为 Resurs-DK 的替代星，2013 发射了新一代传输型测绘卫星 Resurs-P 卫星，卫星携带高分辨率传感器幅宽 39km，采用单线阵相机摄影模式，全色影像分辨率为 1m，多光谱影像分辨率为 3~4m，可用于测制 1∶10000 比例尺地图产品。“猎豹”-M（Bars-M）系列卫星是俄罗斯 2007 年重启“空间制图”计划后确定研制的新一代军用光学测绘卫星[22]。“猎豹”-M 的主要任务是为俄罗斯国防部提供绘制大比例尺高精度地图所需的全球立体图像和数字高程模型，大幅提高了俄罗斯天基测绘与侦察监视能力。“角色”（Persona）卫星是俄罗斯传输型侦察遥感卫星，主要作用是为俄罗斯军方提供光学成像侦察能力。2008 年发射首颗卫星，截至目前，“角色”卫星共发射 3 颗。随着“角色”和“猎豹”-M 卫星的陆续部署，俄罗斯军用光学测绘与侦察卫星完成了从返回型向传输型的过渡，可为作战人员快速获取战场态势提供支持。

# 1.3 我国光学测绘卫星发展历程及现状

## 1.3.1 返回式卫星发展

我国于20世纪70年代开始第一代返回式摄影测量卫星的探讨和研究，采用了像幅为200mm×370mm的测绘相机，实施对地摄影测量[23]，1987年到1992年成功发射并回收了4颗返回式摄影测量卫星，每颗卫星在轨时间为8天，影像地面分辨率为8m，定位精度300m（其中存在较大系统误差，主要系定轨误差），使我国卫星摄影测量跻身于世界先进国家行列[24]。第一代返回式卫星虽然取得成功，但测绘相机的幅面与美国的大幅面相机相比有差距（LFC的幅面为230mm×460mm），同时，卫星上没有全球卫星导航系统（GNSS）接收机，卫星轨道确定精度较低，导致摄影测量定位精度偏低。20世纪90年代开展了第二代返回式卫星的研制，先后发射3颗卫星。每颗卫星测绘相机的相幅为230mm×460mm，影像地面分辨率为5m，一张相片的覆盖面积为5.1万$km^2$，卫星在轨飞行16天。卫星配有GPS接收机和激光测距仪，用于轨道高精度测量和相机焦距的在轨标定，定位精度为50m，可实现境外无控定位和1∶50000比例尺测绘产品测制，摄影测量精度和效能都有较大提高。

## 1.3.2 传输型卫星发展

我国于20世纪90年代开展传输型卫星的研究，2004年4月8日成功发射搭载三线阵CCD相机的试验一号卫星，验证了采用三线阵CCD测绘相机进行全球立体测绘的可行性。2010年8月24日成功发射首颗传输型立体测绘卫星——天绘一号，卫星搭载线阵面阵CCD（LMCCD）相机（三线阵相机+面阵混合配置相机）和高分辨率相机等有效载荷，主要用于1∶50000比例尺地理空间信息的获取和无控高精度定位[25]。2012年、2015年、2021年又相继发射了02星、03星及04星。该卫星立足LMCCD相机和多功能等效框幅像片（EFP）光束法平差理论[26-27]，实现了高精度无控定位的工程目标，其中03星无控定位精度达到平面3.7m（RMS）、高程2.4m（RMS）[28]，04星定位精度与03星相当。

2012年1月9日，资源三号01星成功发射，卫星搭载三线阵相机获取立体影像，用于 1∶50000 比例尺测绘产品的测制[29]。资源三号 01 星影像在无控条件下，定位精度平面 10m（RMS）、高程 5m（RMS），在少量控制点条件下，定位精度平面 3m（RMS）、高程 2m（RMS）[30]。为提高资源三号的无控定位精度，“资源”三号后续星搭载了一台激光测距仪，02、03 星分别于 2016 年、2020 年相继发射成功。资源三号 03 星借助激光测距仪数据，经过大区域平差处理后，影像的平面和高程精度均达到 5m（RMS）[31]。资源三号卫星与天绘一号卫星有效载荷主要技术参数如表 1.4 所列。

表 1.4 天绘一号和资源三号卫星有效载荷主要参数

| 卫星型号 | 天绘一号 | 资源三号 |
| --- | --- | --- |
| 发射时间 | 2010 年 8 月 | 2012 年 1 月 |
| 相机类型 | LMCCD 相机+高分辨率相机 | 三线阵相机 |
| 幅宽 | 60km | 50km |
| 影像分辨率 | 前视、正视、后视：5m<br>多光谱影像：10m（01、02、03 星）、4m（04 星）<br>高分影像：2m（01、02、03 星）、1m（04 星） | 前视、后视：3.5m<br>正视：2.1m<br>多光谱影像：6m |
| 基高比 | 1 | 0.89 |
| 姿态测量设备 | 星敏感器 | 星敏感器 |

在天绘一号和资源三号测绘卫星工程取得突破的基础上，我国又研发了高分七号、高分十四号卫星。高分七号是我国首颗亚米级高分辨率光学传输型立体测绘卫星，主要用于有地面控制点条件下 1∶10000 比例尺地理信息产品测制。该卫星搭载两线阵立体相机，幅宽 20km，其中前视影像分辨率 0.8m，后视影像分辨率 0.64m，多光谱影像分辨率 2.6m。为了提高高程精度，卫星还搭载 2 波束激光测距仪[32]。高分七号 01 星于 2019 年 11 月 3 日成功发射。文献［33］对高分七号定位精度进行了试验分析，经过激光测高点辅助多条带区域网平差后，定位精度可达到平面 3.57m（RMS）、高程 0.79m（RMS）[33]。

2020 年 12 月 6 日，我国成功发射了高分十四号卫星，该卫星采用了先进的多载荷一体化对地观测技术，一次摄影可同步获取幅宽 40km 的 0.6m 分辨率两线阵影像、2.4m 分辨率多光谱影像以及 9.9km 幅宽的高光谱影像，卫星上搭载了 3 波束激光测距系统用于提高高程精度。同时，卫星平台上还搭载 2 台高精度星相机和一套光轴位置测量装置，用于精确计算外方位角元素和在轨期间对相机夹角、焦距的实时变化测量及监测。经国内外多条航线的初步定位精度检测，单航线无控定位精度达到平面 1.8m（RMS）、高程 0.8m（RMS）[34]，圆满实现了工程目标。

高分七号和高分十四号卫星均采用激光加两线阵相机的摄影体制，卫星有效载荷主要技术参数如表 1.5 所列。高分七号主要用于有控条件下 1∶10000 比例尺地理信息产品测制，而高分十四号卫星主要用于无控高精度定位和 1∶10000 比例尺地理信息产品测制。

表 1.5　高分七号和高分十四号卫星有效载荷主要参数

| 卫星型号 | 高分七号 | 高分十四号 |
|---|---|---|
| 发射时间 | 2019 年 11 月 | 2020 年 12 月 |
| 幅宽 | 可见光全色/多光谱：20km | 可见光全色/多光谱：40km<br>高光谱：9.9km |
| 影像分辨率 | 全色：前视 0.8m、后视 0.65m<br>多光谱影像：2.6m | 全色：0.6m<br>多光谱影像：2.4m<br>高光谱影像：5m（可见近红外）、10m（短波红外） |
| 基高比 | 0.6 | 0.6 |
| 摄影测量体制 | 双线阵立体+激光测距 | 双线阵立体+光轴测量+激光测距 |
| 姿态测量设备 | 星敏感器 | 星敏感器+星相机 |
| 测距通道数量 | 2 | 3 |

## 1.4　光学测绘卫星发展趋势

### 1.4.1　光学测绘卫星面临的问题

光学测绘卫星经过几十年的发展，取得了较为丰富的研究成果和经济效益，但也面临以下几方面问题[35]。

（1）摄影数据有效率低。虽然传输型光学测绘卫星较返回式测绘卫星可以长期在轨运行，但光学测绘卫星在轨摄影中易受气象条件影响。虽然卫星摄影任务规划中根据气象预报信息制定摄影计划并上注指令任务，但无法实时动态更新气象信息调整摄影策略，导致摄影数据中存在大量无效数据，造成星上存储资源和数据传输资源的浪费。据统计，每天摄影数据有效率仅为

40%左右，这也是所有光学测绘卫星以及遥感卫星面临的共性问题。

（2）数据传输压力大。立体影像分辨率高、影像覆盖宽度大是光学立体测绘卫星的显著特点，在相同摄影条件下，光学立体影像是单线阵相机影像的 2 倍或 3 倍，进而在轨摄影数据量远大于其他光学遥感卫星，如高分十四号卫星每天原始码流的数据量约为 3. 4TB。测绘卫星巨大的数据量对星上数据传输通道数量、性能以及地面站的布局都提出了较高要求，即使采用中继卫星进行数据传输，当前仍然无法完全满足数据传输的实际需求。

（3）影像获取时效性低。立体测绘卫星为了保证获取影像几何质量，对卫星平台稳定性和姿态测定精度要求都较高。立体测绘卫星平台大都具有快速机动能力，但为了保证高精度定位，一般不宜使用大侧摆机动摄影，即使使用侧摆角也是控制在 10°以内。因此，立体测绘卫星重访时间难以提高，获取影像的时效性有限。

### 1. 4. 2　光学测绘卫星发展趋势

根据光学测绘卫星目前发展状况和实际应用需求，未来发展应重点针对以下几个方面。

（1）星上智能探测与存储[36]。一方面，通过星上增加功能相对单一的气象要素探测设备，做到准实时预报，避免无效摄影；另一方面，利用人工智能等前沿技术，开展星上在轨光学遥感数据实时智能云判技术研究，实现星上无效摄影数据的自动剔除，无须存储、下传，大大节省星上存储空间和数传资源。

（2）星上和地面数据协同智能处理。提高星上数据智能处理能力，对于在地面能自动化处理的部分功能移植到星上进行处理，直接下传结果数据，其余数据分专业在地面进行处理。同时，提高地面数据处理自动化和智能化水平，充分利用可靠的地面高精度控制数据，实施局部智能数据平差和更新，确保全球基础测绘产品的现势性和可靠性。

（3）多星组网协同探测。多星组网可以增大覆盖区域，提高对地观测的时间分辨率和影像的保障时效。同时，微波卫星和光学卫星协同探测，可以实现优势互补。因此，在卫星的最初设计到在轨运行，要充分考虑到不同卫星组网运行的几何构型、轨道面位置、轨道倾角以及不同载荷类型卫星的合理搭配等方面，确保实现不同纬度区域数据的全天时、全天候获取能力。

（4）泛在感知与航天测绘融合的关键技术。零散的、无序的、无源头的泛在感知数据如何能在时间轴和空间轴进行对标定位，是泛在感知第一需要解决的核心问题[37]。泛在感知信息的空间位置和时间测定，需要与航天测绘各类数据密切关联、融合处理，才能发挥泛在信息数据的真正作用。

此外，未来测绘卫星应具备传感器的高度集成、智能存储与传输以及卫星与火箭智能安全管理等功能，以提高测绘卫星的观测效率和处理效能，显著提高测绘产品的现势性和保障能力。

## 参考文献

[1] 胡莘，王仁礼，王建荣．航天线阵影像摄影测量定位理论与方法［M］. 北京：测绘出版社，2018.

[2] 钱曾波，刘静宇，肖国超．航天摄影测量［M］. 北京：解放军出版社，1990.

[3] 王任享．三线阵 CCD 影像卫星摄影测量原理［M］. 北京：测绘出版社，2006.

[4] 杨元喜，王建荣．泛在感知与航天测绘［J］. 测绘学报，2022，51（6）：1-7.

[5] 杨元喜，王建荣，楼良盛，等．航天测绘发展现状与展望［J］. 空间科学与技术，2022，42（3）：1-9.

[6] 王任享，胡莘．无地面控制点卫星摄影测量的技术难点［J］. 测绘科学，2004，29（3）：3-5.

[7] KONECNY G. Some problems in the evaluation of lunar orbiter photography［J］. The Canadian Surveyor，1968，22（4）：394-412.

[8] KONECNY G，REYNOLDS M，SCHROEDER M. Mapping from space：the metric camera experiment［J］. Science，1984，225（4658）：167-169.

[9] BUYUKSALIH G，KOCAK M G，ORUC M，et al. DEM generation by ASTER and TK350［C］//Joint Workshop High Resolution Mapping from Space，Hannover，Germany，2003.

[10] 孙家抦. 遥感原理与应用［M］. 武汉：武汉大学出版社，2003.

[11] ITEK Corporation. Conceptual design of an automated mapping satellite system（MapSat）［R］. Alexandria：National Technical Information Service，1981.

[12] COLVOCORESSES P. An automated mapping satellite system（Mapsat）［J］. PRES，1982，48（10）：1585-1591.

[13] ZHOU G，LI R. Accuracy evaluation of ground points from IKNONOS high-resolution satellite imagery［J］. PERS，2000，66（9）：1103-1112.

[14] SCHAAP N. IKONOS：future and present［C］//Proceedings of SPIE，Symposium on Sensors，Systems，and Next-Generation Satellites VI，April，Grete，2003.

[15] GRUN A. Potential and limitations of high resolution satellite imagery [C]//Proceedings of the Asian Conference on Remote Sensing, December 4-8, Taipei, 2000.
[16] 王任享，王建荣，胡莘．光学卫星摄影无控定位精度分析 [J]. 测绘学报，2017，45 (10)：1135-1139.
[17] COMP C, MULAWA D. WorldView - 3 geometric calibration [R]. Colorado: DigitalGlobe, 2015.
[18] BOUILLON A, BRETON E, et al. SPOT5 geometric image quality [C]. Proceedings of 2003 IEEE International Geoscience and Remote Sensing Symposium, Toulouse, France, 2003.
[19] KORNUS W, LEHNER M, SCHROEDER M. Geometric inflight calibration of the stereoscopic CCD-line scanner MOMS-2P [J]. International Archives of Photogrammetry and Remote Sensing, 1998, 32 (Part 1): 148-155.
[20] KOCAMAN S, WOLFF K, GRUEN A, et al. Geometric validation of cartosat-1 Imagery [C]//21st ISPRS Congress, 2008: 3-11.
[21] TADONO T, SHIMADA M, HASHIMOTO T, et al. Initial results of calibration and validation for PRISM and AVNIR-2 [J]. Asian Journal of Geoinformatics, 2006, 36 (4): 11-20.
[22] Rar Botsford: First Bars-M Spy Satellite for Russian Military Flies on Soyuz-2-1A [EB/OL]. [2015-11-15]. https://www.spaceflightinsider.com/organizations/roscosmos/first-bars-m-spy-satellite-russian-military-heads-sky.
[23] 王任享．中国无地面控制点摄影测量卫星追述：返回式摄影测量卫星 [J]. 航天返回与遥感，2014，35 (1)：1-5.
[24] 王任享，王建荣．我国卫星摄影测量发展及其进步 [J]. 测绘学报，2022，51 (6)：804-810.
[25] 王任享，胡莘，王建荣．天绘一号无地面控制点摄影测量 [J]. 测绘学报，2013，42 (1)：1-5.
[26] 王任享，胡莘，杨俊峰，等．卫星摄影测量 LMCCD 相机的建议 [J]. 测绘学报，2004，33 (2)：116-120.
[27] 王建荣，王任享．天绘一号卫星无地面控制点 EFP 多功能光束法平差 [J]. 遥感学报，2012，16：112-115.
[28] 王任享，王建荣，李晶，等．天绘一号 03 星无控定位精度改进策略 [J]. 测绘学报，2019，48 (6)：671-675.
[29] 李德仁．我国第一颗民用三线阵立体测图卫星：资源三号测绘卫星 [J]. 测绘学报，2012，41 (3)：317-322.
[30] 唐新明，王鸿燕，祝小勇．资源三号卫星测绘技术与应用 [J]. 测绘学报，2017，

46 (10): 1482-1491.

[31] 龚健雅，王密，杨博．高分辨率光学卫星遥感影像高精度无地面控制精确处理的理论与方法 [J]. 测绘学报，2017，46 (10): 1255-1261.

[32] 曹海翊，戴君，张新伟，等．“高分七号”高精度光学立体测绘卫星实现途径研究 [J]. 航天返回与遥感，2020，41 (2): 17-28.

[33] 唐新明，刘昌儒，张恒，等．高分七号卫星立体影像与激光测高数据联合区域网平差 [J]. 武汉大学学报（信息科学版），2021，46 (10): 1423-1430.

[34] 王建荣，杨元喜，胡燕，等．高分十四立体测绘卫星无控定位精度初步评估 [J]. 测绘学报，2023，52 (1): 8-14.

[35] 王建荣，杨元喜，胡燕，等．光学测绘卫星发展现状与趋势分析 [J]. 武汉大学学报（信息科学版），2022，46 (10): 1423-1430.

[36] 杨元喜，任夏，王建荣．集成型与智能型测绘卫星工程发展及其关键技术 [J]. 测绘学报，2022，51 (6): 804-810.

[37] 杨元喜，王建荣．泛在感知与航天测绘 [J]. 测绘学报，2022，52 (1): 1-7.

# 第 2 章　摄影测量基本理论

## 2.1　误差理论基础知识

### 2.1.1　误差分类及其特性

在测量学领域中，根据测量误差的性质、大小及产生的原因，可以将测量误差分为系统误差、随机误差和粗差。

系统误差（Systematic Error）是由于测量设备本身不精确，或实验方法及原理不完善而产生的具有一定规律的误差。系统误差的显著特点是误差出现的有规律性和产生原因的可知性，即在同一实验的多次测量时，误差总是在同一方向整体偏大或偏小，而系统误差产生的原因和变化规律一般可以通过实验和分析发现，事后可以用特定方法加以消除或补偿。例如，相机参数在实验室标定时，由于测量仪器本身精度所导致的误差以及摄影时大气折光差等，均属于系统误差[1]。测量结果的准确度由系统误差来表征，系统误差越小，则说明测量准确度越高。

偶然误差，又称随机误差（Random Error），是在相同测量条件下多次重复观测，由各种偶然因素引起的其大小与符号均无规律变化的误差。该误差的特点是个体呈现随机性，有时正、有时负，有时偏大、有时偏小，但从统计上服从特定的规律（如正态分布等）。在卫星摄影测量中，星敏感器（或星相机）解算姿态数据中的高频误差、通过 GNSS 接收机计算得到的摄站位置数据中的高频误差，以及光学影像像点坐标量测误差等，均属于随机误差。

粗差是指在测量过程中明显超出规定要求下预期的误差（通常为大于 2 倍中误差），一般由外界重大干扰或测量仪器故障以及人为不正确的操作等引起的，也称为异常值，在处理过程中容易自动发现并进行剔除，通常采用以统计检验为基础的“数据探测”原理、以最大似然原理选权迭代的增强估计以及绝对值和为最小的平差原理用于处理粗差检验与粗差剔除[2]。因此，在摄影测量中研究的测量误差主要包含系统误差和随机误差。

在实际卫星工程应用中，偶然误差和系统误差有时也无法精确剥离。例如：在卫星导航定位实践中，偶然误差与系统误差经常在不同场合互相转换[3]；由星敏感器和 GNSS 数据处理后得到的外方位元素误差中，既包含偶然误差，又包含部分系统误差；在空中三角测量平差处理中，根据误差的传播规律，偶然误差也会导致似系统误差的现象，即偶然误差累计的系统现象[4]。因此，在卫星影像定位精度分析中要综合考虑偶然误差和系统误差的影响。

## 2.1.2 精度定义

通常所说的精度，主要是指精密度（Precision）和精确度（Accuracy）[5]。精密度是指使用同种备用样品进行重复测定所得到的结果之间的重现性，是多次测量结果互相接近的程度，通常用偏差来表示。精确度是指测量值与其“真值”之间的接近程度，它反映观测或参数估计的实际可信度[3]。从测量误差的角度来说，精确度是测量值的随机误差和系统误差的综合反映，精密度是由偶然误差所决定。精确度高，一定要精密度高，但精密度高，精确度不一定高。因此，精密度是保证精确度的首要条件。本书内容所指精度，均是指精确度的概念。

### 2.1.2.1 摄影测量内部精度评估

在摄影测量空中三角测量中，若连接点对应地面点坐标（本书称为加密点坐标）作为未知参数同时计算，利用加密点坐标进行内部精度评估时，通常是以估计的最或然值为依据，是参数理论精度的表现形式，一般用中误差或均方根误差表示[6]。在空中三角测量中，将共线条件方程线性化后，可用矩阵表示像点的误差方程[7]，即

$$\boldsymbol{v}=\boldsymbol{A}\boldsymbol{t}+\boldsymbol{B}\boldsymbol{X}-\boldsymbol{l} \tag{2.1}$$

式中：$\boldsymbol{v}$ 为像点坐标余差，且

$$\boldsymbol{v}=\begin{bmatrix} v_x & v_y \end{bmatrix}^{\mathrm{T}}$$

$\boldsymbol{A}$ 为外方位元素未知参数的系数矩阵，且

$$\boldsymbol{A}=\begin{bmatrix} a_{11} & a_{12} & a_{13} & a_{14} & a_{15} & a_{16} \\ a_{21} & a_{22} & a_{23} & a_{24} & a_{25} & a_{26} \end{bmatrix}$$

$\boldsymbol{B}$ 为加密点未知参数的系数矩阵，且

$$\boldsymbol{B}=\begin{bmatrix} -a_{11} & -a_{12} & -a_{13} \\ -a_{21} & -a_{22} & -a_{23} \end{bmatrix}$$

$\boldsymbol{t}$ 为外方位元素改正数，且

$$\boldsymbol{t}=(\Delta X_S \quad \Delta Y_S \quad \Delta Z_S \quad \Delta\varphi \quad \Delta\omega \quad \Delta\kappa)^{\mathrm{T}}$$

$\boldsymbol{X}$ 为加密点地面坐标改正数，且

$$\boldsymbol{X}=(\Delta X \quad \Delta Y \quad \Delta Z)^{\mathrm{T}}$$

$\boldsymbol{l}$ 为常数项，且

$$\boldsymbol{l}=\begin{bmatrix} x-x' \\ y-y' \end{bmatrix}$$

其中 $x'$、$y'$为外方位元素初始观测值或迭代值代入共线方程计算值。

当加密点坐标作为未知参数进行计算时，可利用最小二乘平差的结果对加密点的内部精度进行理论分析评估。未知参数的中误差可以通过分析协方差矩阵中非零元素获得[8]。在平差过程中，单位权中误差可表示为

$$\sigma_0=\sqrt{\frac{\boldsymbol{v}^{\mathrm{T}}\boldsymbol{P}\boldsymbol{v}}{n-m}} \tag{2.2}$$

式中：$\boldsymbol{v}$ 为余差；$\boldsymbol{P}$ 为权矩阵；$n$ 为观测值数量；$m$ 为未知数数量。

根据误差传播规律，单个加密点空间坐标的中误差为

$$\begin{cases} \sigma_{X_i}=\sigma_0 \cdot \sqrt{q_{X_iX_i}} \\ \sigma_{Y_i}=\sigma_0 \cdot \sqrt{q_{Y_iY_i}} \\ \sigma_{Z_i}=\sigma_0 \cdot \sqrt{q_{Z_iZ_i}} \end{cases} \tag{2.3}$$

式中：$\sigma_{X_i}$、$\sigma_{Y_i}$、$\sigma_{Z_i}$为加密点坐标的中误差；$\sigma_0$ 为单位权中误差；$q_{X_iX_i}$、$q_{Y_iY_i}$、$q_{Z_iZ_i}$为加密点坐标逆矩阵的主对角线元素值。

所有加密点的中误差为

$$\begin{cases} \sigma_X=\sqrt{\dfrac{\sum_{i=1}^{m}\sigma_{X_i}^2}{m}} \\ \sigma_Y=\sqrt{\dfrac{\sum_{i=1}^{m}\sigma_{Y_i}^2}{m}} \\ \sigma_Z=\sqrt{\dfrac{\sum_{i=1}^{m}\sigma_{Z_i}^2}{m}} \end{cases} \tag{2.4}$$

式中：$\sigma_X$、$\sigma_Y$、$\sigma_Z$ 为加密点坐标的中误差；$m$ 为加密点数量；$\sigma_{X_i}$、$\sigma_{Y_i}$、$\sigma_{Z_i}$ 为第 $i$ 个加密点坐标的中误差。在光束法平差过程中，加密点的中误差，反映了其内部精度，也是在平差过程中理论精度的表现。该值可作为精度分析的参考，但不能作为最终定位精度的依据。

### 2.1.2.2 摄影测量外部精度评估

外部精度（又称绝对精度）经常使用外部参考数据为依据进行统计，通常用均方根误差（RMSE）表示，反映了计算值与参考值之间的偏差程度。在摄影测量定位精度评估中，通常使用可靠的地面控制点（Ground Control Points）或地面检查点（Ground Check Points）坐标为“真值”，利用检查点的摄影测量计算值与“真值”进行定位精度统计，统计模型为

$$\begin{cases} v_{X_i} = X_i' - X_i \\ v_{Y_i} = Y_i' - Y_i \\ v_{Z_i} = Z_i' - Z_i \end{cases} \tag{2.5}$$

$$\begin{cases} \sigma_X = \sqrt{\dfrac{\sum\limits_{i=1}^{n} v_{X_i}^2}{n}} \\ \sigma_Y = \sqrt{\dfrac{\sum\limits_{i=1}^{n} v_{Y_i}^2}{n}} \\ \sigma_Z = \sqrt{\dfrac{\sum\limits_{i=1}^{n} v_{Z_i}^2}{n}} \end{cases} \tag{2.6}$$

$$\begin{cases} \mu_X = \sqrt{\dfrac{\sum\limits_{i=1}^{n} v_{X_i}^2}{n}} \\ \mu_Y = \sqrt{\dfrac{\sum\limits_{i=1}^{n} v_{Y_i}^2}{n}} \\ \mu_Z = \sqrt{\dfrac{\sum\limits_{i=1}^{n} v_{Z_i}^2}{n}} \end{cases} \tag{2.7}$$

式中：$(X_i', Y_i', Z_i')$ 为检查点摄影测量计算值；$(X_i, Y_i, Z_i)$ 为检查点对应地面控制点坐标；$n$ 为检查点数量。

在空中三角测量中，中误差主要用于统计内部模型的精度。在卫星影像定位能力综合评估时，大都基于地面控制点逐点计算余差，最后整体统计其精度。此时，均方根误差 RMSE 为外部符合精度，即绝对定位精度[9]。利用真误差表示的中误差与 RMSE 具有相同的特性[3]，因此，在摄影测量定位精度分析中，都可以作为“精确度”指标，所表达的含义是一致的。

### 2.1.3 中误差和圆误差

在摄影测量定位精度统计中，通常使用中误差和圆概率误差（Circular Error，CE，简称圆误差）来描述，这两类误差在正态分布中所采用的置信区间不同[10]。中误差是在 68% 置信区间内的统计值，而圆误差是在 90%（或 95%）置信区间内的统计值，这两种误差在量值上是不相等的。中误差和圆误差在正态分布中的区间如图 2.1 所示（以高程方向为例）。

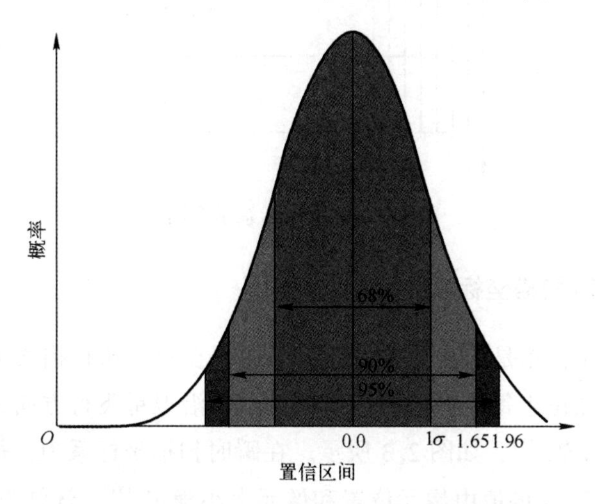


图 2.1 中误差和圆误差间的关系（见彩图）

中误差和圆误差间可建立起相应的转换关系[6,11]，即

$$\begin{cases} \text{CE90} = 2.14 \cdot \sigma_r \\ \text{LE90} = 1.65 \cdot \sigma_Z \\ \text{CE95} = 2.45 \cdot \sigma_r \\ \text{LE95} = 1.96 \cdot \sigma_Z \end{cases} \tag{2.8}$$

式中：CE90、CE95 分别为在 90%、95% 置信区间内的平面精度统计值；

LE90、LE95 分别为在 90%、95%置信区间内的高程精度统计值；$\sigma_r$、$\sigma_Z$ 为以中误差统计的平面和高程精度。

# 2.2 常用坐标系及其转换

## 2.2.1 常用坐标系

### 2.2.1.1 影像坐标系

影像坐标系是一个 2 维坐标，描述了像素点在影像中的位置。影像坐标系原点位于影像左上角，沿卫星飞行方向为 $x$ 轴，沿扫描方向为 $y$ 轴。影像坐标系以像素为单位，$x$ 方向坐标值为影像行号，$y$ 方向的坐标值为影像列号[12]，如图 2.2 所示。

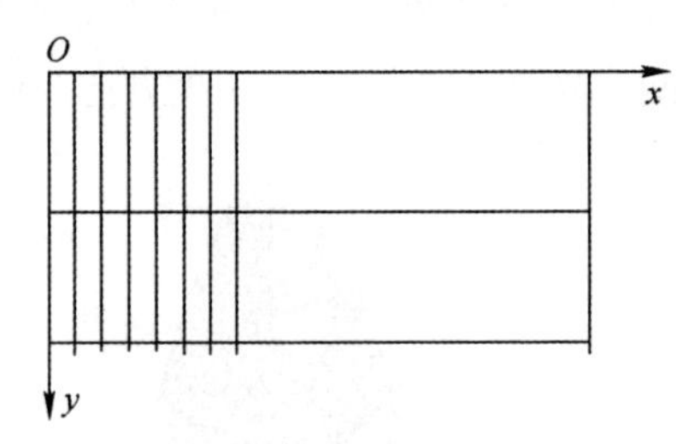


图 2.2 影像坐标系示意图

### 2.2.1.2 瞬时扫描坐标系

瞬时扫描坐标系是一个 2 维坐标，描述了在每一条扫描线上瞬时像点坐标。坐标系原点位于每条影像扫描线的中点，沿卫星飞行方向为 $x$ 轴，沿着扫描线方向为 $y$ 轴[13]，如图 2.3 所示。在瞬时扫描坐标系中，每条扫描线像元的 $x$ 永远为 0，$y$ 的值由像元位置和像元大小确定[12]。就单条扫描行而言，像点对应的坐标可表示为$(0,y)$，其中 $y=(I-I_{\mathrm{cen}})\cdot \mathrm{pixelsize}$，$I$、$I_{\mathrm{cen}}$分别为像点和像主点在影像坐标系中的列坐标，pixelsize 为像元尺寸大小。

### 2.2.1.3 传感器坐标系

传感器坐标系是以线阵投影中心为原点，$X$ 轴为卫星飞行方向，$Y$ 轴平行于扫描线，$X$ 轴、$Y$ 轴分别平行于瞬时扫描坐标系对应的坐标轴，$Z$ 轴按照右手规则确定[14]，如图 2.4 所示。任一像点的传感器坐标可以表示为$(x,y,-f)$，

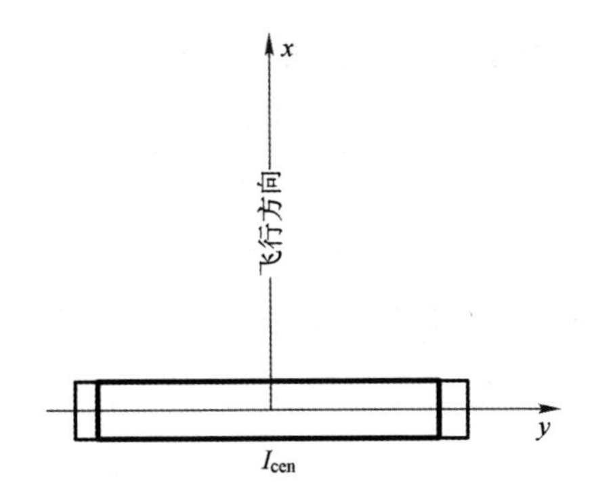


图 2.3　瞬时扫描坐标系示意图（见彩图）

其中，$x$、$y$ 为像点在瞬时扫描坐标系上的坐标，$f$ 为相机主距。

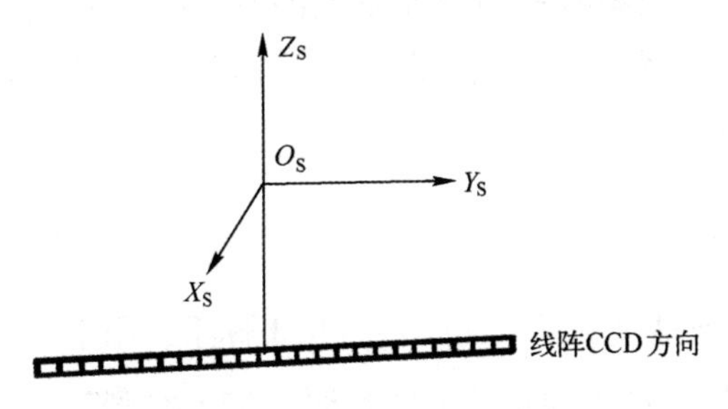


图 2.4　传感器坐标系示意图

### 2.2.1.4　像空间坐标系

像空间坐标系也是以线阵投影中心为原点，$X$ 轴为卫星飞行方向，$Y$ 轴平行于扫描线，$Z$ 轴按照右手规则确定时[15-16]，如图 2.5 所示。

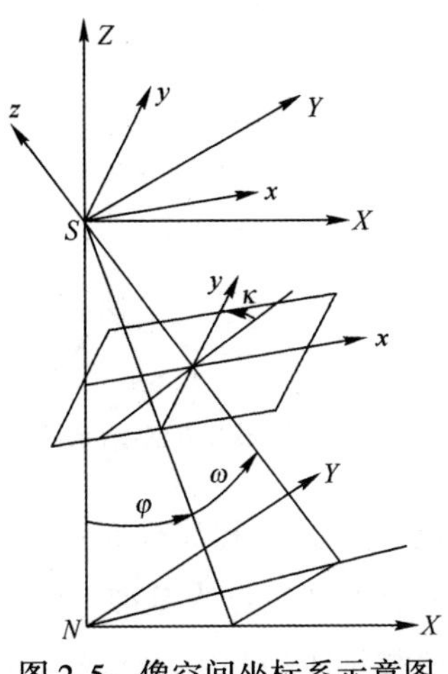


图 2.5　像空间坐标系示意图

任一像点的像空间坐标$(x_c, y_c, z_c)$可以表示为

$$\begin{bmatrix} x_c \\ y_c \\ z_c \end{bmatrix} = \begin{bmatrix} x \\ y \\ -f \end{bmatrix} \tag{2.9}$$

当$X$轴、$Y$轴及$Z$轴与传感器坐标系不完全重合时，像空间坐标$(x_c, y_c, z_c)$可表示为

$$\begin{bmatrix} x_c \\ y_c \\ z_c \end{bmatrix} = R(\varphi_c, \omega_c, \kappa_c) \begin{bmatrix} x \\ y \\ -f \end{bmatrix} \tag{2.10}$$

式中：$(x, y)$为像点在瞬时扫描坐标系上的坐标；$f$为相机主距；$R(\varphi_c, \omega_c, \kappa_c)$为摄影时刻传感器坐标系在像空间坐标系姿态角$(\varphi_c, \omega_c, \kappa_c)$的方向余弦。

#### 2.2.1.5 天球坐标系

$t_0$历元时刻的天球坐标系又称惯性直角坐标系，用于描述卫星在其轨道上的运动。坐标原点$O$位于地球质心，$W$轴指向$t_0$时刻的平天极，$U$轴指向$t_0$时刻的平春分点，$V$轴与$U$、$W$轴成右手坐标系[17-18]，如图2.6所示。

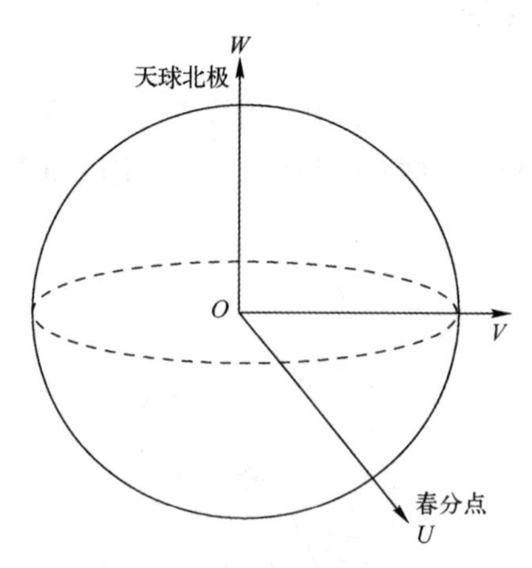


图2.6 天球坐标系示意图

由于地球围绕太阳运动，春分点和北极点经常发生变化。因此，国际组织规定，以某个时刻的春分点、北极点为基准，建立协议空间固定惯性系统。该坐标系一般采用国际大地测量协会和国际天文学联合会于1984年启用的协

议天球坐标系 J2000，是目前遥感几何定位中常使用的天球坐标系，简称 J2000 坐标系。

#### 2.2.1.6 地心坐标系

地心坐标系又称地固坐标系，一般用来描述地面点位置和卫星绕地球运行时的位置[19]。坐标原点位于地球质心，$Z^C$轴指向地球的北极，$X^C$轴指向赤道参考点，即国际时间局定义的平格林尼治子午线与赤道的交点，$Y^C$轴与$X^C$轴、$Z^C$轴成右手坐标系，如图 2.7 所示。

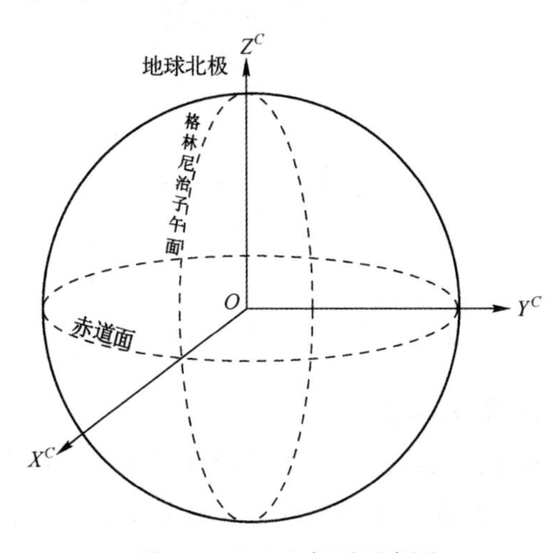


图 2.7 地心坐标系示意图

#### 2.2.1.7 地理坐标系

地理坐标系是用以确定点在地球上位置的坐标系，地理坐标系以地轴为极轴，所有通过南北极的平面均称为子午面。地理坐标通常使用经纬度表示地面点的球面位置。大地坐标（$L$、$B$、$h$）就是地理坐标的一种表示方法。

#### 2.2.1.8 局部坐标系

局部坐标系是一种过渡的坐标系，也称为摄影测量坐标系（简称摄测系），可以看作是摄影测量中的地辅坐标系，多用于摄影测量平差中便于计算和提高计算精度。局部坐标系可以分为卫星姿态参考坐标系和椭球割（切）面坐标系[17]。

1）卫星姿态参考坐标系

卫星姿态参考坐标系选取航线或区域中央某一摄站作为坐标系原点 $S$，原点至地心连线为 $Z'$轴，$X'$轴在轨道面上垂直 $Z'$轴并指向卫星飞行的方向，$Y'$轴方向按右手定则确定，如图 2.8 所示。

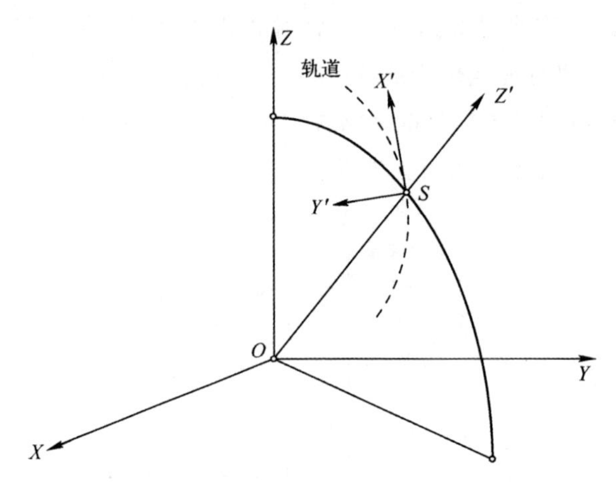


图 2.8　卫星姿态参考坐标系示意图

2）椭球割（切）面坐标系

椭球割（切）面坐标系原点 $O'$一般选择在航线或区域中央某一摄站点对于参考椭球的法线上，$Z'$轴与 $O'$点法线重合且指向椭球外，$Y'$轴在原点的大地子午面内与 $Z$ 轴正交且指向北点方向，$X'$轴方向按右手定则确定，如图 2.9 所示。

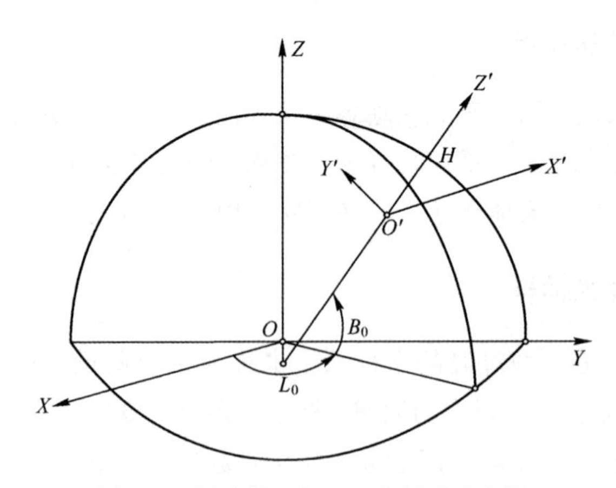


图 2.9　椭球割（切）面坐标系示意图

## 2.2.2　坐标系之间转换

### 2.2.2.1　天球坐标与地心坐标转换

天球坐标系一般用于卫星轨道的推算，地心坐标系一般用于计算地面点坐标。两种坐标系间的转换是绕第三轴旋转格林尼治恒星时角 $S$[18]，即

$$\begin{bmatrix} X^C \\ Y^C \\ Z^C \end{bmatrix} = \begin{bmatrix} \cos S & \sin S & 0 \\ -\sin S & \cos S & 0 \\ 0 & 0 & 1 \end{bmatrix} \begin{bmatrix} U \\ V \\ W \end{bmatrix} \tag{2.11}$$

或

$$\begin{bmatrix} U \\ V \\ W \end{bmatrix} = \begin{bmatrix} \cos S & -\sin S & 0 \\ \sin S & \cos S & 0 \\ 0 & 0 & 1 \end{bmatrix} \begin{bmatrix} X^C \\ Y^C \\ Z^C \end{bmatrix} \tag{2.12}$$

### 2.2.2.2　地理坐标与地心坐标转换

从某点的大地经纬度（$L$、$B$）和大地高，求地心系坐标（$X^C,Y^C,Z^C$）的过程通常称为正算公式[4]，即

$$\begin{cases} X^C = (N+h)\cos B\cos L \\ Y^C = (N+h)\cos B\sin L \\ Z^C = [N(1-e^2)+h]\sin B \end{cases} \tag{2.13}$$

式中：$N$ 为卯酉圈曲率半径；$e$ 为第一偏心率。

### 2.2.2.3　局部系与地心坐标系转换

1）地心坐标与椭球割（切）面坐标的转换

由图 2.9 关系可建立地心系坐标（$X^C,Y^C,Z^C$）与椭球割（切）面坐标系（$X',Y',Z'$）间的转换：

$$\begin{bmatrix} X^C \\ Y^C \\ Z^C \end{bmatrix} = \boldsymbol{M} \begin{bmatrix} X' \\ Y' \\ Z' \end{bmatrix} + \begin{bmatrix} X_0 \\ Y_0 \\ Z_0 \end{bmatrix} \tag{2.14}$$

式中：（$X_0,Y_0,Z_0$）为椭球割（切）面坐标原点 $O'$ 在地心坐标系中的坐标；$\boldsymbol{M}$ 为转换矩阵，且

$$\boldsymbol{M}=M_Z(90°+L)\cdot M_Z(90°-B)=\begin{bmatrix}-\sin L & -\cos L\sin B & \cos L\cos B\\ \cos L & -\sin L\sin B & \sin L\cos B\\ 0 & \cos B & \sin B\end{bmatrix} \quad (2.15)$$

式中：$L$、$B$ 为坐标原点 $O'$对应的大地坐标。

反之，由地心坐标转换至椭球割（切）面坐标可得

$$\begin{bmatrix}X'\\Y'\\Z'\end{bmatrix}=\begin{bmatrix}-\sin L & \cos L & 0\\ -\cos L\sin B & -\sin L\sin B & \cos B\\ \cos L\cos B & \sin L\cos B & \sin B\end{bmatrix}\begin{bmatrix}X^C-X_0\\Y^C-Y_0\\Z^C-Z_0\end{bmatrix} \quad (2.16)$$

2）地心坐标与卫星姿态参考坐标的转换

由图 2.8 关系可知，地心坐标系与卫星姿态参考坐标系的转换[17]，首先要绕 $Z$ 轴逆时针旋转（$90°+\lambda$）角，再绕 $X$ 轴逆时针旋转（$90°-\varphi$）角，最后再绕 $Z$ 轴逆时针旋转（$90°-\delta$）角后得

$$\begin{bmatrix}X^C\\Y^C\\Z^C\end{bmatrix}=\boldsymbol{M}\begin{bmatrix}X'\\Y'\\Z'\end{bmatrix}+\begin{bmatrix}X_S\\Y_S\\Z_S\end{bmatrix} \quad (2.17)$$

式中：（$X_S,Y_S,Z_S$）为卫星姿态参考坐标系 $S$ 在地心坐标系中的坐标；$M$ 为旋转矩阵，且

$$\begin{aligned}\boldsymbol{M}&=M_Z(90°+\lambda)\cdot M_X(90°-\varphi)\cdot M_Z(90°-\delta)\\&=\begin{bmatrix}-\cos\lambda\sin\varphi\cos\delta-\sin\lambda\sin\delta & -\cos\lambda\sin\varphi\sin\delta+\sin\lambda\cos\delta & \cos\lambda\cos\varphi\\ -\sin\lambda\sin\varphi\cos\delta+\cos\lambda\sin\delta & -\sin\lambda\sin\varphi\sin\delta-\cos\lambda\cos\delta & \sin\lambda\cos\varphi\\ \cos\varphi\cos\delta & \cos\varphi\sin\delta & \sin\varphi\end{bmatrix}\end{aligned} \quad (2.18)$$

式（2.18）为升段摄影时（卫星由南向北飞行的那部分轨道，如图 2.10 所示）的旋转矩阵，降段摄影（卫星由北向南飞行的那部分轨道，如图 2.11 所示）的旋转矩阵为

$$\begin{aligned}\boldsymbol{M}&=M_Z(90°+\lambda)\cdot M_X(90°-\varphi)\cdot M_Z(270°-\delta)\\&=\begin{bmatrix}\cos\lambda\sin\varphi\cos\delta+\sin\lambda\sin\delta & \cos\lambda\sin\varphi\sin\delta-\sin\lambda\cos\delta & \cos\lambda\cos\varphi\\ \sin\lambda\sin\varphi\cos\delta-\cos\lambda\sin\delta & \sin\lambda\sin\varphi\sin\delta+\cos\lambda\cos\delta & \sin\lambda\cos\varphi\\ -\cos\varphi\cos\delta & -\cos\varphi\sin\delta & \sin\varphi\end{bmatrix}\end{aligned} \quad (2.19)$$

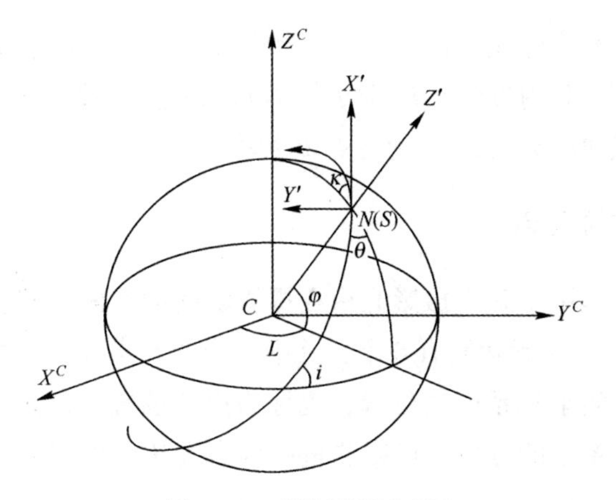


图 2.10 升段摄影示意图

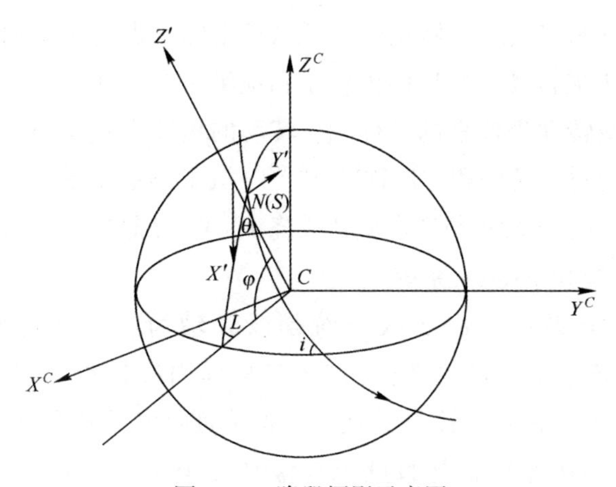


图 2.11 降段摄影示意图

# 2.3 光学影像构像数学模型

## 2.3.1 共线条件方程式

### 2.3.1.1 内方位元素

相机的内方位元素是确定投影中心对像片相对位置的独立参数，主要用于像点从像平面坐标系向像空间坐标系的转化时，直接恢复摄影光束[15-16]。主要包括像片的主距$f$以及像主点在像平面坐标系中的坐标$x_0$、$y_0$。通常，面阵相机内方位元素为$(f,x_0,y_0)$，其中$f$为相机主距，$(x_0,y_0)$为主点坐标。对于线阵相机而言，其内方位元素可转化为$(f,\alpha,y_{ccd})$，其中$\alpha$为线阵相机与垂直对地摄影光线间的夹角，$y_{ccd}$为主点影像纵坐标。

### 2.3.1.2 外方位元素

外方位元素是用于确定摄影光束在摄影瞬间的空间位置，包括位置和姿态[15]，因此，外方位元素共有6个，其中3个线元素和3个角元素。线元素为投影中心在空间坐标系中的位置，也称为摄站位置；角元素用于确定摄影光束在空间坐标系中的方位。摄影测量中姿态表达主要有欧拉角和单位四元数两种方式。

1）欧拉角

在两个坐标系之间进行转换时，可以将坐标系视为刚体相对于另一坐标系的原点经过3次转动，使这两坐标系相应轴重合。在这3次旋转中，每次的旋转轴都是被转动坐标系的坐标轴，转动的角即为欧拉角。根据旋转顺序可以将旋转分为对称转序和非对称转序[20]，摄影测量中最常用的是非对称转序，分别绕$X$、$Y$、$Z$轴进行3次旋转或绕$Y$、$X$、$Z$轴旋转，分给对应转角系统为$\omega$-$\varphi$-$\kappa$系统和$\varphi$-$\omega$-$\kappa$系统。

（1）$\omega$-$\varphi$-$\kappa$系统。$\omega$-$\varphi$-$\kappa$系统是以$X$轴为第一旋转轴的角元素系统，$\omega$角也称横滚角，是主光轴在$YZ$坐标面内的投影与$Z$轴的夹角[15]。$\varphi$角也称俯仰角，是主光轴与其在$YZ$坐标面内的投影的夹角。$\kappa$角也称偏航角，是$X$轴在像平面上的投影与像平面坐标系$x$轴的夹角。当采用$\omega$-$\varphi$-$\kappa$角元素系统时，将$S$-$XYZ$坐标系的三轴指向旋转到与$S$-$xyz$重合所需的步骤是：先将坐标系$S$-$XYZ$绕$X$轴旋转$\omega$角，再将第一次旋转后的坐标系$S$-$X'Y'Z'$绕$Y'$轴旋转$\varphi$角；最后将第二次旋转后的坐标系$S$-$X''Y''Z''$绕$Z''$轴旋转$\kappa$角，实现$S$-$XYZ$坐标系的三轴指向与$S$-$xyz$重合。由此构成的旋转矩阵为

$$\begin{bmatrix} X \\ Y \\ Z \end{bmatrix} = R_\omega R_\varphi R_\kappa \begin{bmatrix} x \\ y \\ z \end{bmatrix} = \begin{bmatrix} a_1 & a_2 & a_3 \\ b_1 & b_2 & b_3 \\ c_1 & c_2 & c_3 \end{bmatrix} \begin{bmatrix} x \\ y \\ z \end{bmatrix} \tag{2.20}$$

其中

$$\begin{bmatrix} a_1 & a_2 & a_3 \\ b_1 & b_2 & b_3 \\ c_1 & c_2 & c_3 \end{bmatrix} = \begin{bmatrix} 1 & 0 & 0 \\ 0 & \cos\omega & -\sin\omega \\ 0 & \sin\omega & \cos\omega \end{bmatrix} \begin{bmatrix} \cos\varphi & 0 & \sin\varphi \\ 0 & 1 & 0 \\ -\sin\varphi & 0 & \cos\varphi \end{bmatrix} \begin{bmatrix} \cos\kappa & -\sin\kappa & 0 \\ \sin\kappa & \cos\kappa & 0 \\ 0 & 0 & 1 \end{bmatrix} \tag{2.21}$$

式中：$a_i$、$b_i$、$c_i(i=1,2,3)$为 $\omega$、$\varphi$、$\kappa$ 组成的 9 个方向余弦，即

$$\begin{cases} a_1 = \cos\varphi\cos\kappa \\ a_2 = -\cos\varphi\sin\kappa \\ a_3 = \sin\varphi \\ b_1 = \cos\omega\sin\kappa + \sin\omega\sin\varphi\cos\kappa \\ b_2 = \cos\omega\cos\kappa - \sin\omega\sin\varphi\sin\kappa \\ b_3 = -\sin\omega\cos\varphi \\ c_1 = \sin\omega\sin\kappa - \cos\omega\sin\varphi\cos\kappa \\ c_2 = \sin\omega\cos\kappa + \cos\omega\sin\varphi\sin\kappa \\ c_3 = \cos\omega\cos\varphi \end{cases} \tag{2.22}$$

（2）$\varphi$-$\omega$-$\kappa$ 系统。$\varphi$-$\omega$-$\kappa$ 系统是我国较为常用的角元素系统，是以 $Y$ 轴为第一旋转轴的转角系统[4]。俯仰角 $\varphi$ 是主光轴在 $XZ$ 坐标面内的投影与 $Z$ 轴的夹角，横滚角 $\omega$ 是 $Z$ 轴与它在 $XZ$ 面上的投影之间的夹角，偏航角 $\kappa$ 是 $Y$ 轴在 $xy$ 坐标面上的投影与 $y$ 轴的夹角。将 $S$-$XYZ$ 坐标系的三轴指向旋转到与 $S$-$xyz$ 重合所需的步骤是：先将坐标系 $S$-$XYZ$ 绕 $Y$ 轴旋转 $\varphi$ 角，再将第一次旋转后的坐标系 $S$-$X'Y'Z'$绕 $X'$轴旋转 $\omega$ 角；最后将第二次旋转后的坐标系 $S$-$X''Y''Z''$绕 $Z''$轴旋转 $\kappa$ 角，实现 $S$-$XYZ$ 坐标系的三轴指向与 $S$-$xyz$ 重合。由此构成的旋转矩阵为

$$\begin{bmatrix} X \\ Y \\ Z \end{bmatrix} = R_\varphi R_\omega R_\kappa \begin{bmatrix} x \\ y \\ z \end{bmatrix} = \begin{bmatrix} a_1 & a_2 & a_3 \\ b_1 & b_2 & b_3 \\ c_1 & c_2 & c_3 \end{bmatrix} \begin{bmatrix} x \\ y \\ z \end{bmatrix} \tag{2.23}$$

其中

$$\begin{bmatrix} a_1 & a_2 & a_3 \\ b_1 & b_2 & b_3 \\ c_1 & c_2 & c_3 \end{bmatrix} = \begin{bmatrix} \cos\varphi & 0 & -\sin\varphi \\ 0 & 1 & 0 \\ \sin\varphi & 0 & \cos\varphi \end{bmatrix} \begin{bmatrix} 1 & 0 & 0 \\ 0 & \cos\omega & -\sin\omega \\ 0 & \sin\omega & \cos\omega \end{bmatrix} \begin{bmatrix} \cos\kappa & -\sin\kappa & 0 \\ \sin\kappa & \cos\kappa & 0 \\ 0 & 0 & 1 \end{bmatrix} \tag{2.24}$$

式中：$a_i$、$b_i$、$c_i(i=1,2,3)$为 $\varphi$、$\omega$、$\kappa$ 组成的 9 个方向余弦，即

$$\begin{cases}a_1=\cos\varphi\cos\kappa-\sin\varphi\sin\omega\sin\kappa\\a_2=-\cos\varphi\sin\kappa-\sin\varphi\sin\omega\cos\kappa\\a_3=-\sin\varphi\cos\omega\\b_1=\cos\omega\sin\kappa\\b_2=\cos\omega\cos\kappa\\b_3=-\sin\omega\\c_1=\sin\varphi\cos\kappa+\cos\varphi\sin\omega\sin\kappa\\c_2=-\sin\varphi\sin\kappa+\cos\varphi\sin\omega\cos\kappa\\c_3=\cos\varphi\cos\omega\end{cases}\tag{2.25}$$

2）单位四元数

四元数（Quaternion）可以非常方便地表示空间方位以及空间矢量间的旋转、平移和缩放等关系，并避免采用欧拉角描述姿态可能引起的奇异性，广泛应用于航天器姿态控制、捷联惯性导航等领域。四元数是复数在四维空间的扩展，通常表示为

$$\boldsymbol{q}=\lambda+p_1\boldsymbol{i}+p_2\boldsymbol{j}+p_3\boldsymbol{k}\tag{2.26}$$

式中：$\lambda$ 是标量部分；$p_1\boldsymbol{i}+p_2\boldsymbol{j}+p_3\boldsymbol{k}$ 为矢量部分。四元数 $\boldsymbol{q}$ 的模记为 $|\boldsymbol{q}|$，$|\boldsymbol{q}|=\sqrt{\boldsymbol{q}\boldsymbol{q}^*}=\sqrt{\lambda^2+p_1^2+p_2^2+p_3^2}$，$|\boldsymbol{q}|=1$ 的四元数称为单位四元数[21]。

令 $\boldsymbol{q}=\lambda+p_1\boldsymbol{i}+p_2\boldsymbol{j}+p_3\boldsymbol{k}$，$\boldsymbol{M}=v+\mu_1\boldsymbol{i}+\mu_2\boldsymbol{j}+\mu_3\boldsymbol{k}$，两四元数的加减法则为

$$\boldsymbol{q}\pm\boldsymbol{M}=(\lambda\pm v)+(p_1\pm\mu_1)\boldsymbol{i}+(p_2\pm\mu_2)\boldsymbol{j}+(p_3\pm\mu_3)\boldsymbol{k}\tag{2.27}$$

两四元数的内积为

$$\boldsymbol{q}\cdot\boldsymbol{M}=\lambda v+p_1\mu_1+p_2\mu_2+p_3\mu_3\tag{2.28}$$

两四元数的外积（叉积）为

$$\begin{aligned}\boldsymbol{q}\times\boldsymbol{M}&=(\lambda+p_1\boldsymbol{i}+p_2\boldsymbol{j}+p_3\boldsymbol{k})\times(v+\mu_1\boldsymbol{i}+\mu_2\boldsymbol{j}+\mu_3\boldsymbol{k})\\&=\begin{bmatrix}\lambda&-p_1&-p_2&-p_3\\p_1&\lambda&-p_3&p_2\\p_2&p_3&\lambda&-p_1\\p_3&-p_2&p_1&\lambda\end{bmatrix}\begin{bmatrix}v\\\mu_1\\\mu_2\\\mu_3\end{bmatrix}\end{aligned}\tag{2.29}$$

一个矢量 $\boldsymbol{V}(x,y,z)$ 相对于坐标系 $O-XYZ$ 固定，从坐标系 $O-XYZ$ 转动了 $\boldsymbol{q}$，得到一个新坐标系 $O-X'Y'Z'$，$\boldsymbol{V}$ 分解在新坐标系 $O-X'Y'Z'$ 中的坐标为 $(x',y',z')$，则有

$$\begin{bmatrix} x' \\ y' \\ z' \end{bmatrix} = \begin{bmatrix} \lambda^2+p_1^2-p_2^2-p_3^2 & 2(p_1p_2+\lambda p_3) & 2(p_1p_3-\lambda p_2) \\ 2(p_1p_2-\lambda p_3) & \lambda^2+p_2^2-p_1^2-p_3^2 & 2(p_2p_3+\lambda p_1) \\ 2(p_1p_3+\lambda p_2) & 2(p_2p_3-\lambda p_1) & \lambda^2+p_3^2-p_1^2-p_2^2 \end{bmatrix} \begin{bmatrix} x \\ y \\ z \end{bmatrix} \tag{2.30}$$

### 2.3.1.3　共线条件方程

共线条件方程是摄影测量的理论基础，可建立起像点、投影中心和地面点三者之间的关系。无论是面阵影像还是线阵扫描影像构像，方程式的建立都是以共线方程为基础的。面阵影像共线条件方程的一般形式为

$$\begin{cases} x-x_0=-f\dfrac{a_1(X-X_S)+b_1(Y-Y_S)+c_1(Z-Z_S)}{a_3(X-X_S)+b_3(Y-Y_S)+c_3(Z-Z_S)} \\ y-y_0=-f\dfrac{a_2(X-X_S)+b_2(Y-Y_S)+c_2(Z-Z_S)}{a_3(X-X_S)+b_3(Y-Y_S)+c_3(Z-Z_S)} \end{cases} \tag{2.31}$$

式中：$(x,y)$为像点的像空间坐标；$f$、$x_0$、$y_0$ 为相机的内方位元素；$(X_S,Y_S,Z_S)$为投影中心的物方空间坐标；$(X,Y,Z)$为地面点的物方空间坐标；$a_i$、$b_i$、$c_i(i=1,2,3)$为由像片的 3 个外方位角元素 $\varphi$、$\omega$、$\kappa$ 组成的 9 个方向余弦，具体形式参照式（2.25）。

对于线阵 CCD 影像，摄影时刻的外方位元素是瞬时变化的，即每一个线阵 CCD 扫描行都有 6 个外方位元素，其共线方程为

$$\begin{cases} x=-f\dfrac{a_1(X_j-X_{Si})+b_1(Y_j-Y_{Si})+c_1(Z_j-Z_{Si})}{a_3(X_j-X_{Si})+b_3(Y_j-Y_{Si})+c_3(Z_j-Z_{Si})} \\ y=-f\dfrac{a_2(X_j-X_{Si})+b_2(Y_j-Y_{Si})+c_2(Z_j-Z_{Si})}{a_3(X_j-X_{Si})+b_3(Y_j-Y_{Si})+c_3(Z_j-Z_{Si})} \end{cases} \tag{2.32}$$

式中：$x$、$y$ 为 CCD 像点坐标，其中 $x$ 坐标为常数，对于前视相机而言，$x_l=f\cdot\tan\alpha$，正视相机 $x_v=0$，后视相机 $x_r=-f\cdot\tan\alpha$，$f$ 为相机焦距，$\alpha$ 为前、后视相机与正视相机间的夹角[1]；$y$ 为像平面的纵坐标；$(X_j,Y_j,Z_j)$为 $j$ 点的地面坐标；$(X_{Si},Y_{Si},Z_{Si})$为某一时刻的摄站坐标；$a_k$、$b_k$、$c_k(k=1,2,3)$为某一时刻由相机姿态角元素 $\varphi_i$、$\omega_i$、$\kappa_i$ 构成的方向余弦。由于摄影平台在高轨道空间运行时，空间大气环境干扰甚小，CCD 线性阵列摄影无部件运动，同时又采用了惯性平台等姿态控制技术，姿态变化率很小，因而，外方位角元素在局部范围可用一次、二次或三次多项式函数来拟合表示。外方位角元素用一次或二次多项式函数拟合时分别表示为

$$\begin{cases}\varphi_i=\varphi_0+k_{\varphi 1}t_i\\\omega_i=\omega_0+k_{\omega 1}t_i\\\kappa_i=\kappa_0+k_{\kappa 1}t_i\end{cases}\tag{2.33}$$

$$\begin{cases}\varphi_i=\varphi_0+k_{\varphi 1}t_i+k_{\varphi 2}t_i^2\\\omega_i=\omega_0+k_{\omega 1}t_i+k_{\omega 2}t_i^2\\\kappa_i=\kappa_0+k_{\kappa 1}t_i+k_{\kappa 2}t_i^2\end{cases}\tag{2.34}$$

式中：$t_i$ 为一时间参量，表示第 $i$ 行线阵影像的摄影时刻；$\varphi_0$、$\omega_0$、$\kappa_0$、$k_{\varphi i}$、$k_{\omega i}$、$k_{\kappa i}(i=0,1,2)$ 为拟合多项式函数的待定未知参数；$\varphi_i$、$\omega_i$、$\kappa_i$ 为第 $i$ 行 CCD 影像的瞬时外方位角元素。

式（2.31）、式（2.32）为共线条件方程已知物方坐标求解像方坐标的过程，当已知某点高程时，利用共线条件方程的变形形式，即可利用像方坐标和该点对应的高程坐标，求得该点的平面位置（即单片定位）为

$$\begin{cases}X_j=\left[\dfrac{a_1x+a_2y-a_3f}{c_1x+c_2y-c_3f}\right](Z_j-Z_{Si})+X_{Si}\\[2ex]Y_j=\left[\dfrac{b_1x+b_2y-b_3f}{c_1x+c_2y-c_3f}\right](Z_j-Z_{Si})+Y_{Si}\end{cases}\tag{2.35}$$

### 2.3.2 有理函数模型

有理函数模型（RFM）可以直接建立起像点和空间坐标之间的关系，不需要内外方位元素，回避成像的几何过程，已广泛应用于线阵影像的处理中[22-23]，即

$$\begin{cases}r_n=\dfrac{\mathrm{Num}L(P_n,L_n,H_n)}{\mathrm{Den}L(P_n,L_n,H_n)}\\[2ex]c_n=\dfrac{\mathrm{Num}S(P_n,L_n,H_n)}{\mathrm{Den}S(P_n,L_n,H_n)}\end{cases}\tag{2.36}$$

其中

$$\begin{aligned}\mathrm{Num}L(P_n,L_n,H_n)=\;&a_0+a_1L_n+a_2P_n+a_3H_n+a_4L_nP_n+a_5L_nH_n+a_6P_nH+\\&a_7L_n^2+a_8P_n^2+a_9H_n^2+a_{10}P_nL_nH_n+a_{11}L_n^3+a_{12}L_nP_n^2+\\&a_{13}L_nH_n^2+a_{14}L_n^2P_n+a_{15}P_n^3+a_{16}P_nH_n^2+a_{17}L_n^2H_n+\\&a_{18}P_n^2H_n+a_{19}H_n^3\end{aligned}$$

$$\begin{aligned}\mathrm{Den}L(P_n,L_n,H_n)=&1+b_1L_n+b_2P_n+b_3H_n+b_4L_nP_n+b_5L_nH_n+b_6P_nH_n+\\&b_7L_n^2+b_8P_n^2+b_9H_n^2+b_{10}L_nP_nH_n+b_{11}L_n^3+b_{12}L_nP_n^2+\\&b_{13}L_nH_n^2+b_{14}L_n^2P_n+b_{15}P_n^3+b_{16}P_nH_n^2+b_{17}L_n^2H_n+\\&b_{18}P_n^2H_n+b_{19}H_n^3\end{aligned}$$

$$\begin{aligned}\mathrm{Num}S(P_n,L_n,H_n)=&c_0+c_1L_n+c_2P_n+c_3H_n+c_4L_nP_n+c_5L_nH_n+c_6P_nH_n+\\&c_7L_n^2+c_8P_n^2+c_9H_n^2+c_{10}P_nL_nH_n+c_{11}L_n^3+c_{12}L_nP_n^2+\\&c_{13}L_nH_n^2+c_{14}L_n^2P_n+c_{15}P_n^3+c_{16}P_nH_n^2+c_{17}L_n^2H_n+\\&c_{18}P_n^2H_n+c_{19}H_n^3\end{aligned}$$

$$\begin{aligned}\mathrm{Den}S(P_n,L_n,H_n)=&1+d_1L_n+d_2P_n+d_3H_n+d_4L_nP_n+d_5L_nH_n+d_6P_nH_n+\\&d_7L_n^2+d_8P_n^2+d_9H_n^2+d_{10}L_nP_nH_n+d_{11}L_n^3+d_{12}L_nP_n^2+\\&d_{13}L_nH_n^2+d_{14}L_n^2P_n+d_{15}P_n^3+d_{16}P_nH_n^2+d_{17}L_n^2H_n+\\&d_{18}P_n^2H_n+d_{19}H_n^3\end{aligned}$$

式中：$(P_n,L_n,H_n)$为正则化的地面坐标，$(r_n,c_n)$为正则化的影像坐标，且

$$\begin{cases}L_n=\dfrac{L-\mathrm{LAT\_OFF}}{\mathrm{LAT\_SCALE}}\\P_n=\dfrac{P-\mathrm{LONG\_OFF}}{\mathrm{LONG\_SCALE}}\\H_n=\dfrac{H-\mathrm{HEIGHT\_OFF}}{\mathrm{HEIGHT\_SCALE}}\end{cases}\tag{2.37}$$

$$\begin{cases}r_n=\dfrac{r-\mathrm{LINE\_OFF}}{\mathrm{LINE\_SCALE}}\\c_n=\dfrac{c-\mathrm{SAMP\_OFF}}{\mathrm{SAMP\_SCALE}}\end{cases}\tag{2.38}$$

式中：LAT_OFF、LAT_SCALE、LONG_OFF、LONG_SCALE、HEIGHT_OFF 和 HEIGHT_SCALE 为地面的正则化坐标；LINE_OFF、LINE_SCALE、SAMP_OFF 和 SAMP_SCALE 为影像坐标的正则化参数。

#### 2.3.2.1　有理函数模型的多项式参数解算

有理函数模型的多项式参数（RPC）解算，既可以在严格传感器模型已知的条件下进行，也可以在未知条件下进行，但无论何种条件，RPC 解算都需要一定数量、均匀分布的控制格网点数据。RPC 解算通常有两种方案，即

与地形相关和与地形无关方案[23-24]。如果已知严格传感器模型，同时内、外方位元素均可获得，就可以采用与地形无关的方案解算 RPC，否则，解算只能采用与地形相关的方案而严格依靠大量地面控制点。当采用与地形无关的解算方案时，基本思想是把影像等分成 $m$ 行、$n$ 列，在影像上得到一系列均匀分布的像点，再把地形起伏范围均匀分成 $k$ 层，得到$(k+1)$个等高程的面，如图 2.12 所示。然后，利用内、外方位元素，按严格几何模型计算在不同高程面上像点的平面位置，由此产生了分布均匀的物方控制格网点数据。最后，根据最小二乘原理解算 RPC。采用这种方案，可实现有理函数模型对严格传感器模型的高精度拟合，进而取代严格几何传感器模型完成摄影测量处理，这种方案的解算步骤如下。

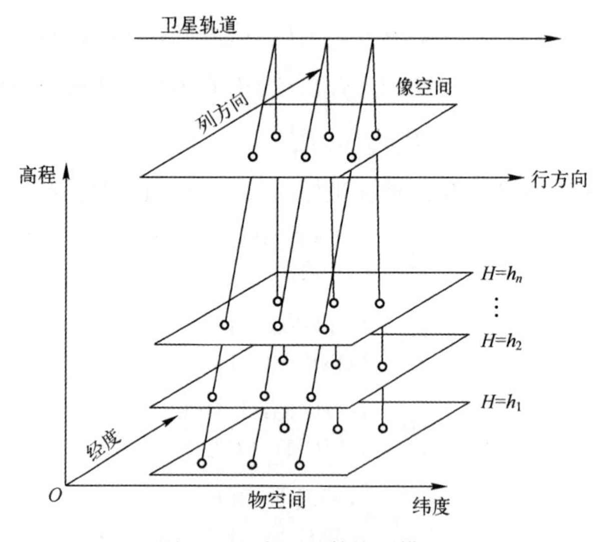


图 2.12　有理函数格网模型

(1) 划分格网。格网点应均匀分布在像平面的整个区域，将整个图像分成 $m$ 行 $n$ 列，得到$(m+1)\times(n+1)$个均匀分布的图像点。

(2) 高程分层。将整个覆盖区域的高程起伏范围分为 $k$ 层（一般 $k>3$），每层具有相同的高程 $Z$，得到$(k+1)$个等高程面。

(3) 三维格网点的解算利用已知的严格几何模型，计算各像方格网点在每层等高程面上对应的“地面点”的平面坐标 $X$、$Y$，从而得到$(m+1)\times(n+1)\times(k+1)$个三维虚拟物方格网点的全部坐标。最终生成的三维虚拟物方格网点用于解算 RPC，它们的数量一般远超过所需的控制点数量，并且在平面和高程上分布均匀，因此能达到很高的拟合精度。

(4) RPC 解算。用以上格网点作为控制点，利用最小二乘平差方法解算 RPC 参数[25]。为了采用最小二乘原理求解 RPC，需要将式（2.36）线性化得到误差方程式：

$$\begin{cases}\mathrm{Num}L(P_n,L_n,H_n)-r_n\cdot \mathrm{Den}L(P_n,L_n,H_n)=0\\ \mathrm{Num}S(P_n,L_n,H_n)-c_n\cdot \mathrm{Den}L(P_n,L_n,H_n)=0\end{cases}\tag{2.39}$$

式（2.39）也可表示为

$$\begin{cases}\boldsymbol{Mt}_r-r=0\\ \boldsymbol{Nt}_c-c=0\end{cases}\tag{2.40}$$

式中

$\boldsymbol{M}=[1\quad L_n\quad P_n\quad H_n\cdots L_n^2H_n\quad P_n^2H_n\quad H_n^3\quad -rL_n\quad -rP_n\quad -rH_n\cdots -rL_n^2H_n$
$-rP_n^2H_n\quad -rH_n^3]$

$\boldsymbol{N}=[1\quad L_n\quad P_n\quad H_n\cdots L_n^2H_n\quad P_n^2H_n\quad H_n^3\quad -cL_n\quad -cP_n\quad -cH_n\cdots -cL_n^2H_n$
$-cP_n^2H_n\quad -cH_n^3]$

$\boldsymbol{t}_r=[a_0\quad a_1\quad \cdots\quad a_{18}\quad a_{19}\quad b_1\quad b_2\quad \cdots\quad b_{18}\quad b_{19}]^{\mathrm{T}}$

$\boldsymbol{t}_c=[c_0\quad c_1\quad \cdots\quad c_{18}\quad c_{19}\quad d_1\quad d_2\quad \cdots\quad d_{18}\quad d_{19}]^{\mathrm{T}}$

将式（2.40）写成矩阵形式[26]：

$$\begin{bmatrix}\boldsymbol{M} & \boldsymbol{0}\\ \boldsymbol{0} & \boldsymbol{N}\end{bmatrix}\begin{bmatrix}\boldsymbol{t}_r\\ \boldsymbol{t}_c\end{bmatrix}-\begin{bmatrix}r\\ c\end{bmatrix}=\boldsymbol{0}\tag{2.41}$$

最后用最小二乘平差方法即可求得 $\boldsymbol{t}_r$、$\boldsymbol{t}_c$，也就是 78 个有理函数多项式系数。

(5) 精度检查。采用新的格网划分方式重新生成一定数量均匀分布的地面格网点，用解算出来 RPC 计算这些目标格网点的位置或者相应像点的位置，通过比较 RPC 的解算结果和检查点就可以确定解算精度。

研究发现，有理函数模型的拟合精度与卫星平台稳定度、待建模影像的范围等因素密切相关[27]，如表 2.1 和表 2.2 所列。

表 2.1　姿态稳定度与有理函数建模精度关系

| 姿态稳定度 | 前视影像/像素 | | | | 后视影像/像素 | | | |
|---|---|---|---|---|---|---|---|---|
| | 控制点 | | 检查点 | | 控制点 | | 检查点 | |
| | dx | dy | dx | dy | dx | dy | dx | dy |
| $1\times10^{-3}$(°)/s | 0.066 | 0.101 | 0.084 | 0.172 | 0.046 | 0.126 | 0.066 | 0.162 |
| $1\times10^{-4}$(°)/s | 0.060 | 0.098 | 0.057 | 0.165 | 0.060 | 0.108 | 0.091 | 0.110 |

续表

| 姿态稳定度 | 前视影像/像素 | | | | 后视影像/像素 | | | |
|---|---|---|---|---|---|---|---|---|
| | 控制点 | | 检查点 | | 控制点 | | 检查点 | |
| | dx | dy | dx | dy | dx | dy | dx | dy |
| $1\times10^{-5}$(°)/s | 0.052 | 0.100 | 0.055 | 0.148 | 0.055 | 0.106 | 0.086 | 0.097 |
| $1\times10^{-6}$(°)/s | 0.004 | 0.001 | 0.006 | 0.002 | 0.011 | 0.001 | 0.009 | 0.002 |
| 备注 | 影像大小：60km×60km | | | | | | | |

表 2.2 影像范围与有理函数建模精度关系

| 影像范围 | 前视影像/像素 | | | | 后视影像/像素 | | | |
|---|---|---|---|---|---|---|---|---|
| | 控制点 | | 检查点 | | 控制点 | | 检查点 | |
| | dx | dy | dx | dy | dx | dy | dx | dy |
| 30km×30km | 0.041 | 0.069 | 0.067 | 0.062 | 0.038 | 0.072 | 0.091 | 0.154 |
| 60km×60km | 0.066 | 0.101 | 0.084 | 0.172 | 0.046 | 0.126 | 0.066 | 0.162 |
| 60km×120km | 0.053 | 0.130 | 0.096 | 0.209 | 0.068 | 0.119 | 0.099 | 0.220 |
| 60km×200km | 0.057 | 0.134 | 0.101 | 0.216 | 0.055 | 0.133 | 0.086 | 0.236 |
| 60km×400km | 0.083 | 0.147 | 0.176 | 0.410 | 0.100 | 0.407 | 0.216 | 1.077 |
| 120km×120km | 0.053 | 0.132 | 0.117 | 0.144 | 0.065 | 0.134 | 0.096 | 0.198 |
| 备注 | 姿态稳定度为 $1\times10^{-3}$(°)/s | | | | | | | |

### 2.3.2.2 RPC 精化

有理函数模型最早运用于 IKONOS 数据处理中，但相关学者在处理 IKONOS 影像后发现，基于 RFM 进行三维定位时存在一定误差[28-29]：平移（垂轨方向）约 4 像素，漂移（沿轨方向）约 $5\times10^{-5}$。若条带影像长度为 100km，则漂移为 5 像素。笔者研究也发现，基于相机内方位和外方位元素数据，将严格传感器模型转换为有理函数模型后，像点拟合精度都能达到较高精度（通常达到亚像元），但基于 RPC 的立体影像进行地面点坐标计算时，会产生较大的定位误差，如表 2.3 所列。

表 2.3 不同构像模型定位精度统计

| 类　型 | $\mu_X$/m | $\mu_Y$/m | $\mu_h$/m | $\mu_p$/m | 检查点个数 | 备　注 |
|---|---|---|---|---|---|---|
| 基于严格模型前方交会 | 17.3 | 18.2 | 7.2 | 25.1 | 9 | RPC 拟合误差：0.04 像素（垂轨）、0.03 像素（沿轨） |
| RPC 未精化前方交会 | 34.6 | 20.9 | 6.6 | 40.4 | | |

表 2.3 中定位精度统计是基于检查点前方交会后的坐标与实际地面坐标间的均方根误差，其中 $\mu_X$ 为 $X$ 坐标误差，$\mu_Y$ 为 $Y$ 坐标误差，$\mu_h$ 为高程误差，$\mu_p$ 为平面位置误差。

有些学者分析认为，这是由于轨道、姿态在行方向和列方向的误差所导致；笔者认为，这不是主要原因，因为基于相同的外方位元素，利用严格传感器模型和 RPC 前方交会时，定位精度存在较大差异。目前，通常采用人工方式加入一定数量的地面控制点，精化 RPC。通常有以下两种方法。方法一是利用控制点直接对 RPC 部分参数进行校正[30-31]。该方法需要使用大量的控制点来求解有理函数模型中的部分参数，且参数间可能存在相关性，使求解比较困难。方法二是基于式（2.36）在像方增加仿射变换[32-35]，如下式所示，利用一定数量的地面控制点来计算影像的变换参数，而不校正 RPC，是目前常用的一种方法，即

$$\begin{cases} r_n+a_0+a_1r+a_2c=\dfrac{\mathrm{Num}L(P_n,L_n,H_n)}{\mathrm{Den}L(P_n,L_n,H_n)} \\ c_n+b_0+b_1r+b_2c=\dfrac{\mathrm{Num}S(P_n,L_n,H_n)}{\mathrm{Den}S(P_n,L_n,H_n)} \end{cases} \tag{2.42}$$

式中：$a_0$、$a_1$、$a_2$、$b_0$、$b_1$、$b_2$ 为仿射变换参数，主要用于消除在沿轨和垂轨方向的误差，在一景影像对应的 RPC 中，只要 3 个地面控制点就可以解算出仿射变换参数。

对于立体影像，可以利用立体影像优势和特点。首先，在一景范围内提取一定数量的特征点，自动匹配其同名像点，利用内、外方位元素基于严格传感器模型前方交会计算出同名像点对应的地面三维坐标。然后，建立有理函数模型，基于立体影像、相机内方位元素及外方位元素生成一定数量均匀分布的地面虚拟控制格网数据，利用最小二乘原理解算 RPC。最后，利用严格传感器模型前方交会的地面点坐标及其像点坐标，对 RPC 进行仿射变换，解算仿射变换参数，用于消除模型转换带来的定位误差。立体影像 RPC 精化流程如图 2.13 所示。

#### 2.3.2.3　有理函数模型反解形式

与共线条件方程式的正解和反解形式相对应，有理函数模型也有相应的正解形式和反解形式[25]，分别用于求解像点坐标和地面点坐标。RFM 的正解形式类似于由物点表示像点的共线条件方程，如式（2.36）所示。RFM 的反

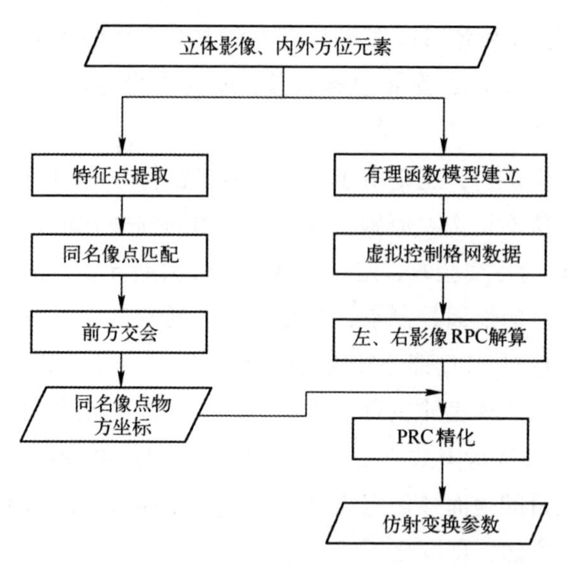


图 2.13　立体影像 RPC 精化流程

解形式类似于像点表示物点的共线条件方程，用于求解地面点的三维坐标。当立体影像分别建立各自的有理函数模型后，可以根据立体影像的同名像点计算出相应地面点的空间坐标，即基于有理函数模型的三维定位。在坐标的标准化式（2.37）中，令

$$\begin{cases} L_n = f_n(L) = \dfrac{L - \text{LAT\_OFF}}{\text{LAT\_SCALE}} \\ P_n = f_n(P) = \dfrac{P - \text{LONG\_OFF}}{\text{LONG\_SCALE}} \\ H_n = f_n(H) = \dfrac{H - \text{HEIGHT\_OFF}}{\text{HEIGHT\_SCALE}} \end{cases} \tag{2.43}$$

则有

$$\begin{cases} \dfrac{\mathrm{d}L_n}{\mathrm{d}L} = f'_L(L) = \dfrac{1}{\text{LAT\_SCALE}} \\ \dfrac{\mathrm{d}P_n}{\mathrm{d}P} = f'_P(P) = \dfrac{1}{\text{LONG\_SCALE}} \\ \dfrac{\mathrm{d}H_n}{\mathrm{d}H} = f'_H(H) = \dfrac{1}{\text{HEIGHT\_SCALE}} \end{cases} \tag{2.44}$$

将

$$r_n = \frac{r - \text{LINE\_OFF}}{\text{LINE\_SCALE}}, \quad c_n = \frac{c - \text{SAMP\_OFF}}{\text{SAMP\_SCALE}}$$

代入式（2.36）中，整理得

$$\begin{cases} r=\text{LINE\_SCALE}\cdot\dfrac{\text{Num}L(P_n,L_n,H_n)}{\text{Den}L(P_n,L_n,H_n)}+\text{LINE\_OFF} \\ c=\text{SAMP\_SCALE}\cdot\dfrac{\text{Num}S(P_n,L_n,H_n)}{\text{Den}S(P_n,L_n,H_n)}+\text{SAMP\_OFF} \end{cases} \tag{2.45}$$

令

$$F(P_n,L_n,H_n)=\frac{\text{Num}L(P_n,L_n,H_n)}{\text{Den}L(P_n,L_n,H_n)},\quad G(P_n,L_n,H_n)=\frac{\text{Num}S(P_n,L_n,H_n)}{\text{Den}S(P_n,L_n,H_n)}$$

则

$$\begin{cases} r=\text{LINE\_SCALE}\cdot F(P_n,L_n,H_n)+\text{LINE\_OFF} \\ c=\text{SAMP\_SCALE}\cdot G(P_n,L_n,H_n)+\text{SAMP\_OFF} \end{cases} \tag{2.46}$$

将式（2.46）的两个方程按照泰勒公式展开至一次项：

$$\begin{cases} r=\hat{r}+\dfrac{\partial r}{\partial L}\cdot\Delta L+\dfrac{\partial r}{\partial P}\cdot\Delta P+\dfrac{\partial r}{\partial H}\cdot\Delta H \\ c=\hat{c}+\dfrac{\partial c}{\partial L}\cdot\Delta L+\dfrac{\partial c}{\partial P}\cdot\Delta P+\dfrac{\partial c}{\partial H}\cdot\Delta H \end{cases} \tag{2.47}$$

得到误差方程为

$$\begin{cases} v_r=\begin{bmatrix}\dfrac{\partial r}{\partial L} & \dfrac{\partial r}{\partial P} & \dfrac{\partial r}{\partial H}\end{bmatrix}\begin{bmatrix}\Delta L\\ \Delta P\\ \Delta H\end{bmatrix}-(r-\hat{r}) \\ v_c=\begin{bmatrix}\dfrac{\partial c}{\partial L} & \dfrac{\partial c}{\partial P} & \dfrac{\partial c}{\partial H}\end{bmatrix}\begin{bmatrix}\Delta L\\ \Delta P\\ \Delta H\end{bmatrix}-(c-\hat{c}) \end{cases} \tag{2.48}$$

式中

$$\begin{aligned} \frac{\partial r}{\partial L}&=\text{LING\_SCALE}\cdot\frac{\partial F}{\partial L}=\text{LING\_SCALE}\cdot\frac{\partial F}{\partial L_n}\cdot\frac{\mathrm{d}L_n}{\mathrm{d}L} \\ &=\frac{\text{LING\_SCALE}}{\text{LAT\_SCALE}}\cdot\frac{\dfrac{\partial\text{Num}L}{\partial L}\cdot\text{Den}L-\text{Num}L\cdot\dfrac{\partial\text{Den}L}{\partial L}}{\text{Den}L\cdot\text{Den}L} \end{aligned}$$

$$\frac{\partial r}{\partial P}=\text{LING\_SCALE}\cdot\frac{\partial F}{\partial P}=\text{LING\_SCALE}\cdot\frac{\partial F}{\partial P_n}\cdot\frac{\mathrm{d}P_n}{\mathrm{d}P}$$

$$=\frac{\text{LING\_SCALE}}{\text{LONG\_SCALE}}\cdot\frac{\dfrac{\partial \text{Num}L}{\partial P}\cdot\text{Den}L-\text{Num}L\cdot\dfrac{\partial \text{Den}L}{\partial P}}{\text{Den}L\cdot\text{Den}L}$$

$$\frac{\partial r}{\partial H}=\text{LING\_SCALE}\cdot\frac{\partial F}{\partial P}=\text{LING\_SCALE}\cdot\frac{\partial F}{\partial H_n}\cdot\frac{\mathrm{d}H_n}{\mathrm{d}H}$$

$$=\frac{\text{LING\_SCALE}}{\text{LONG\_SCALE}}\cdot\frac{\dfrac{\partial \text{Num}L}{\partial H}\cdot\text{Den}L-\text{Num}L\cdot\dfrac{\partial \text{Den}L}{\partial H}}{\text{Den}L\cdot\text{Den}L}$$

$$\frac{\partial c}{\partial L}=\text{SAMP\_SCALE}\cdot\frac{\partial G}{\partial L}=\text{SAMP\_SCALE}\cdot\frac{\partial G}{\partial L_n}\cdot\frac{\mathrm{d}L_n}{\mathrm{d}L}$$

$$=\frac{\text{SAMP\_SCALE}}{\text{LAT\_SCALE}}\cdot\frac{\dfrac{\partial \text{Num}S}{\partial L}\cdot\text{Den}S-\text{Num}S\cdot\dfrac{\partial \text{Den}S}{\partial L}}{\text{Den}S\cdot\text{Den}S}$$

$$\frac{\partial c}{\partial P}=\text{SAMP\_SCALE}\cdot\frac{\partial G}{\partial P}=\text{SAMP\_SCALE}\cdot\frac{\partial G}{\partial P_n}\cdot\frac{\mathrm{d}P_n}{\mathrm{d}P}$$

$$=\frac{\text{SAMP\_SCALE}}{\text{LONG\_SCALE}}\cdot\frac{\dfrac{\partial \text{Num}S}{\partial P}\cdot\text{Den}S-\text{Num}S\cdot\dfrac{\partial \text{Den}S}{\partial P}}{\text{Den}S\cdot\text{Den}S}$$

$$\frac{\partial c}{\partial H}=\text{SAMP\_SCALE}\cdot\frac{\partial G}{\partial H}=\text{SAMP\_SCALE}\cdot\frac{\partial G}{\partial H_n}\cdot\frac{\mathrm{d}H_n}{\mathrm{d}H}$$

$$=\frac{\text{SAMP\_SCALE}}{\text{HEIGHT\_SCALE}}\cdot\frac{\dfrac{\partial \text{Num}S}{\partial H}\cdot\text{Den}S-\text{Num}S\cdot\dfrac{\partial \text{Den}S}{\partial H}}{\text{Den}S\cdot\text{Den}S}$$

各偏导数的形式为

$$\frac{\partial \text{Num}(L,P,H)}{\partial L}=a_1+a_4P+a_5H+2a_7L+a_{10}PH+3a_{11}L^2+a_{12}P^2+a_{13}H^2+2a_{14}LP+2a_{17}LH$$

$$\frac{\partial \text{Num}(L,P,H)}{\partial P}=a_2+a_4L+a_6P+2a_8P+a_{10}LH+2a_{12}LP+a_{14}L^2+3a_{15}P^2+a_{16}H^2+2a_{18}PH$$

$$\frac{\partial \mathrm{Num}(L,P,H)}{\partial H}=a_3+a_5L+a_6P+2a_9H+a_{10}PL+2a_{13}LH+2a_{16}PH+$$
$$a_{17}L^2+a_{18}P^2+3a_{19}H^2$$

则由左右像片的同名点坐标$(r_l,c_l)$、$(r_r,c_r)$，可以列出以下 4 个误差方程：

$$\begin{bmatrix} v_{rl} \\ v_{cl} \\ v_{rr} \\ v_{cr} \end{bmatrix}=\begin{bmatrix} \frac{\partial r_l}{\partial L} & \frac{\partial r_l}{\partial P} & \frac{\partial r_l}{\partial H} \\ \frac{\partial c_l}{\partial L} & \frac{\partial c_l}{\partial P} & \frac{\partial c_l}{\partial H} \\ \frac{\partial r_r}{\partial L} & \frac{\partial r_r}{\partial P} & \frac{\partial r_r}{\partial H} \\ \frac{\partial c_r}{\partial L} & \frac{\partial c_r}{\partial P} & \frac{\partial c_r}{\partial H} \end{bmatrix}\begin{bmatrix} \Delta L \\ \Delta P \\ \Delta H \end{bmatrix}-\begin{bmatrix} r_l-\hat{r}_l \\ c_l-\hat{c}_l \\ r_r-\hat{r}_r \\ c_r-\hat{c}_r \end{bmatrix} \tag{2.49}$$

$$\boldsymbol{V}=\boldsymbol{A\Delta}-\boldsymbol{l} \tag{2.50}$$

于是，坐标的改正数 $\boldsymbol{\Delta}$ 的最小二乘解为

$$\boldsymbol{\Delta}=[\Delta L \quad \Delta P \quad \Delta H]^{\mathrm{T}}=(\boldsymbol{A}^{\mathrm{T}}\boldsymbol{A})^{-1}\boldsymbol{A}^{\mathrm{T}}\boldsymbol{l} \tag{2.51}$$

由于解算地面点坐标采用的数学模型是线性化后的模型，为获得最优解需要进行迭代运算，因而，需要知道地面点的初始值。可以通过标准化平移参数求平均值或采用一次项求解的方式获取。

## 2.4 摄影测量定位基本原理

### 2.4.1 空间后方交会

利用遥感影像上 3 个以上的地面控制点计算该影像外方位元素的过程，称为空间后方交会，单像空间后方交会的基本理论也是共线条件方程。由于共线方程是遥感影像外方位元素的非线性函数，为了便于平差计算和应用，需使用泰勒公式对式（2.31）进行线性化处理，由此得出误差方程式的一般形式为[4]

$$\begin{cases} v_x=\frac{\partial x}{\partial X_S}\mathrm{d}X_S+\frac{\partial x}{\partial Y_S}\mathrm{d}Y_S+\frac{\partial x}{\partial Z_S}\mathrm{d}Z_S+\frac{\partial x}{\partial \varphi}\mathrm{d}\varphi+\frac{\partial x}{\partial \omega}\mathrm{d}\omega+\frac{\partial x}{\partial \kappa}\mathrm{d}\kappa+(x)-x \\ v_y=\frac{\partial y}{\partial X_S}\mathrm{d}X_S+\frac{\partial y}{\partial Y_S}\mathrm{d}Y_S+\frac{\partial y}{\partial Z_S}\mathrm{d}Z_S+\frac{\partial y}{\partial \varphi}\mathrm{d}\varphi+\frac{\partial y}{\partial \omega}\mathrm{d}\omega+\frac{\partial y}{\partial \kappa}\mathrm{d}\kappa+(y)-y \end{cases} \tag{2.52}$$

其矩阵形式为

$$\boldsymbol{v}=\boldsymbol{A}\boldsymbol{t}+\boldsymbol{l} \tag{2.53}$$

式中：$\boldsymbol{v}$ 为 $x$、$y$ 的改正数，$\boldsymbol{v}=[v_x \quad v_y]^{\mathrm{T}}$；$\boldsymbol{t}$ 为待解参数的增量值，$\boldsymbol{t}=[\Delta X_S \quad \Delta Y_S \quad \Delta Z_S \quad \Delta\varphi \quad \Delta\omega \quad \Delta\kappa]^{\mathrm{T}}$；$l_x=x-(x)$，$l_y=y-(y)$，其中$(x)$、$(y)$是用各待定参数的近似值计算得到的 $x$ 和 $y$ 值；$\boldsymbol{A}$ 为未知参数的系数矩阵，且

$$\boldsymbol{A}=\begin{bmatrix} a_{11} & a_{12} & a_{13} & a_{14} & a_{15} & a_{16} \\ a_{21} & a_{22} & a_{23} & a_{24} & a_{25} & a_{26} \end{bmatrix}$$

式中

$$\begin{cases} a_{11}=\dfrac{1}{\bar{Z}}\{a_1 f+a_3(x-x_0)\} \\ a_{12}=\dfrac{1}{\bar{Z}}\{b_1 f+b_3(x-x_0)\} \\ a_{13}=\dfrac{1}{\bar{Z}}\{c_1 f+c_3(x-x_0)\} \\ a_{14}=(y-y_0)\sin\omega-\left\{\dfrac{(x-x_0)}{f}[(x-x_0)\cos\kappa-(y-y_0)\sin\kappa]+f\cos\kappa\right\}\cos\omega \\ a_{15}=-f\sin\kappa-\dfrac{x-x_0}{f}\{(x-x_0)\sin\kappa+(y-y_0)\cos\kappa\} \\ a_{16}=y-y_0 \end{cases} \tag{2.54}$$

$$\begin{cases} a_{21}=\dfrac{1}{\bar{Z}}\{a_2 f+a_3(y-y_0)\} \\ a_{22}=\dfrac{1}{\bar{Z}}\{b_2 f+b_3(y-y_0)\} \\ a_{23}=\dfrac{1}{\bar{Z}}\{c_2 f+c_3(y-y_0)\} \\ a_{24}=-(x-x_0)\sin\omega-\left\{\dfrac{(y-y_0)}{f}[(x-x_0)\cos\kappa-(y-y_0)\sin\kappa]-f\sin\kappa\right\}\cos\omega \\ a_{25}=-f\cos\kappa-\dfrac{y-y_0}{f}[(x-x_0)\sin\kappa+(y-y_0)\cos\kappa] \\ a_{26}=-(x-x_0) \end{cases} \tag{2.55}$$

在已知遥感影像内方位元素的条件下，式（2.53）中只有6个外方位元素是未知数，若有3个已知点，则可列出6个方程式，从而可解出6个外方位元素。所以，为了确定一张遥感影像的外方位元素，至少需要3个不在一条直线上的地面控制点。

## 2.4.2 空间前方交会

空间前方交会就是利用立体像对的内、外方位元素和同名点的像点坐标解算相应地面点空间坐标的过程，如图2.14所示。常用的方法有投影系数法、共线条件方程法以及视线矢量法等。

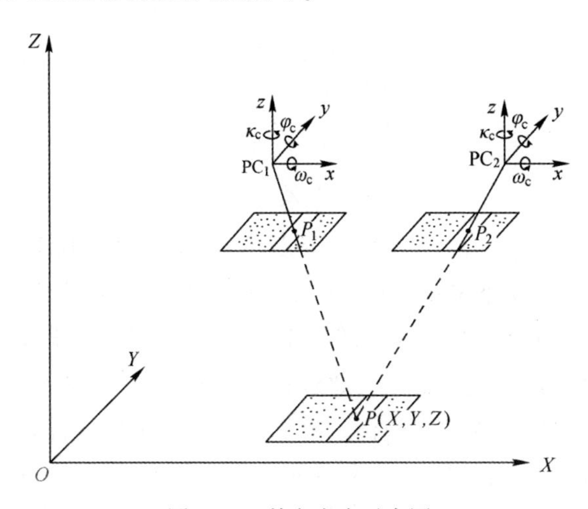


图2.14 前方交会示意图

### 2.4.2.1 投影系数法

对于某一像点，其左光束对应的地面点计算如下式所示[4]：

$$\begin{bmatrix} X \\ Y \\ Z \end{bmatrix} = \begin{bmatrix} X_{Sl} \\ Y_{Sl} \\ Z_{Sl} \end{bmatrix} + N \begin{bmatrix} X_l \\ Y_l \\ Z_l \end{bmatrix} \tag{2.56}$$

右光束对应的地面点计算如下式所示：

$$\begin{bmatrix} X \\ Y \\ Z \end{bmatrix} = \begin{bmatrix} X_{Sr} \\ Y_{Sr} \\ Z_{Sr} \end{bmatrix} + N' \begin{bmatrix} X_r \\ Y_r \\ Z_r \end{bmatrix} \tag{2.57}$$

式中：$X$、$Y$、$Z$为像点对应的地面点坐标；$X_{Sl}$、$Y_{Sl}$、$Z_{Sl}$为左摄站在摄影测量坐标系中的坐标；$X_{Sr}$、$Y_{Sr}$、$Z_{Sr}$为右摄站在摄影测量坐标系中的坐标；$X_l$、$Y_l$、$Z_l$为像点在左像空系中的坐标；$X_r$、$Y_r$、$Z_r$为像点在右像空系中的坐标；$N$、$N'$为投影系数。其中

$$\begin{bmatrix} X_l \\ Y_l \\ Z_l \end{bmatrix} = \begin{bmatrix} a_1 & a_2 & a_3 \\ b_1 & b_2 & b_3 \\ c_1 & c_2 & c_3 \end{bmatrix} \cdot \begin{bmatrix} x_l \\ y_l \\ -f \end{bmatrix} \tag{2.58}$$

$$\begin{bmatrix} X_r \\ Y_r \\ Z_r \end{bmatrix} = \begin{bmatrix} a_1' & a_2' & a_3' \\ b_1' & b_2' & b_3' \\ c_1' & c_2' & c_3' \end{bmatrix} \cdot \begin{bmatrix} x_r \\ y_r \\ -f \end{bmatrix} \tag{2.59}$$

$$\begin{cases} N = \dfrac{B_X Z_r - B_Z X_r}{X_l Z_r - X_r Z_l} \\ N' = \dfrac{B_X Z_l - B_Z X_l}{X_l Z_r - X_r Z_l} \end{cases} \tag{2.60}$$

式中：$a_i$、$b_i$、$c_i(i=1,2,3)$为左像片姿态角$\varphi$、$\omega$、$\kappa$的方向余弦；$a_i'$、$b_i'$、$c_i'$$(i=1,2,3)$为右像片姿态角$\varphi'$、$\omega'$、$\kappa'$的方向余弦；$x_l$、$y_l$为像点在左影像上的像坐标；$x_r$、$y_r$为像点在右影像上的像坐标；$f$为相机的主距；$B_X$、$B_Y$、$B_Z$为摄影基线在3个坐标轴上的投影。通过式（2.56）、式（2.58）及式（2.60）便可计算出像点对应的地面点坐标。由式（2.60）可知，投影系数$N$、$N'$是由$B_X$和$B_Z$计算得到的，因此，$Y$坐标必须取左右影像计算结果的平均值，即

$$Y = \frac{1}{2}(Y_{Sl} + NY_l + Y_{Sr} + N'Y_r) \tag{2.61}$$

#### 2.4.2.2 基于共线条件方程

由式（2.31）可以看出，当影像的外方位元素已知，此时，把地面点坐标作为未知参数时，共线条件方程就可用于前方交会，解算地面点的坐标。对于立体影像同名像点、投影中心与地面点坐标之间的关系可表示为

$$\begin{cases} x_l = -f\dfrac{a_1(X-X_{Sl})+b_1(Y-Y_{Sl})+c_1(Z-Z_{Sl})}{a_3(X-X_{Sl})+b_3(Y-Y_{Sl})+c_3(Z-Z_{Sl})} \\ y_l = -f\dfrac{a_2(X-X_{Sl})+b_2(Y-Y_{Sl})+c_2(Z-Z_{Sl})}{a_3(X-X_{Sl})+b_3(Y-Y_{Sl})+c_3(Z-Z_{Sl})} \\ x_r = -f\dfrac{a_1'(X-X_{Sr})+b_1'(Y-Y_{Sr})+c_1'(Z-Z_{Sr})}{a_3'(X-X_{Sr})+b_3'(Y-Y_{Sr})+c_3'(Z-Z_{Sr})} \end{cases}$$

$$\left\{ y_r = -f\frac{a_2'(X-X_{Sr})+b_2'(Y-Y_{Sr})+c_2'(Z-Z_{Sr})}{a_3'(X-X_{Sr})+b_3'(Y-Y_{Sr})+c_3'(Z-Z_{Sr})} \right. \tag{2.62}$$

将式（2.62）中移项合并后，可得

$$\begin{cases}(a_3x_l+fa_1)X+(b_3x_l+fb_1)Y+(c_3x_l+fc_1)Z=(a_3x_l+fa_1)X_{Sl}+(b_3x_l+fb_1)Y_{Sl}+(c_3x_l+fc_1)Z_{Sl}\\(a_3y_l+fa_2)X+(b_3y_l+fb_2)Y+(c_3y_l+fc_2)Z=(a_3y_l+fa_2)X_{Sl}+(b_3y_l+fb_2)Y_{Sl}+(c_3y_l+fc_2)Z_{Sl}\\(a_3'x_r+fa_1')X+(b_3'x_r+fb_1')Y+(c_3'x_r+fc_1')Z=(a_3'x_r+fa_1')X_{Sr}+(b_3'x_r+fb_1')Y_{Sr}+(c_3'x_r+fc_1')Z_{Sr}\\(a_3'y_r+fa_2')X+(b_3'y_r+fb_2')Y+(c_3'y_r+fc_2')Z=(a_3'y_r+fa_2')X_{Sr}+(b_3'y_r+fb_2')Y_{Sr}+(c_3'y_r+fc_2')Z_{Sr}\end{cases} \tag{2.63}$$

式（2.63）为一个三元一次方程组，当空间两条相应光线的同名像点相交于空间某一点时，方程组有唯一解。将上面的方程组写成线性方程组，如下式所示，并根据最小二乘原理计算地面点坐标，即

$$\boldsymbol{AX}=\boldsymbol{B} \tag{2.64}$$

式中

$$\boldsymbol{A}=\begin{bmatrix}a_3x_l+fa_1 & b_3x_l+fb_1 & c_3x_l+fc_1\\a_3y_l+fa_2 & b_3y_l+fb_2 & c_3y_l+fc_2\\a_3'x_r+fa_1' & b_3'x_r+fb_1' & c_3'x_r+fc_1'\\a_3'y_r+fa_2' & b_3'y_r+fb_2' & c_3'y_r+fc_2'\end{bmatrix} \tag{2.65}$$

$$\boldsymbol{X}=[X \quad Y \quad Z]^{\mathrm{T}} \tag{2.66}$$

$$\boldsymbol{B}=\begin{bmatrix}(a_3x_l+fa_1)X_{Sl} & (b_3x_l+fb_1)Y_{Sl} & (c_3x_l+fc_1)Z_{Sl}\\(a_3y_l+fa_2)X_{Sl} & (b_3y_l+fb_2)Y_{Sl} & (c_3y_l+fc_2)Z_{Sl}\\(a_3'x_r+fa_1')X_{Sr} & (b_3'x_r+fb_1')Y_{Sr} & (c_3'x_r+fc_1')Z_{Sr}\\(a_3'y_r+fa_2')X_{Sr} & (b_3'y_r+fb_2')Y_{Sr} & (c_3'y_r+fc_2')Z_{Sr}\end{bmatrix} \tag{2.67}$$

#### 2.4.2.3　基于视线矢量定位

利用卫星影像对地面目标点定位也就是求解像点矢量与地球椭球面的交点坐标，可利用基于参考椭球参数、结合视线矢量进行定位[36]，其原理如图 2.15 所示。

基于椭球参数进行定位时的基本公式为

$$\frac{X_P^2+Y_P^2}{A^2}+\frac{Z_P^2}{B^2}=1 \tag{2.68}$$

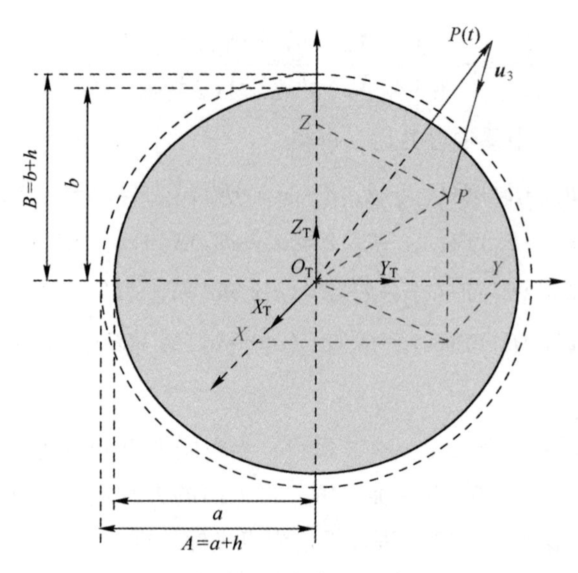


图 2.15　视线矢量定位原理（见彩图）

式中：$(X_P,Y_P,Z_P)$为 $P$ 点的地面点坐标；$A=a+h$，$B=b+h$，其中 $a$、$b$ 分别为参考椭球的长、短半轴，$h$ 为该点的椭球高。当已知 DEM 数据时，地面点的三维空间坐标可通过逐次迭代计算的方法求得；无 DEM 时，可给定该区域的平均高程。

当像点的视线矢量与地球椭球相交于 $P$ 点，可建立如下方程：

$$\mathbf{O}_{\mathrm{T}}\mathbf{P}=\boldsymbol{P}(t)+m\times\boldsymbol{u}_3\Rightarrow\begin{cases}X_P=X_S+m\times(\boldsymbol{u}_3)_x\\Y_P=Y_S+m\times(\boldsymbol{u}_3)_y\\Z_P=Z_S+m\times(\boldsymbol{u}_3)_z\end{cases}\tag{2.69}$$

式中：$\boldsymbol{u}_3$为像点的视线矢量，也就是在像空系中的坐标，可以用式（2.10）来表示；$(X_S,Y_S,Z_S)$为摄站位置；$m$ 为比例系数。

将式（2.69）代入式（2.68）后，整理可得

$$\left[\frac{(\boldsymbol{u}_3)_x^2+(\boldsymbol{u}_3)_y^2}{A^2}+\frac{(\boldsymbol{u}_3)_z^2}{B^2}\right]\times m^2+2\times\left[\frac{X_S\ (\boldsymbol{u}_3)_x+Y_S\ (\boldsymbol{u}_3)_y}{A^2}+\frac{Z_S\ (\boldsymbol{u}_3)_z}{B^2}\right]\times m+\left[\frac{X_S^2+Y_S^2}{A^2}+\frac{Z_S^2}{B^2}\right]=1\tag{2.70}$$

式（2.70）为比例系数 $m$ 的一元二次方程，求得 $m$ 后再代入式（2.69）可计算出像点对应的地面点坐标$(X_P,Y_P,Z_P)$。

# 2.5　光学卫星摄影测量基本要求

## 2.5.1　对影像分辨率要求

影像分辨率也称解像率、分解力，是指影像上能够区分的最小单位的尺寸或大小，是评价和衡量成像系统和影像质量的一种标准，也是传感器的重要参数[37]。在遥感技术中，分辨率通常是指像元分辨率或地面分辨率，即一个像元所覆盖的地面尺寸大小，它是衡量光电成像遥感系统所获影像几何精度的基本标准，不仅同传感器的参数有关，而且同卫星的高度有关，如下式所示：

$$\mathrm{GSD}=\frac{\mathrm{pixel}\cdot H}{f} \tag{2.71}$$

式中：GSD 为像元地面分辨率；pixel 为 CCD 探测器器件大小；$H$ 为轨道高度；$f$ 为相机主距。

### 2.5.1.1　分辨率与定位精度的关系

利用左、右两根光线进行立体交会时，高程精度评估模型如下式所示：

$$\sigma_{\mathrm{h}}=\frac{H}{B}\cdot\sigma_{\mathrm{match}}\cdot\mathrm{GSD} \tag{2.72}$$

式中：$\sigma_{\mathrm{h}}$ 为高程中误差；$H$ 为轨道高度；$B$ 为基线长度；$H/B$ 为轨道高度与基线长度的比值，也是基高比的倒数；$\sigma_{\mathrm{match}}$ 为影像匹配误差；GSD 为像元地面分辨率。由式（2.72）看出，前方交会时高程精度取决于基高比、像点量测精度（匹配精度）及影像地面分辨率 3 个因素。假如基高比为 1、匹配误差为 0.2 像素，当分辨率为 5m 时，其高程误差为 1m；当分辨率为 2m 时，其高程误差为 0.4m。两者分辨率相差 3m，其影响的高程误差仅为 0.6m。因此，影像分辨率是影响高程精度因素之一，并不起决定性作用，即高分辨影像未必能够实现高精度定位。

### 2.5.1.2　分辨率与成图比例尺的关系

制作影像地图时，成图比例尺主要取决于影像分辨率和影像几何精度。在各类数字测绘产品制作过程中，通常成图比例尺和影像分辨率有大致相对应的关系，如测制 1:50000 比例尺产品通常需要 5m 分辨率的卫星影像，测制

1∶25000 比例尺测绘产品通常需要 2.5m 分辨率的卫星影像，但在识别重要地物时，需较高分辨率的卫星影像进行辅助判读。同时，成图比例尺的大小通常与人的视觉分辨率也息息相关。通常，人对纸质图件目视分辨率为 0.07～0.1mm，当影像空间分辨率按照成图比例尺折算后达到或小于图上 0.1mm 时，才能保证利用该遥感数据的测图精度，而更新图件的精度可以放宽到 0.2mm。因此，可得到影像空间分辨率 $R$ 与成图比例尺的关系为[38]

$$R \leqslant M\theta \tag{2.73}$$

式中：$M$ 为成图比例尺分母；$\theta$ 为人眼视觉分辨率，其一般取值为 0.1～0.2mm。

根据遥感影像空间分辨率 $R$ 与地面分辨率 $D$ 间关系可得

$$R = KD \tag{2.74}$$

式中：$K = 2\sqrt{2}$，为 Kell 系数。

影像地面分辨率与成图比例尺的关系为

$$D \leqslant \frac{M}{K}\theta \tag{2.75}$$

### 2.5.2 对基高比的要求

基高比是指摄影基线长度和摄影航高（卫星摄影测量中指轨道高度）的比值，如图 2.16 所示。

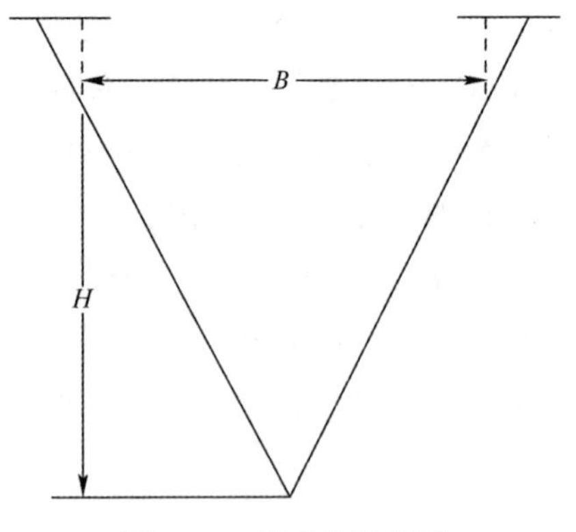


图 2.16 基高比示意图

在立体摄影测量中，基高比是影响高程精度的重要因子，合适的基高比是获取高精度 DEM 的重要因素，这也是许多返回式卫星采用大幅面相机摄影的主要初衷。基高比越大，高程精度越高，但也不能一味追求较大的基高比。

选择合适的基高比，既要满足DEM精度的需求，又要综合考虑卫星平台及有效载荷的设计及可实现性。基高比过大时，可获得较高的高程精度，但对于起伏较大的地形而言，出现摄影死角的概率增大。根据理论推导和工程实践，当基高比为1时，交会时可实现较高的高程精度，因此，最佳的基高比值通常设定为1。对于返回式卫星携带的框幅测绘相机，为了增大基高比，通常采取增大测绘相机的航向像幅或在地面进行抽片组合作业。对于框幅式测绘相机，在像比例尺和主距一定的情况下，适当增加航向的像幅，可以增大基高比，这就是一些航天测绘相机采用长方形像幅的原因，如美国航天飞机上搭载的大幅面相机（LFC）的像幅为230mm×460mm。在给定像幅的情况下，利用抽片的方法，即利用不相邻的两片重叠部分组成立体像对，进行定位和测图，但该方法会使测绘面积局限在像片边缘，影像分辨率和畸变也都较中心区域有所降低，对精度也会有一定影响。对于传输型线阵立体相机，可以通过选择合适的相机交会角（如前后视相机的主光轴之间的夹角），实现合适的基高比。对于单线阵相机，通过卫星在同轨或异轨侧摆方式实现对同一地区多次摄影，灵活地选择摄影角度，可以实现不同基高比情况下的立体影像获取。

### 2.5.3 对影像重叠率的要求

为了实现单航线立体测图和区域网平差，航天摄影测量对影像的航向和旁向重叠都有相应的要求[17]。对于框幅式影像，从提高目标定位和测图的精度、防止摄影漏洞以及区域网平差等因素考虑，航向重叠率要求为60%~80%，旁向重叠率大于20%。由于卫星在摄影过程中轨道高度变化较小，而椭球上平行圈弧长随纬度增大而减小，星下点轨迹要向高纬圈会聚，随着纬度的增高，旁向重叠率也随之增大。对于线阵推扫影像，通过立体相机摄影或单线阵相机侧摆成像，航向重叠率可以达到100%，旁向重叠度在赤道附近优于5%。

### 2.5.4 对轨道的要求

对地观测卫星轨道类型通常包括太阳同步、近圆、准回归轨道等。轨道高度的选择应从摄影比例尺、卫星寿命、运载工具的能力等方面统筹考虑[17,38]。

（1）采用太阳同步轨道，卫星可以获得全球影像，包括南、北极；在某摄影区都以同一地方时进行摄影，实现对同一地区的重复观测，有利于实现对地物的变化监测；轨道面与太阳的相对位置不变，可以使卫星获得较为一致的光照条件，有利于提高影像质量。

（2）采用圆形或近圆轨道。可以使得卫星影像比例尺基本一致，也使得卫星影像地面分辨率不因卫星高度的变化而相差过大，有利于影像数据的测绘处理，并且星下点速高比变化小，对影像质量的稳定、简化相机的设计有益。

（3）采用准回归轨道。可以按照摄影相机的视场角的大小选择回归周期，从而实现全球覆盖，满足测绘的定期更新和信息获取的需要。

（4）采用低轨轨道。轨道高度越高，卫星工作寿命越长，所需轨道维持的次数越低。但是，为了提高地面分辨率，卫星轨道又不能太高。

### 2.5.5 对偏流角改正的要求

卫星摄影时，卫星绕地球运转，由于地球自转角速度的影响，使得相机相对被摄景物的移动方向（航迹线）与相机星下点线速度方向（航向线）不一致，即存在偏流角，如图 2.17 所示。在时刻 $t$ 卫星扫过地面上的点为星下点 $S_1'$，经过 $\Delta t$ 时间后，若不考虑地球自转因素，卫星扫过地面上的点应为 $S_2'$。由于地球自转运动，在 $t+\Delta t$ 时刻卫星扫过地面上的点为 $S_2''$。这样在实际推扫成像过程中存在一个偏流角，即 $S_1'S_2'$ 与 $S_1'S_2''$ 之间的夹角[39]。在以立体相机为有效载荷进行摄影时，为了实现较宽的立体覆盖，卫星在轨飞行中要实时进行偏流角改正。

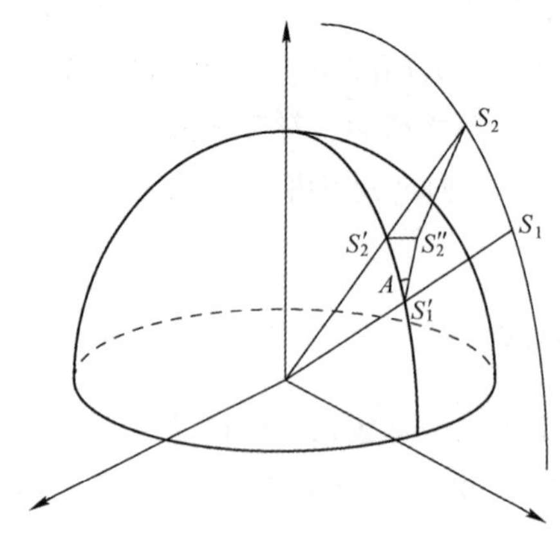


图 2.17　偏流角示意图

## 参考文献

[1] 李德仁，袁修孝．误差处理与可靠性理论［M］．武汉：武汉大学出版社，2002.

[2] 王任享．三线阵 CCD 影像卫星摄影测量原理［M］．北京：测绘出版社，2006.

[3] 杨元喜．卫星导航的不确定性、不确定度与精度若干注记［J］．测绘学报，2012，41（5）：646-650.

[4] 王之卓．摄影测量原理［M］．北京：测绘出版社，1990.

[5] 徐自富，刘东，阮安路．不确定度、准确度、精度辨析［J］．计量技术，2007，27（2）：37-39.

[6] 王建荣，王任享，胡莘．卫星影像定位精度评估探讨［J］．航天返回与遥感，2017，38（1）：1-5.

[7] GRUEN A. The accuracy potential of the modern bundle block adjustment in aerial photogrammetry［J］. Photogrammetric Engineering & Remote Sensing，1982，48（1）：45-54.

[8] KOCAMAN S A. Sensor modeling and validation for linear array aerial and satellite imagery［D］. Zurich：ETH Zurich，2008.

[9] GRUEN A. Optical sensors high resolution：geometry validation methodology［R］. Zurich：Institute of Geodesy and Photogrammetry，2008.

[10] GUO K Z，LIU S Y. Fundamentals of error theory［M］. Berlin：Springer，2019.

[11] DOWMAN I，JACOBSEN K，KONECNY G，et al. High resolution optical satellite imagery［M］. Scotland：Whittle Publishing，2012.

[12] 张永生，等．航天遥感工程［M］．北京：科学出版社，2001.

[13] 雷蓉．星载线阵传感器在轨几何标定的理论与算法研究［D］．郑州：信息工程大学，2011.

[14] 梁泽环．卡尔曼滤波器在卫星遥感影像大地校准中的应用［J］．环境遥感，1990，5（4）：301-307

[15] 刘静宇．航空摄影测量学［M］．北京：解放军出版社，1993.

[16] 李德仁，郑肇葆．解析摄影测量［M］．北京：测绘出版社，1992.

[17] 钱曾波，刘静宇，肖国超．航天摄影测量［M］．北京：解放军出版社，1990.

[18] 江振治．基于恒星相机的卫星像片姿态测定方法研究［D］．西安：长安大学，2009.

[19] 魏子卿．2000 中国大地坐标系及其与 WGS84 的比较［J］．大地测量与地球动力学，2008，28（5）：1-5.

[20] 胡莘，王仁礼，王建荣．航天线阵影像摄影测量定位理论与方法［M］．北京：测绘出版社，2018.

[21] 龚辉. 基于四元数的高分辨率卫星遥感影像定位理论与方法研究 [D]. 郑州：信息工程大学，2011.

[22] TAO V, HU Y. A comprehensive study of the rational function model for photogrammetric processing [J]. Photogrammetric Engineering and Remote Sensing, 2001, 67 (12): 1347-1357.

[23] 张永生，巩丹超，刘军，等. 高分辨率遥感卫星应用：成像模型、处理算法及应用技术) [M]. 北京：科学出版社，2004.

[24] 巩丹超，张永生. 有理函数模型的解算与应用 [J]. 测绘学院学报，2003，20 (1): 39-42.

[25] 刘军，张永生，范永弘. 基于通用成像模型：有理函数模型的摄影测量定位方法 [J]. 测绘通报，2003，(4): 10-13.

[26] 巩丹超. 高分辨率卫星遥感立体影像处理模型与算法 [D]. 郑州：信息工程大学，2003.

[27] 王建荣，胡莘，等. 有理函数模型建模精度探讨 [J]. 测绘科学与工程，2012，32 (2): 10-13.

[28] DIAL G, GRODECKI J. IKONOS accuracy without ground control [C] //Proceedings of ISPRS Commission I Mid-Term Symposium, November 10-15, Denver, 2002.

[29] TOUTIN T. Error tracking in IKONOS geometric processing using a 3D parametric model [J]. Photogrammetric Engineering and Remote Sensing, 2003, 69 (1): 43-51.

[30] FRASER C S, HANLEY H B. Bias compensation in rational functions for IKONOS satellite imagery [J]. Photogrammetric Engineering and Remote Sensing, 2003, 69 (1): 53-57.

[31] FRASER C S, HANLEY H B. Bias-compensated RPCs for sensor orientation of high-resolution satellite imagery [J]. Photogrammetric Engineering and Remote Sensing, 2005, 71 (8): 909-915.

[32] GRODECKI J, DIAL G. Block adjustment of highresolution satellite images sescribed by rational functions [J]. Photogrammetric Engineering & Remote Sensing, 2003, 69 (1): 59-68.

[33] YANG X. Accuracy of rational function approximation in photogrammetry [C]//Proceeding of ASPRS Annual Convention, Washington D. C. , 2000.

[34] IAN D, TAO V. An update on the use of rational functions for photogrammetric restitution [J]. ISPRS Journal of Photogrammetry and Remote Sensing, 2002, 7 (3): 22-29.

[35] HU Y, TAO V. Updating solutions of the rational function model using additional control points for enhanced photogrammetric processing [C]//Proceedings of Joint ISPRS Work-

shop on "High Resolution Mapping from Space", September 19-21, Hanover, Germany, 2001.

[36] 袁修孝，曹金山．高分辨率卫星遥感精确对地目标定位理论与方法 [M]. 北京：科学出版社，2012.

[37] 姜景山．空间科学与应用 [M]. 北京：科学出版社，2001.

[38] 胡莘，曹喜滨．三线阵测绘卫星的偏流角改正问题 [J]. 测绘科学技术学报，2006，23 (2)：321-324.

# 第3章　光学相机基本特征及分类

在卫星摄影测量中，航天测绘相机是获取原始影像信息的关键设备，测绘相机的光谱特性、几何特性和辐射特性直接影响到摄影测量成果的精度。本章重点对光学相机的特征、主要评价参数以及相机分类等方面进行阐述。

## 3.1　光学传感器的特征

### 3.1.1　光谱特征

光学传感器的光谱特征主要包括传感器观测波段、波段边缘响应特性、波段外光谱灵敏度以及波段间灵敏度偏差等[1]。观测波段是指传感器能测量电磁波的波长范围、各波段的中心波长以及波长宽度等，如对紫外成像的光学遥感器（如极紫外相机），对可见光范围内成像的光学遥感器（如多光谱相机、高光谱相机、全色相机等），对短波、中波和长波红外成像的光学遥感器可以分为对应的短波、中波和长波红外相机等。波段边缘响应特性是指传感器响应特性的上升和下降。波段外光谱灵敏度是指观测波段以外波长的灵敏度，波段间灵敏度偏差是指波段之间灵敏度之比。对胶片型的光学传感器，其光谱特性主要由所用胶片的感光特性和所用滤光片的透射特性来决定。在以CCD或CMOS为探测器的光学传感器，其光谱特性主要由所用探测器及分光元件的特性来决定[1]。由于不同物理属性的地物对光谱的反射特性不同，利用其相应的光谱特性可以大大提高对不同种类地物的自动识别能力，从而为解决地形图上地物要素的自动解译提供了新的解决途径，因此，可采用高光谱或多光谱信息解决地物的物理属性判别问题。

### 3.1.2　辐射特征

光学传感器都是通过获取目标物体辐射或反射特定波长范围内的能量进行成像，其辐射特性主要用于反映来自目标物反射或辐射的电磁波中的物理量在通过光学系统后发生的变化[2]，因此，辐射度量特征是光学遥感器的重要特征，主要包括相机的灵敏度、动态范围及信噪比（SNR）等。同时，调制传递函数（MTF）也描述了相机系统对于正弦波输入的振幅响应，它不仅用于评定一般光学系统的成像质量，而且可以用于遥感系统其他成像环节的空间频率分析。因此，摄影测量对测绘相机的静态和动态 MTF 要求比较高。光学遥感器在研制过程中，需要开展遥感器辐射特性定量标定，并将标定数据提供给用户。用户根据标定数据和在轨得到的数字影像，用于实现目标辐射特征的定量反演。

### 3.1.3　几何特征

相机的几何特性是光学传感器获取影像几何学特征的物理量，主要指标有视场角、瞬时视场、MTF、光学系统畸变以及影像分辨率等[3]。视场角（FOV）也称为立体角，是指以光学仪器的镜头为顶点，以被测目标的物像可通过镜头的最大范围的两条边缘构成的夹角。视场角的大小决定了光学仪器的视野范围，视场角越大，视野就越大，光学倍率就越小。瞬时视场（IFOV）是指传感器内单个探元器件的受光角度或观测视野，IFOV 取决于传感器光学系统和探测器的大小，IFOV 越小，最小可分辨单元越小，影像空间分辨率就越高。光学畸变是光学传感器的重要参数，是指通过光学传感器成像获取的物体影像几何失真度，是影响光学量测准确性的重要因素之一。由于光学传感器均存在量值不同的畸变，对于测绘使用的光学传感器，对畸变要求较为严格，目前，测绘相机镜头畸变要求在 1/10000 以内。内方位元素也是影响摄影测量成果的重要因素，对主点和主距在实验室标定过程中有严格要求，同时具有较高的稳定性。相机在实验室标定后，随着卫星发射入轨，通常需进行内方位元素的在轨标定，以提高摄影测量精度。从测绘角度看，影像覆盖面积越大，内部相对精度越好，成图效率越高，因此对测绘相机的幅宽也要求尽可能大。

## 3.2 光学传感器的主要性能评价参数

随着对高分辨率遥感影像的需求越来越高，光学遥感器的整机规模也越来越大。作为一种集成光、机、电、热、软件一体化的高精度精密仪器设备，其设计、研制、试验、检测等难度也越来越大。对光学遥感器的性能评价主要针对其性能参数，主要包括相对口径（$D/f$）、杂光系数、相对畸变、力热稳定性、影像信噪比（SNR）、调制传递函数（MTF）等。

### 3.2.1 信噪比

信噪比是光学遥感器最终输出图像的信号噪声比，是评价光学遥感器综合性能的一个重要指标。光学遥感器输出图像的信噪比，可以理解为图像中信号（$S$）大小和噪声（$N$）大小的比值[1]。图像中的信号，主要为光学遥感器收集到的目标物体的光信号转换得到的电子信号；图像中的噪声主要来自信号噪声和电路噪声，除此之外，还包含图像传感器本身的固有图形噪声等。光学遥感器理论上的最大信噪比为图像传感器本身的最大信噪比。

### 3.2.2 调制传递函数

光学遥感器的调制传递函数，可以简单理解为经遥感器获取的像和目标物体的调制度之比，常用 MTF 表示，MTF 值越大，获取的像和目标物体越一致，因此 MTF 值越大越好[1]。光学遥感器包含了光学镜头和成像探测器，其传递函数可以分为静态 MTF 和动态 MTF。其中静态 MTF 是在实验室条件下测得的传递函数 $M_{静}$，可以简单分解为光学系统（镜头）传递函数$M_{光学系统}$和成像电路传递函数两部分。成像电路传递函数主要为 CCD 探测器传递函数$M_{CCD}$，后端信号处理部分对光学遥感器传递函数的影响可以忽略。因此，可以将光学遥感器的静态 MTF 表达为$M_{静}=M_{光学系统}\times M_{CCD}$。光学遥感器的动态传递函数 $MTF_{动}$是指遥感器在轨推扫动态成像时的 MTF。遥感器在轨成像时，CCD 探测器在采集光信号的过程中，像在探测器表面进行移动，这一动态成像过程中存在运动像移，同时考虑到像移匹配存在残差，带来的 MTF 表示为$M_{像移}$。光学遥感器的动态传递函数$M_{动}$是在轨成像时连续推扫像移产生的传递函数$M_{像移}$和静态传递函数$M_{静}$的乘积，表达式如下：

$$M_{动} = M_{静} \times M_{像移} = M_{光学系统} \times M_{CCD} \times M_{像移} \tag{3.1}$$

为了保证在轨动态成像时图像的对比度，要求光学遥感器具有尽可能高的静态传递函数。随着成像技术和探测器技术的发展，通过探测器连续电荷转移技术、精确像移补偿技术等，$M_{像移}$可达 0.9 以上，在保证在轨成像质量和动态传递函数的基础上，对光学遥感器静态传递函数的要求可以适当降低。

### 3.2.3　相对口径

光学遥感器镜头的相对口径定义为光学遥感器的有效口径大小 $D$ 与焦距 $f$ 的比值，表示镜头能够收纳光能量的多少。相对口径的倒数，称为光学镜头的光圈系数，也叫 $F$ 数。相对口径是衡量光学遥感器光学性能的一个重要指标，选择合适的相对口径参数，对光学遥感器的光机结构设计、整机尺寸包络和质量等密切相关，同时对输出影像的信噪比、整机的调制传递函数等都具有直接影响[4]。光学遥感器设计时，根据搭载平台、影像分辨率、信噪比、整机传递函数等指标，综合考虑确定相对口径。

### 3.2.4　杂光

杂光也称为杂散光，是指除了到达光学遥感器像面处的成像光之外的干扰光的统称，是衡量光学遥感器性能的一项重要指标。由于任何一种光学遥感器都存在一定量的杂光，通常采用杂光系数来进行衡量其杂光抑制效果。杂光系数定义为均匀面光源照射下，到达光学遥感器像面的非成像光能量与总能量的比值。一般情况下，要获得较好的图像质量，光学遥感器的杂光系数要控制在5%以下；杂光系数越小，杂光对光学遥感器成像影响也越小，光学遥感器的性能也越好。杂光会对图像对比度、信噪比、像质产生不良影响，严重时，甚至在成像时形成“鬼像”。因此，在设计、研制和加工装调过程中需要充分考虑并采取对应的措施，尽可能降低或减弱其对正常成像的影响。

### 3.2.5　畸变

光学畸变是光学遥感器的一项重要光学参数，是指通过光学遥感器获取的物体影像的透视失真度，是影响光学量测准确性的重要因素之一。绝对畸变定义为实际像高与理想像高之差，而在实际应用中经常用实际像高与理想像高之比的百分数来表示畸变，称为相对畸变。对凝视成像的光学遥感器而言，如视频星光学相机，畸变只引起像的变形，对像的清晰度和分辨率没有影响，光学畸变越小，像的失真度也越小，像质也就越好；对线阵 TDI CCD 推扫成像的光学遥感器，光学系统畸变直接影响成像清晰度和分辨率，这是因为有畸变的系统在轴上和轴外的放大率不一样，积分采样时，轴上和轴外点的采样点物体大小不一样，所以在轴外点的像在推扫成像时会变得模糊。

由光学系统引起的畸变通常分为桶形畸变和枕形畸变，桶形畸变又称为桶形失真，是指光学系统引起的成像呈桶形膨胀的失真现象，桶形畸变在普通摄影镜头成像尤其是广角镜头成像时较为常见。枕形畸变又称为枕形失真，是指光学系统引起的成像呈中间收缩的失真现象，枕形畸变在长焦镜头成像时较为常见。

理论上，所有的光学系统都存在一定大小的畸变，特别是长焦距、大视场的光学遥感器，其光学系统的畸变很难控制，在边缘视场的畸变甚至超过10%。光学畸变限制了光学测量准确性，因此，作为遥感测绘使用的光学遥感器，需要严格控制其畸变大小。

### 3.2.6 透过率

光学遥感器的透过率或反射率，也可以称为能量利用率，用来表示光学遥感器的入瞳能量经过光学镜头后达到像面时的使用效率。光学遥感器的透过率是指入瞳光线经过光学镜头前后的光通量之比。对折射式（透射式）光学镜头而言，透过率是每一块透镜透过率的乘积；对反射式光学镜头而言，镜头透过率实际为反射率，是每一块反射镜反射率的乘积。光学遥感器的光能利用率与整机的信噪比具有密切关系，因此，光学遥感器研制过程中，需要尽量提高能量利用率。

### 3.2.7 稳定性

稳定性是指光学遥感器在不同环境下均能够保持稳定的工作状态，光、机、电、结构等工作参数或特性不会随着力、热环境的变化而变化。光学遥感器的稳定性主要包含力学稳定性和热稳定性两个方面，体现在光、机、电、结构等参数或特性既不受力学环境变化的影响，也不受热环境条件变化的影响。

# 3.3　光学相机分类

## 3.3.1　面阵相机

### 3.3.1.1　框幅式胶片相机

以胶片为感光材料的框幅式相机，由物镜收集电磁波，并聚焦到感光胶片上，通过感光材料的探测与记录，在感光胶片上留下目标的潜像，然后经过摄影处理，得到可见的影像，其工作波段主要在可见光波段，较多地用于航空和航天遥感探测[5]。这种传感器的成像原理是在某一个摄影瞬间摄影成像，可以得到一幅完整的框幅像片（如 180mm×180mm 或 230mm×230mm 幅面）。框幅式相机获取的影像属于中心投影，即一张像片上的所有像点共用一个摄影中心并位于同一个像平面，一张像片上所有像点都共用一组外方位元素，几何保真度高[6]，便于后期数据处理。摄影测量对于框幅式相机都有严格的几何性能要求，以保持物像的共轭关系，即物面与像面应严格保持中心投影关系，因此，对相机内方位元素、镜头畸变、胶片的压平误差以及像移补偿等方面都有较高的要求[7]。随着航天技术的发展，利用搭载框幅式胶片相机实施对地摄影测量，与航空摄影测量不同，航天摄影测量轨道较高，通常在 200km 以上，为了提高立体像对的基高比，通常采用增大航向像幅的方法，实现高精度定位[8]。如苏联的 TK-200、TK-250、TK-350 以及美国的大幅面相机（像幅达到 230mm×460mm），我国的第二代返回式测绘卫星也搭载像幅为 230mm×460mm 的胶片相机进行对地摄影[9-10]。

### 3.3.1.2　面阵 CCD 相机

相较于传统胶片式相机，面阵 CCD 传感器具有更丰富的信息量、更大的宽容度、更灵活的多光谱波长选择，可以直接获取影像质量较高的二维图像信息，减少航空胶片冲洗和扫描等操作导致的影像信息损失，是目前数字航空航天摄影常用的传感器。但面阵 CCD 相机受制于 CCD 器件发展水平限制，单片面阵 CCD 的幅面大小有限，无法达到胶片式测绘相机的水平，通常采用多面阵拼接等手段解决面阵 CCD 器件偏小的瓶颈问题。大体上可分为内视场拼接和外视场拼接两种技术途径[11-12]。外视场拼接是将多个面阵 CCD 相机通过物理“捆绑”构成具有较大成像幅面的等效相机系统，如 DMC（Digital

Modular Camera）相机是由 4 个面阵 CCD 相机拼接而成。外视场拼接的优势是系统实现较为简单，缺点是在形成等效中心投影影像时存在理论近似，在高程精度方面影响较为明显，在地形起伏较大地区使用受限。内视场拼接相机的特点在于具有唯一的光学系统和焦平面，物理意义明确，理论严密，既满足测绘精度的要求，又具有高的覆盖效率。但由于是多面阵 CCD 共同构成焦平面，因此，内视场拼接的光学系统较为复杂，对各面阵 CCD 的安装精度要求也非常高。

### 3.3.2 线阵相机

面阵 CCD 相机的优点是可以获取二维图像信息，测量图像直观。但面阵 CCD 相机像元总数多，而每行的像元数一般较线阵少，单个面阵 CCD 的面积很难达到一般测量对视场的需求。线阵 CCD 相机的优点是一维像元数可以做得很多，而总像元数量较面阵 CCD 相机少，像元尺寸比较灵活且分辨率高，可满足大多数测量视场的要求。同时，线阵 CCD 亚像元的拼接技术可将两个 CCD 芯片的像元在线阵的排列长度方向上用光学的方法使之相互错位 1/2 个像元，相当于将第二片 CCD 的所有像元依次插入第一片 CCD 的像元间隙中，间接“减小”线阵 CCD 像元尺寸，提高了 CCD 的分辨率，缓解了由于受工艺和材料影响而很难减小 CCD 像元尺寸的难题，在理论上可获得比面阵 CCD 更高的分辨率和精度。

TDI（Time Delayed and Integration），即时间延迟积分，是一种能够增加线扫描传感器灵敏度的扫描技术[13]。TDI-CCD 线阵相机是一种具有面阵结构、线阵输出的新型光电传感器相机。TDI-CCD 的电荷累积方向是沿飞行方向进行的，其推扫级数自下而上为第 1 级至第 $N$ 级。TDI-CCD 基于对同一目标多次曝光，通过延迟积分的方法，大大增加了光能的收集，与普通的线阵 CCD 相比，它具灵敏度高、动态范围宽等优点，在低光照度环境下，也能输出较高信噪比的信号，同时又不会影响扫描速度。

#### 3.3.2.1 单线阵 CCD 相机

单线阵相机是目前国内外高分辨率商业遥感卫星搭载的主要载荷。该相机设计简单，主要特点是影像地面覆盖宽度小、分辨率高、敏捷机动性强及重访周期短等[13]，利用多星组网实现同一地区的快速重访。随着卫星平台技术的发展，卫星搭载单线阵相机通过整星在侧摆、俯仰方向机动调整角度获取立体影像，实现以单线阵相机为载荷的遥感卫星具备立体测绘能力。卫星搭载单线阵相机获取立体影像的方式主要有同轨立体和异轨立体，如图 3.1 所示[14]。由于同轨立体在较短时间内对同一地区进行摄影成像，避免了由于成像时间过长而引起影像色调变化，同时可以获取不同基高比的立体影像，是目前较为常用的一种立体影像获取方式。

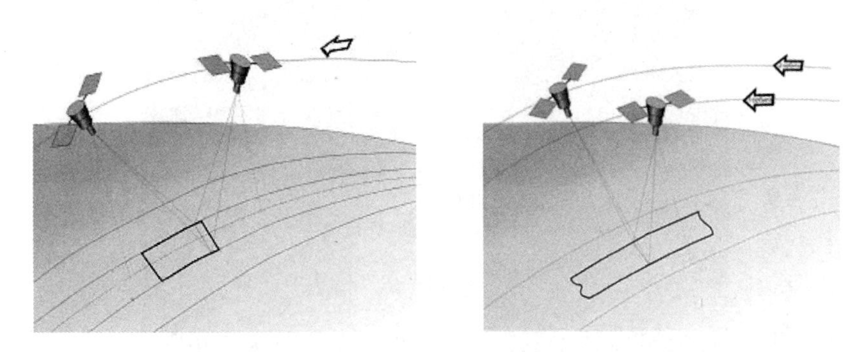

图 3.1　单线阵相机获取立体示意图（见彩图）

### 3.3.2.2　两线阵 CCD 相机

两线阵测绘相机由前视相机和后视相机组成，在一次摄影过程中从两个不同观测方向获得同一地物的重叠影像，以构成立体影像。采用两线阵的摄影模式，既可以保持相对稳定的几何结构，具备高效率对地面连续立体摄影覆盖的能力，又可以降低对卫星平台的机动性要求。在双线阵测绘体制下，两台相机的安装角对测绘精度有一定影响，相机结构如图 3.2 所示，卫星在轨摄影如图 3.3 所示。通常采用前视相机前倾 26°安装，后视相机后倾 5°安装，如 CartoSat-1、GF-7 以及 GF-14 卫星等[15-18]。这样的立体观测方式，一方面，有利于减小大高差的遮挡问题；另一方面，后视相机与星下点夹角较

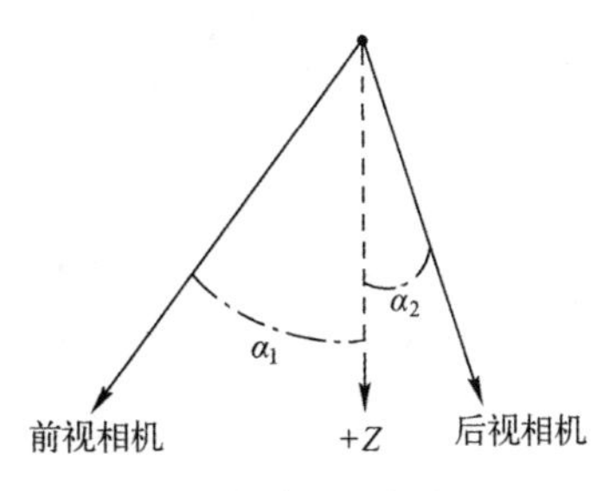


图 3.2　两线阵相机结构示意图

小，所获取影像接近正视影像。在立体相机中载荷数量较少，前后视相机所形成的组合体包络尺寸相对较小，利于工程设计和实现，适合大比例尺的精确测绘。

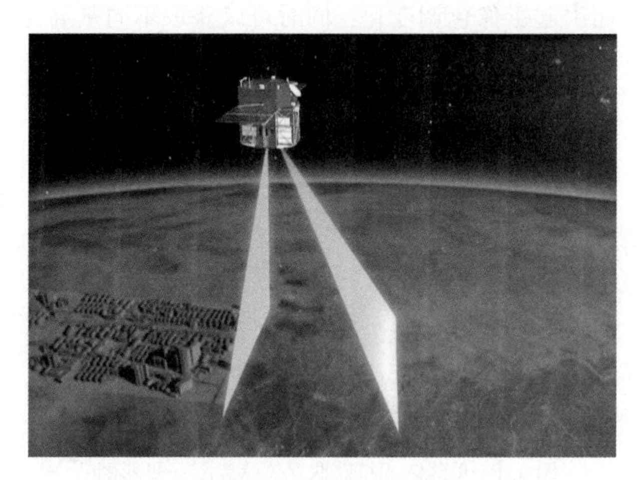

图 3.3　两线阵相机在轨摄影示意图（见彩图）

#### 3.3.2.3　三线阵 CCD 相机

三线阵 CCD 相机主要有单镜头三线阵相机和三镜头三线阵相机两种形式，单镜头三线阵 CCD 相机如同框幅影像上的 3 条线，其内方位元素较为简单，但单镜头三线阵 CCD 相机受制于镜头的边缘分辨率，前视、后视线阵影像分辨率不如正视线阵影像好，此外，受物镜视场角所限，基高比受到影响。目前，常用的三线阵 CCD 相机都是三镜头 CCD 相机，相机的光电扫描成像部分是由光学系统焦面上的 3 个线阵 CCD 传感器组成的，这 3 个 CCD 阵列的成像角度不同，推扫所获取的航线影像的视角也各不相同，分别获取前视、正视及后视影像，从而可构成立体影像，如图 3.4 所示，通常 $\alpha_1$ 和 $\alpha_2$ 角度相同。卫星在轨摄影如图 3.5 所示。由于三线阵相机设计上的特点，在构成立体影像时，可采用前视与正视影像、正视与后视影像以及前视与后视影像构成立体，同时，可以使基高比（摄影基线与飞行高度的比值）较大，还可以避免摄影死角的出现。三线阵 CCD 影像几乎是在同一时刻以同一辐射条件获取立体影像，避免了由于成像时间过长而引起影像色调变化，便于后续的摄影测量处理。

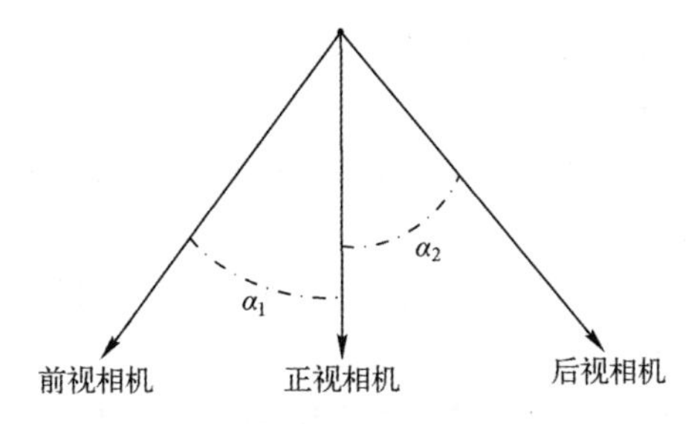


图 3.4　三线阵相机结构示意图

图 3.5　三线阵相机在轨摄影示意图（见彩图）

## 参考文献

[1] 王家骐，金光，杨秀彬．光学仪器总体设计［M］．北京：国防工业出版社，2001.
[2] 李林，林家明．光学系统像质评价与检测［M］．北京：北京理工大学出版社，2020.
[3] 姜景山．空间科学与应用［M］．北京：科学出版社，2001.
[4] 陈世平．空间相机设计与试验［M］．北京：中国宇航出版社，2009.
[5] 蔡俊良．航空摄影测量的进展和我国的现状［J］．四川测绘，1995，18（3）：99-109.
[6] 王任享．三线阵 CCD 影像卫星摄影测量原理［M］．北京：测绘出版社，2016.
[7] 王之卓．摄影测量原理［M］．北京：测绘出版社，1990.
[8] 王任享．中国无地面控制点摄影测量卫星追述：返回式摄影测量卫星［J］．航天返回与遥感，2014，35（1）：1-5.
[9] 王任享，王建荣．我国卫星摄影测量发展及其进步［J］．测绘学报，2022，51（6）：804-810.

[10] 刘先林，邹友峰，郭增长．大面阵数字航空摄影测量原理与技术［M］. 郑州：河南科学技术出版社，2013.

[11] 杜延峰．一种新型大面阵 CCD 航测相机等效中心投影影像生成技术研究［D］. 西安：长安大学，2010.

[12] 赵贵军，陈长征，万志，等．推扫型 TDI CCD 光学遥感器动态成像研究［J］. 光学精密工程，2006，14（2）：291-295.

[13] 王任享，王建荣，胡莘．光学卫星摄影无控定位精度分析［J］. 测绘学报，2017，45（10）：1135-1139.

[14] 胡莘，王仁礼，王建荣．航天线阵影像摄影测量定位理论与方法［M］. 北京：测绘出版社，2018.

[15] BALTSAVIAS E，KOCAMAN S，AKCA D，et al. Geometric and radiometric investigations of Cartosat-1 data［J］. Chembiochem A European Journal of Chemical Biology，2007，12（2）：224-234.

[16] 曹海翊，戴君，张新伟，等．"高分七号" 高精度光学立体测绘卫星实现途径研究［J］. 航天返回与遥感，2020，41（2）：17-28.

[17] 唐新明，谢俊峰，莫凡，等．高分七号卫星双波束激光测高仪在轨几何检效与试验验证［J］. 测绘学报，2021，50（3）：384-395.

[18] 王建荣，杨元喜，胡燕，等．高分十四立体测绘卫星无控定位精度初步评估［J］. 测绘学报，2022，51（6）：854-861.

# 第 4 章　光学卫星影像预处理

数据预处理系统是遥感卫星地面应用系统的重要组成部分，主要任务是根据接收到的原始码流数据，进行姿态和轨道数据去重拼接、成像处理、影像校正、质量评价与产品编目，生成各级卫星影像数据产品。具体包括：对全轨道 GNSS 数据进行处理，生成全轨道 GNSS 参数；对辅助数据（摄影段 GNSS 数据、星敏感器数据和陀螺数据）进行处理，生成辅助测量数据文件；在此基础上进行 0 级、1A 级卫星影像产品生产。0 级影像产品是指原始影像经过拼接、去重、编目（逻辑分景）处理后得到的产品数据，包括 0 级影像数据、浏览图、拇指图、元数据、经过去重处理的辅助数据等。1A 级影像产品是指 0 级卫星影像产品经过辐射校正后得到产品数据，包括 1A 级影像数据、浏览图、拇指图、元数据以及定向参数（通常为有理多项式参数）等。本章重点就多片 CCD 影像拼接和辐射校正两方面阐述。

## 4.1　多片 CCD 影像拼接

随着 CCD 探测器在航天遥感测绘领域应用的不断发展，大视场、高精度的 CCD 测量已经成为发展趋势。但 CCD 的制作工艺尺寸成为限制其大视场探测的主要因素。由于单片 CCD 像元数量有限，高分辨率线阵 CCD 相机在设计加工时需要将多片 CCD 器件连接排列，实现较大视场摄影。当前 CCD 相机设计过程中常用的拼接方案有两种：一种为光学拼接，主要是通过分光棱镜形成一对光程相等的共轭面，将透射面和反射面处的多片 CCD 首尾搭接实现连续的像面，从而在像方空间内形成宽视场的探测器[1-2]，图 4.1 为 3 片 CCD 进行光学拼接示意图；另一种为机械拼接（也称交错拼接），是将多个 CCD 在焦平面上交错成两行排列，形成不连续的像面，使其长度充满整个视场空间[3-5]，图 4.2 为 8 片 CCD 采用机械拼接的示意图。在多片 CCD 对地成像过程中，每片 CCD 单独记录。在机械拼接中，由于多片 CCD 的交错排列方式，不同 CCD 在同一时刻所成的影像一般不在地面同一直线上，原始影像由分片影像按照每一行成像时间相同的原则拼装而成，在获取到影像数据后，都需要在地面进行影像拼接，形成一幅连续的宽条带影像，主要包括物方拼接和像方拼接两种方式，拼接前后示意图如图 4.3 所示。

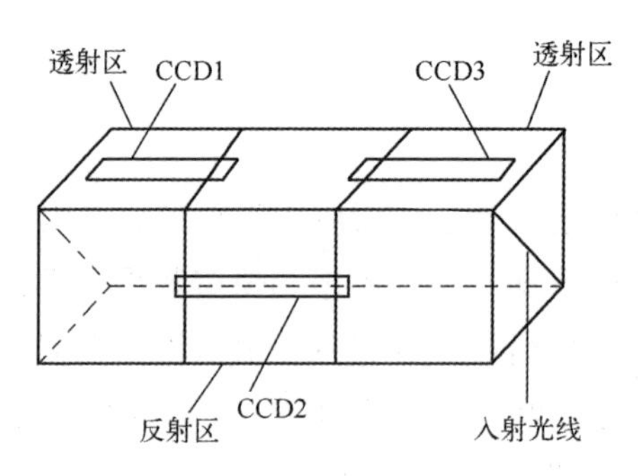


图 4.1　光学拼接示意图

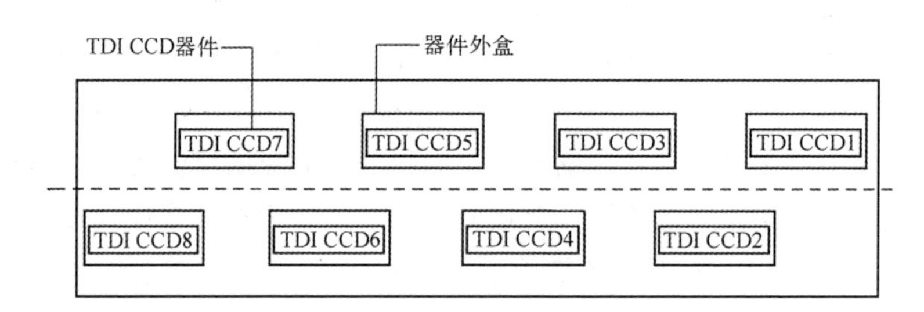


图 4.2　机械拼接示意图（见彩图）

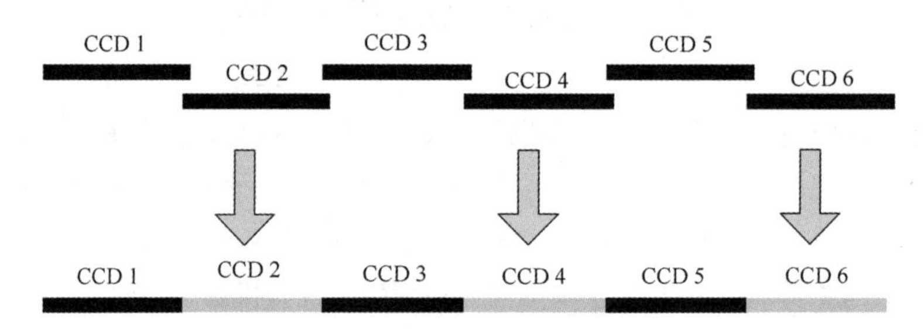


图 4.3　拼接前后示意图（见彩图）

## 4.1.1　像方拼接

像方拼接是指完全依靠图像信息获得片间偏移量而不依赖传感器成像模

型的拼接方式，对于同一相机而言，其多片 CCD 获取的影像成像条件基本一致，灰度和辐亮度等基本相同，且单片 CCD 内部畸变也较小，在各片间重叠区选择一定的同名点，仅依靠影像实现多片 CCD 影像的拼接。

#### 4.1.1.1　拼接前后影像的坐标系

利用多片 CCD 拼接相机进行摄影后，下传的原始观测数据按照每一行成像时间相同的关系进行排列，以影像的左上角为原点，$x$ 轴指向卫星飞行方向，$y$ 轴沿 CCD 阵列方向，图 4.4 为 6 片 CCD 成像坐标示意图。但原始影像呈现多片上下交错的情况，地物也有交错现象。

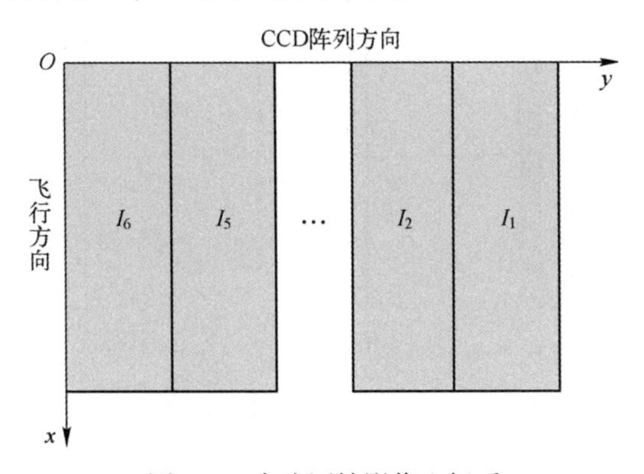


图 4.4　多片原始影像坐标系

对分片 CCD 影像而言，每片都是单独成像，其获取影像也有独立的坐标系[6-8]。分片影像的坐标系和定义与图 4.4 相似，主要区别在于每片都有自己单独的坐标系原点，位于分片影像的左上角，如图 4.5 所示。

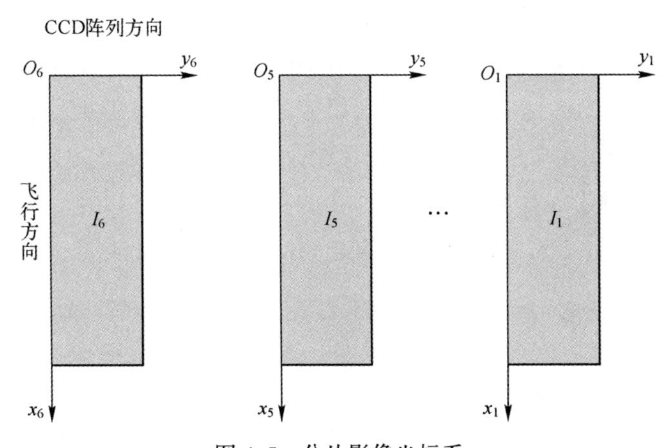


图 4.5　分片影像坐标系

在实验室进行物理拼接时，CCD 探测器片与片之间均有一定像素的重叠，在后期进行像方拼接时，依靠重叠区的同名像点进行处理。重叠区域坐标系如图 4.6 所示，对于 6 片 CCD 拼接时，第 1 片和第 6 片分别在左侧、右侧有重叠区，其余 CCD 片均有左右两侧的重叠区，通常重叠区的像素数都是固定的，根据此值可以定义不同片的坐标系，用于后续拼接时各像素灰度值的精确赋值。

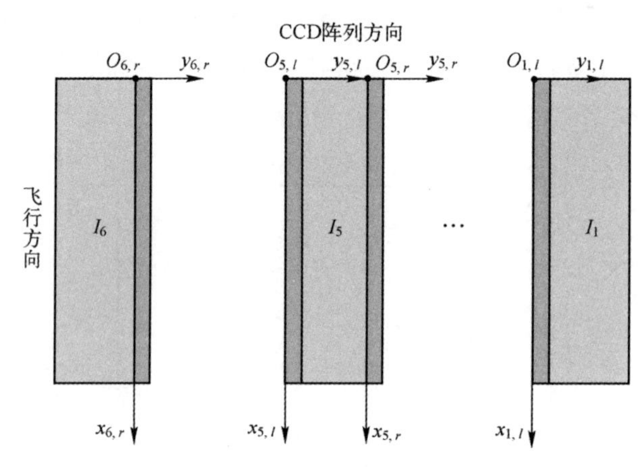


图 4.6　重叠区影像坐标系

### 4.1.1.2　像方拼接方法

在对多片 CCD 影像进行像方拼接时，首先要确定一个基准影像，然后将其余影像都变换到基准影像上，从而实现多片 CCD 影像拼接，通常有“逐片拼接式”“三片嵌入式”和“整体嵌入式”3 种方法[7]。

逐片式就是固定一片 CCD 影像，以该影像为基准，所有的都以此为基准，以片间的连接点为依据进行片间影像的拼接，依此类推，完成所有分片影像的拼接。如图 4.7 所示，以第 1 片影像为基准，将第 2 片影像和第 1 片影像进行拼接，实现 CCD 影像片 1 和片 2 的拼接。然后，以片 2 影像为下一个拼接基准，实现片 2 影像与片 3 影像之间的拼接，依此类推，完成所有分片 CCD 影像的拼接。

“三片嵌入式”是采用“固定两端，变换中间”的策略，完成多片 CCD 影像间的整体拼接。如图 4.8 所示。首先固定影像 1、3 的位置，利用影像 2 与影像 1、影像 2 与影像 3 的连接点将影像 2 与影像 1、3 拼接，随后固定影像 3、5，将影像 4 与影像 3、5 拼接，依次类推直到完成所有分片影像的拼接。

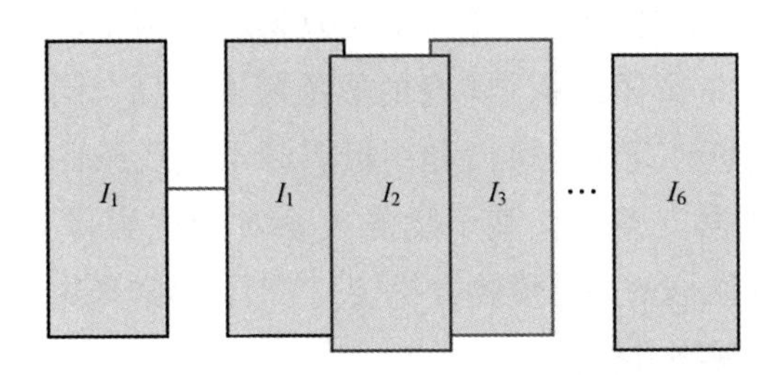


图 4.7　“逐片拼接式”拼接（见彩图）

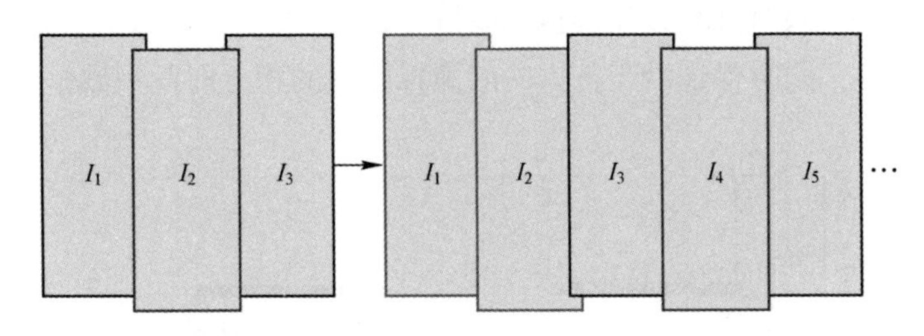


图 4.8　“三片嵌入式”拼接法（见彩图）

在多片 CCD 进行物理拼接时，大都采用品字形上下交错排列方式进行，如图 4.2 所示，6 片 CCD 影像可以分为上下两条不连续的 4 段影像，如片 1、3、5 为一条不连续的影像段，片 2、4、6 为另一条不连续的影像段，这两条 CCD 在焦平面上沿飞行方向前后交错排列。“整体嵌入式”拼接以片 1、3、5 为基准（图 4.9），采取某统一变换模型直接将片 2、4、6 整体拼接，实现多片 CCD 影像的整体拼接。

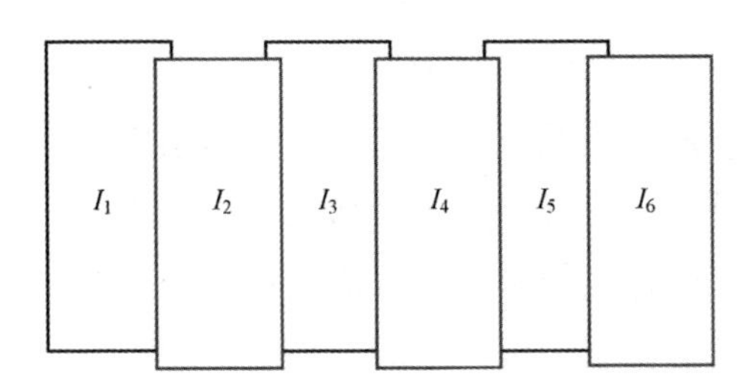


图 4.9　“整体嵌入式”拼接方法（见彩图）

### 4.1.2　物方拼接

在像方拼接中，若影像纹理丰富，利用连接点可以达到目视无缝的子像素级处理精度。但如果成像区域纹理信息匮乏，如有大面积云雾、水域、沙漠等，连接点提取常常很困难，像方拼接效果难以满足拼接要求。对于测绘卫星获取的多片 CCD 影像，除了本身的影像灰度信息，同时获取摄影时刻相机的位置和姿态信息，此时，可以利用摄影测量共线条件方程原理，在高精度数字高程模型数据支撑下，基于物像关系对错位影像重采样，实现多片 CCD 影像基于控制数据的高精度物方拼接[7,9-12]。通常采用基于虚拟长线阵的内视场拼接方法实现物方拼接。

首先，在相机焦平面上构建一条覆盖相机全视场、零畸变的虚拟长线阵 CCD 探测器件（图 4.10），使虚拟长线阵 CCD 垂直于飞行方向，满足行中心投影成像条件，同时保证沿飞行方向的虚拟线阵的积分时间一致。

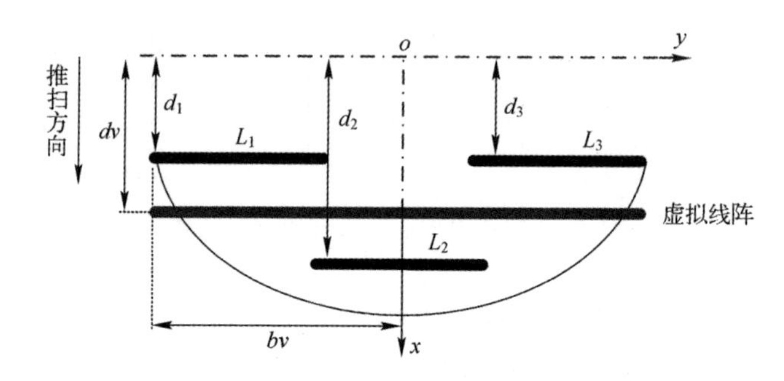


图 4.10　焦平面上虚拟长线阵 CCD 示意图（见彩图）

利用分片 CCD 探测器获取的影像，每片线阵 CCD 影像的物像几何关系可以用分片成像模型来描述，而虚拟长线阵 CCD 图像的物像几何关系也可以用严格成像模型来描述，因此，通过地面点可以建立虚拟 CCD 影像与各片 CCD 影像之间的对应关系[7]，如图 4.11 所示。

基于几何标定获取的精确成像几何参数、高精度轨道和姿态数据处理结果，建立虚拟长线阵 CCD 影像的物像几何关系，基于 DEM 数据将原始分片影像中的像点坐标通过坐标正投影计算对应的物方坐标，再将物方坐标通过坐标反投影得到对应的虚拟影像像点坐标，最后对虚拟影像进行灰度赋值，获得无缝拼接的完整影像。其基本流程如图 4.12 所示。

（1）基于分片 CCD 影像的内标定参数，通过成像时间内插获取每行影像的外方位元素，构建分片 CCD 严格几何成像模型。

（2）根据虚拟长线阵影像的参数、每行影像成像时刻内插外方位元素，构建虚拟 CCD 严格几何成像模型。

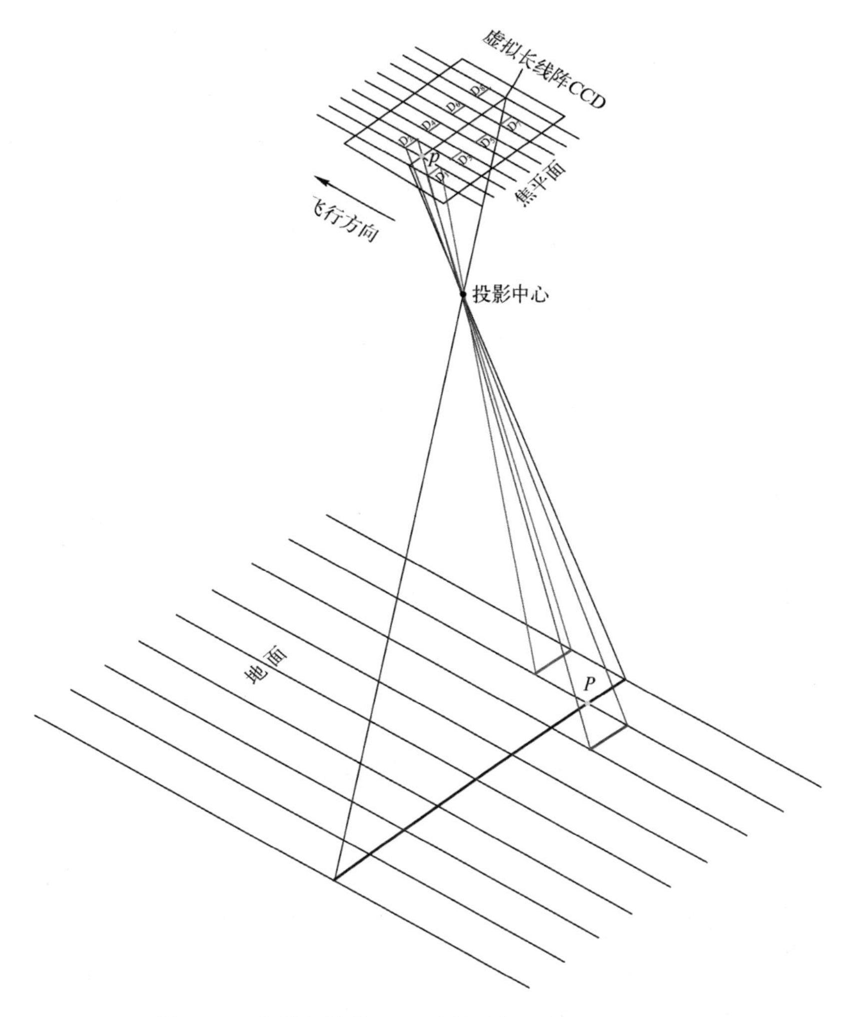


图 4.11　虚拟长线阵 CCD 及其成像示意图（见彩图）

（3）对虚拟 CCD 影像上任意一个像点，在 DEM 数据支撑下将该点投影到地面上，得到对应的地面点坐标。

（4）判断虚拟像点对应地面点坐标在分片 CCD 的地面成像范围内，利用相应的分片 CCD 严格模型计算分片 CCD 影像中的对应坐标。

（5）将分片 CCD 影像上点的灰度赋予虚拟 CCD 影像上的像点。

（6）对虚拟 CCD 影像的所有像点重复第（3）步~第（5）步，获取整个成像范围内的影像。

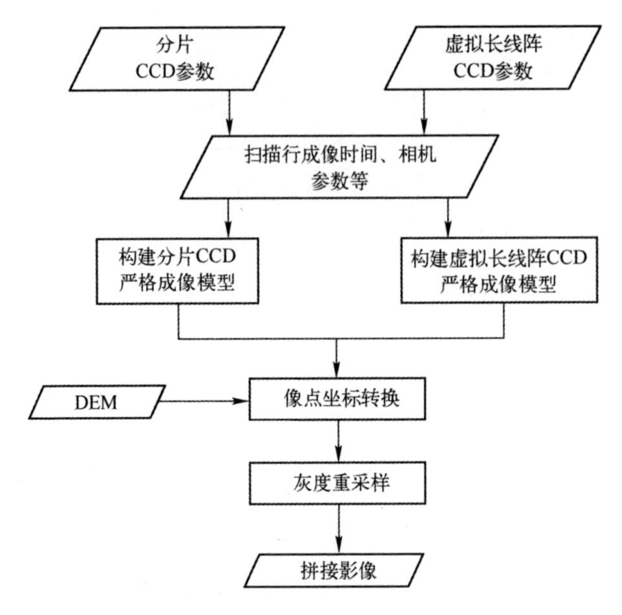


图 4.12　虚拟长线阵 CCD 拼接流程图

## 4.2　影像辐射校正

在遥感成像过程中，电磁波经过大气传输到地表，与地表发生作用后再通过大气被传感器接收，最后将传感器接收到的电磁波能量强度转换为遥感影像，影像上各像元的亮度值代表了对应地面目标反射或者辐射电磁波能量的大小。在这一系列复杂的电磁波传播过程中，因为受大气对电磁波的散射和吸收、太阳高度角的变化、地形起伏、传感器探测系统性能差异等各种因素的影响，传感器最终接收到的电磁波辐射会产生失真现象，导致传感器得到的测量值与目标的光谱反射率或光谱辐射亮度等物理量不一致。为了使遥感影像正确反映目标的反射或辐射特性，必须对失真现象予以处理，这一过程称为辐射量校正，即辐射校正。

辐射校正是遥感数据预处理的重要步骤，通常包括相对辐射校正和绝对辐射校正。相对辐射校正主要是消除 CCD 探测器件和电路系统所引起的 CCD 探元间的响应非均匀性问题，是绝对辐射校正的预备步骤；绝对辐射校正是在相对辐射校正的基础上校正大气等因素的影响，获取实际地物的反射率与数字计数值（DN）的对应关系。

### 4.2.1　相对辐射校正

相对辐射校正是为了校正传感器中各个探元器件响应度的差异，而对卫星传感器测得的原始数字计数值进行“再量化”的一种处理过程，也可以理解为对传感器探元器件的归一化处理，其主要目的是消除由于各个探元器件响应特性不一致引起的条带效应，使这些条带对后期影像处理影响程度降低到最小[12-13]。相对辐射校正主要包括均匀场法和统计法两大类。

#### 4.2.1.1　均匀场法

当传感器在轨对均匀场地物进行摄影成像过程中，进入光学系统中的辐亮度对于每个探元都是相同的，若传感器各探元响应特性一致，则输出的灰度值也相同。但由于传感器系统的各个探元响应度存在差异，导致不同的探元输出不同的灰度值。为了使传感器不同的探元生成的影像像元具有同一性，将传感器各探元输出的 DN 进行线性变换，从而实现传感器的相对辐射校正。通常采用两点法的数学模型为

$$\mathrm{DN}_i' = B_i \mathrm{DN}_i + B_{0,i} \tag{4.1}$$

式中：$B_i$为第 $i$ 个探元的相对辐射校正增益系数；$B_{0,i}$为第 $i$ 个探元的相对辐射校正偏移系数；$\mathrm{DN}_i$为第 $i$ 个探元原始采集的数字计数值；$\mathrm{DN}_i'$为第 $i$ 个探元相对辐射校正后的数字计数值[14]。

考虑到实际工程中受暗电流的影响，基于均匀场的两点法校正要求选取的场地范围面积足够大，能够覆盖传感器全部探元的两个不同级别辐射亮度，从而实现对传感器各探元的相对辐射校正系数的可靠解算，也就是要求传感器在同一档位对高、低辐亮度均匀场地进行成像。对于宽幅线阵推扫式传感器而言，利用两点法选取对应幅宽的均匀地物区域较为困难，此时，可以采用基于均匀场地的分区校正算法，其算法的基本思路是：首先，将宽幅传感器划分为若干的区域，利用每个区域内部均匀一致的高、低辐亮度地物成像影像计算该区域内探元的相对标定系数，对该区域内影像进行相对校正；然后，根据校正后的影像计算相邻区域之间的相对标定系数；最后，利用区域内部相对标定系数和区域之间相对标定系数将宽幅探测器的全部探元相对校正到一致[14]。分区校正算法不需要均匀场一次覆盖所有探元的成像范围，只需要探测单元分区域成像时具有相对均匀的场地即可。

#### 4.2.1.2 统计法

统计法也是相对辐射校正经常使用的一种方法，该方法不依赖于均匀地物场等特殊场地需求，直接利用卫星获取的影像信息计算传感器各探元间相对校正参数，解决传感器各探元间非线性问题。统计法主要包括均匀景统计、直方图均衡和直方图匹配等方法。其中，直方图匹配法在卫星数据实际处理中应用较多。

直方图均衡主要是利用图像的直方图信息对影像辐亮度进行调整的方法，该方法可以用于增强局部区域影像的辐亮度而不影响整体的辐亮度，其实质是通过非线性拉伸方法，将原始影像随机分布的直方图重采样为均匀分布的直方图，从比较集中的某个灰度区间调整为全部灰度范围内的均匀分布，不需要辐射场等外部信息。直方图匹配法是以最终期望的直方图为基础，将每个探元的直方图匹配到期望直方图上的过程。因此，期望直方图的建立及查找表是直方图匹配需解决的首要问题。主要是通过对大量原始影像直方图信息进行统计，获得传感器每个探元的直方图，同时将每个探元的直方图信息相加获得所有探元的综合直方图。每个探元的直方图可以看作是原始直方图，综合直方图可以看作期望直方图，将每个探元的直方图匹配到综合直方图上，即可得到该探元的直方图查找表[15]，建立查找表的原理是使匹配处理后的每个探元的直方图的概率密度函数和期望直方图的概率密度函数相同。

### 4.2.2 绝对辐射校正

绝对辐射校正是在相对辐射校正的基础上，建立遥感器测量的数字信号与对应的辐射能量之间的数量关系，进行遥感数据的定量化分析，更好地识别地物。绝对辐射校正的前提是通过绝对辐射标定计算标定系数，目前遥感卫星在轨标定主要有场地标定法、交叉标定法和场景标定法[16]。

（1）场地标定法是大多数遥感卫星可见光近红外通道传感器常采用的标定方法，其原理是在卫星成像的同时，同步测量地面的辐射特性及其大气参数，实现传感器的辐射标定，通常采用反射率基法或辐照度基法。基于反照率基法的绝对辐射标定是当遥感卫星飞越辐射标定场上空时，在标定场区布设大面积靶标为检测参照目标，并于卫星过顶时同步采集靶标反射率与大气特性参数等信息。根据同步与准同步试验获取的靶标、场地及大气光学特性数据，通过大气辐射传输计算得到靶标与场地在相机入瞳处的辐亮度，并与相机获取的靶标与场地影像进行综合分析处理，得到相机的绝对辐射标定系数。辐照度基法是反射率基法的改进，与反射率基法相比，辐照度基法在计算过程中输入量除地物目标反射率和气溶胶光学厚度外，还考虑了大气中气溶胶的散射特征，并增加了向下到达地面的漫射辐射与总辐射之比，可以减少因气溶胶模型近似而产生的误差[17]。

基于场地标定的在轨辐射标定对标定场地的均匀性、朗伯性、场区气象条件均有严格的要求，因此，常选用一些固定的辐射校正场对其进行在轨辐射标定，如我国通常选取敦煌、青海、内蒙古等地的均匀戈壁、沙漠场等区域，建立多反射率灰阶靶标作为辐射标定场，实现光学遥感卫星在轨绝对辐射标定。

（2）交叉标定法是用标定精度较高的参考传感器对标定精度较低的目标传感器进行标定的方法，其实质上也是一种相对标定。该方法不需要测量精确的大气参数，即可获得相对较高的标定精度，其关键在于场地和参考传感器的选取[18]。

（3）场景标定法也是一种非场地标定方法，它不需要实地测量，具有标定频率高、操作简单等特点，通常用于气象卫星等低空间分辨率卫星。该方法选择均匀稳定的地表如大面积沙漠地区作为研究区，通过长时间序列图影像的统计分析，假设实验场地的地表和大气稳定，通过监测传感器的长期变化趋势，实现传感器绝对辐射校正[18]。

## 参考文献


[1] 李朝辉，王肇勋，等. 空间相机 CCD 焦平面的光学拼接［J］. 光学精密工程，2000，8（3）：213-216.

[2] 徐彭梅，杨桦，伏瑞敏，等. CBERS-1 卫星 CCD 相机的光学拼接、配准和定焦［J］. 航天返回与遥感，2001，22（3）：12-15.

[3] 任建岳，孙斌，等. TDI-CCD 交错拼接的精度检测［J］. 光学精密工程，2008，16（10）：1852-1857.

[4] JACOBSEN K. Calibration of optical satellite sensors［C］//International Calibration and Orientation Workshop EuroCOW，Casteldefels，2006.

[5] WESER T，ROTTENSTEINER F，WILLNEFF J，et al. An improved pushbroom scanner model for precise georeferencing of ALOS PRISM imagery［C］//The International Archives of

the Photogrammetry, Remote Sensing and Spatial Information Sciences, Beijing, 2008.
[6] 曹彬才，朱述龙，曹闻，等. 相邻 TDI-CCD 卫星影像的匹配拼接 [J]. 测绘科学与技术学报，2013，30（6）：624-628.
[7] 曹彬才. 多片 TDI-CCD 卫星影像拼接方法研究 [D]. 郑州：信息工程大学，2014.
[8] 孟伟灿，朱述龙，曹闻，等. TDI CCD 交错拼接推扫相机严格几何模型构建与优化 [J]. 测绘学报，2015，44（12）：1340-1350.
[9] 胡芬. 三片非共线 TDI-CCD 成像数据内视场拼接理论与算法研究 [D]. 武汉：武汉大学，2010.
[10] 潘俊，胡芬，王密，等. 一种非共线 TDI CCD 成像数据内视场拼接方法 [J]. 测绘学报，2014，43（11）：1165-1173.
[11] 潘红播，张过，唐新明，等. “资源” 三号测绘卫星传感器校正产品几何模型 [J]. 测绘学报，2013，42（4）：516-522.
[12] 宋燕. 遥感图像相对辐射校正方法 [D]. 北京：中科院电子所，2008.
[13] 朱绍攀，陈宇. 大气辐射校正方法分析 [J]. 地理空间信息，2010，8（1）：113-116.
[14] 赵燕，易维宁，杜藤丽，等. 基于均匀场地的遥感图像相对校正算法研究 [J]. 大气与环境光学学报，2009，4（2）：72-75.
[15] 潘志强，顾行发，刘国栋，等，基于探元直方图匹配的 CBERS-01 星 CCD 数据相对辐射校正方法 [J]. 武汉大学学报（信息科学版），2005，30（10）：75-77.
[16] 杜丽丽，易维宁，王昱，等. 天绘一号卫星多传感器协同辐射定标方法 [J]. 光学学报，2019，39（4）：0401001-1-7.
[17] 黄红莲，易维宁，乔延利，等. “天绘一号” 卫星在轨辐射定标方法 [J]. 遥感学报，2012，16（增刊）：22-27.
[18] 谢玉娟. 基于沙漠场景的 HJ-1 CCD 相机在轨辐射定标研究 [D]. 焦作：河南理工大学，2011.

# 第5章　光学卫星摄影测量中的辅助定位

为了提高光学卫星摄影测量定位的精度，达到无地面控制摄影测量的目的，通常运用各种辅助设备实时（或者事后）获取能够在摄影测量联合平差中起到控制作用的观测值或数据加以实现。这些辅助设备可以分为两大类：一类是直接测定外方位元素的载荷，如测定摄站坐标的全球卫星导航系统（GNSS）接收机、测定姿态的星敏感器（星相机）以及陀螺仪；另一类是起到相对控制作用的设备（如激光测距仪等）。

## 5.1 精密定轨

### 5.1.1 全球卫星导航定位系统

全球卫星导航系统是卫星不间断地发送自身的星历参数和时间信息，能在地球表面或近地空间的任何地点为用户提供三维坐标和速度以及时间信息的无线电导航定位系统。目前，国际上主要有四大卫星导航系统，分别是美国的全球定位系统（GPS）、俄罗斯的全球卫星导航系统（GLONASS）、欧盟的伽利略卫星导航系统（GALILEO）和中国的北斗卫星导航系统（BDS）。此外，还有日本的准天顶卫星系统（QZSS）和印度的区域卫星导航系统（IRNSS）等区域系统。

GPS是美国从20世纪70年代开始研制，历时20余年后全面建成，具有在海、陆、空全方位实施三维导航与定位能力的卫星导航与定位系统。GPS应用十分广泛，已在农业、林业、水利、交通、航空、测绘、电力、城市管理等领域得到了广泛应用，既可以进行海、陆、空的导航，武器导弹的制导，大地测量和工程测量的精密定位，又可以测定航天摄影瞬间相机的位置，实现稀少地面控制或无地面控制的摄影测量处理等。GLONASS 是苏联于 20 世纪 70 年代启动研制的导航系统，1982 年 10 月，成功发射了第 1 颗 GLONASS 卫星。1996 年 1 月，完成了 24 颗卫星的全球组网，全面进入工作状态。GLONASS 完成全部卫星的部署后，其卫星导航范围可覆盖整个地球表面和近地空间，GLONASS 提供导航和授时服务，支持不限数量的陆基、海基、空基和天基用户。GALILEO 是一个完全民用的卫星导航系统，系统由轨道高度为 23616km 的 30 颗卫星组成，位于 3 个倾角为 56°的轨道平面内，其中 27 颗为工作星，3 颗为备份星。GALILEO 导航系统于 2008 年正式投入运行，不仅能使人们的生活更加方便，而且为欧盟的工业和商业带来了可观的经济效益。更重要的是，欧盟从此拥有了自己的全球卫星导航系统，打破了美国 GPS 的垄断地位，为未来建设欧洲独立防务创造了条件。BDS 是中国自主建设运行的全球卫星导航系统，为全球用户提供全天候、全天时、高精度的定位、导航和授时服务[1-2]。BDS 具有以下特点：①空间段采用 3 种轨道卫星组成的混合星座，与其他卫星导航系统相比高轨卫星更多，抗遮挡能力强，尤其低纬度地区更为明显；②提供多个频点的导航信号，能够通过多频信号组合提高服务精度；③创新融合了导航与通信能力，具有实时导航、快速定位、精确授时、位置报告和短报文通信服务五大功能。我国卫星导航定位基准服务系统已启用，可免费向社会公众提供开放的实时亚米级导航定位服务。BDS 在高精度算法和高精度板卡制造方面取得突破，运用实时动态差分（Real-time Kinematic，RTK）技术能够将精度提升至厘米级。其中，BDS 和 GPS 已服务全球，性能相当；功能方面，BDS 较 GPS 多了全球短报文功能。

### 5.1.2 精密定轨基本理论

卫星导航系统定位的基本原理是测量出已知位置的卫星到用户接收机之间的距离，然后综合多颗卫星的数据就可测得接收机的具体位置[3-6]。根据卫星到接收机的距离，利用三维坐标中的距离公式，由 3 颗卫星测量值便可计算出观测点的位置$(X,Y,Z)$，如下式所示：

$$\rho_i=\sqrt{(X_{\mathrm{GNSS}}-X)^2+(Y_{\mathrm{GNSS}}-Y)^2+(Z_{\mathrm{GNSS}}-Z)^2}-c\delta T_r+c\delta T^S+v_i \tag{5.1}$$

式中：$(X_{\mathrm{GNSS}},Y_{\mathrm{GNSS}},Z_{\mathrm{GNSS}})$分别为 GNSS 卫星位置分量；$\delta T_r$ 为星载 GNSS 接收机钟差；$\delta T^S$ 为 GNSS 卫星钟差；$v_i$ 为测量噪声。$(X_{\mathrm{GNSS}},Y_{\mathrm{GNSS}},Z_{\mathrm{GNSS}})$及 $\delta T^S$ 可由 GNSS 导航星历或 IGS 发布的卫星精密星历及钟差直接计算得到。由于用户接收机使用的时钟与 GNSS 星载时钟不可能完全同步，因此未知参数除了三维

坐标$(X,Y,Z)$外，还要引进一个 $\Delta t$（卫星与接收机之间的时间差）作为未知数，然后，用 4 个方程将这 4 个未知数解出来。当同步观测 4 颗以上 GNSS 卫星时，利用式（5.1）便可计算出$(X,Y,Z,\delta T_r)$4 个参数，即获得单历元卫星位置矢量。

#### 5.1.2.1　几何法定轨

几何法定轨的主要任务是利用星载 GNSS 接收机所接收的伪距和相位观测数据进行定位计算，给出卫星的位置[7-8]。几何法定轨分为绝对定轨法和相对定轨法。绝对定轨法就是精密点定位的方法，是仅依靠低轨卫星的星载 GNSS 接收机的观测值进行自主定轨；相对定轨法是利用地面 GNSS 跟踪网的观测数据和星载 GNSS 观测值组差的方式来解算低轨卫星的轨道。对于单频伪距，观测方程为

$$\rho^k=\tilde{\rho}^k+c\delta t-c\delta t^k+\delta_{\text{ion}}+\delta_{\text{rel}}+\Delta\rho_{\text{tro}}+\Delta\rho_{\text{muit}}+\varepsilon \tag{5.2}$$

式中：$\delta t$、$\delta t^k$、$\delta_{\text{ion}}$、$\delta_{\text{rel}}$、$\Delta\rho_{\text{tro}}$、$\Delta\rho_{\text{muit}}$分别为接收机钟差、卫星钟差、电离层改正、相对论改正、对流层改正及多路径误差；$\tilde{\rho}^k$、$\varepsilon$ 分别为低轨卫星到 GNSS 卫星的几何距离及伪距观测噪声。$\tilde{\rho}^k$ 可表示为

$$\tilde{\rho}^k=\sqrt{(X^S-X)^2+(Y^S-Y)^2+(Z^S-Z)^2} \tag{5.3}$$

式中：$(X^S,Y^S,Z^S)$为 GNSS 卫星的位置矢量；$(X,Y,Z)$ 为低轨卫星位置矢量。在实际解算中，根据低轨卫星的概略位置 $X_0$、$Y_0$、$Z_0$，将 $X=X_0+\delta X$，$Y=Y_0+\delta Y$，$Z=Z_0+\delta Z$ 代入式（5.3），并用泰勒级数展开得

$$\frac{X^K-X_0}{\tilde{\rho}^K}\cdot\delta X+\frac{Y^K-Y_0}{\tilde{\rho}^K}\cdot\delta Y+\frac{Z^K-Z_0}{\tilde{\rho}^K}\cdot\delta Z-c\delta t_K-l^K=0 \tag{5.4}$$

根据式（5.2）和式（5.3），误差方程为

$$\boldsymbol{V}=\boldsymbol{AX}-\boldsymbol{L} \tag{5.5}$$

式中：$\boldsymbol{X}$ 为待解参数，$\boldsymbol{X}=[\delta X\quad \delta Y\quad \delta Z\quad \delta t]^{\mathrm{T}}$；$\boldsymbol{A}$ 为未知参数的系数矩阵；$\boldsymbol{L}$ 为常数项矢量。具体如下式所示：

$$\boldsymbol{A}=\begin{bmatrix} \dfrac{X^1-X_0}{\tilde{\rho}^1} & \dfrac{Y^1-Y_0}{\tilde{\rho}^1} & \dfrac{Z^1-Z_0}{\tilde{\rho}^1} & -1 \\ \dfrac{X^2-X_0}{\tilde{\rho}^2} & \dfrac{Y^2-Y_0}{\tilde{\rho}^2} & \dfrac{Z^2-Z_0}{\tilde{\rho}^2} & -1 \\ \vdots & \vdots & \vdots & \vdots \\ \dfrac{X^j-X_0}{\tilde{\rho}^K} & \dfrac{Y^j-Y_0}{\tilde{\rho}^K} & \dfrac{Z^j-Z_0}{\tilde{\rho}^K} & -1 \end{bmatrix} \tag{5.6}$$

$$L = [l^1 \quad l^2 \quad \cdots \quad l^k]^{\mathrm{T}} \tag{5.7}$$

式中

$$l^k = \tilde{\rho}^k - \rho^k - c\delta t^k + \delta_{\mathrm{ion}} + \delta_{\mathrm{rel}}$$

#### 5.1.2.2 动力学平滑

利用几何法定轨的方式进行低轨卫星定轨，方法简单易行，且不依赖于动力学模型。但是几何法也存在明显的不足：当GNSS信号中断时，定轨精度会大大降低，甚至定轨失败；几何法不涉及卫星运动的动力学性质，所以它不能确保轨道外推的精度。动力学平滑是在几何法定轨的基础上，建立适当的卫星运动动力学方程，采用动力法对几何轨道进行平滑，便可削弱几何法定轨中出现的偶然误差，提高定轨的精度，同时可保证轨道的连续性，通过轨道积分可以给出低轨卫星任一时刻的位置[5]。

如果将几何法定轨的结果作为具有一定观测误差的观测值，重新利用动力学条件进行定轨，即可实现对几何轨道的动力学平滑。$t_i$时刻的方程可表示为

$$\boldsymbol{L}_i = \boldsymbol{B}(t_i, t_0)x_0 + \boldsymbol{\varepsilon}_i \tag{5.8}$$

$$\dot{x} = F(x, t) \tag{5.9}$$

式中：$\boldsymbol{L}_i$ 为几何法定轨求得的卫星三维位置矢量；$\boldsymbol{B}$ 为求解式（5.6）所得的状态转移矩阵；$x$ 为状态参数；$\boldsymbol{\varepsilon}_i$ 为观测噪声；$F(x,t)$为反映卫星受力信息的非线性泛函数；$x_0$ 为初始状态。

在动力学轨道平滑中，使用的观测方程和运动方程都是线性化近似的结果，非线性部分对结果的影响，可通过迭代方法加以解决。另外，动力学轨道平滑可以采用多种形式，如附加经验参数的动力平滑等。

### 5.1.3 精密定轨精度评估

由于卫星在轨飞行过程中其轨道数据的真值是无法获取的，通过GNSS接收机获取的轨道数据中不可避免地存在一定误差，因此，要对精密定轨数据进行相应的评价[9]。目前，常用的方法主要有以下几种。

（1）利用相邻轨道重叠弧段的不符值进行精度评估。根据实际应用需要，卫星精密定轨通常针对某一弧段处理，相邻弧段在连接处就会存在一定的差异，这种差异在某种程度上反映了卫星精密定轨后的精度，这种方法是目前常使用的一种，但该精度是相对精度，无法描述其绝对定轨精度。

（2）利用激光测距技术进行检验。对于搭载多种观测系统的卫星，如搭载 GNSS 接收机和卫星激光测距（SLR）反射镜，利用 GNSS 进行精密定轨后，再利用高精度的 SLR 数据来检验 GNSS 精密定轨的精度，CHAMP、GRACE 及“资源”三号卫星就利用该方法进行检测。由于 SLR 主要针对某一特定方向，其能检测精密定轨后径向方向的精度，但无法对其他两个方向的定轨精度进行检测。

（3）多余观测残差统计。在进行精密定轨计算过程中，由于观测值通常多于所需的最少观测值，因此在利用最小二乘原理进行解算后，观测值会存在一定的残差，这在一定程度上也反映了卫星精密定轨的精度。

## 5.2 精密定姿

### 5.2.1 基于星相机定姿

星相机由遮光罩、光学镜头、敏感面阵组成，主要实现对天空恒星星图数据的获取。与星敏感器相比，星相机通常焦距较长、视场相对较大，具有更高的姿态确定精度，但通常要下传星图用于事后处理。星相机对星空中的恒星进行摄影，继而对星图影像进行去噪、连通域检测、星点定位，提取出有效的星点位置信息；与导航星表中的恒星按照一定的匹配特征进行星图识别；利用星点提取获得的星点坐标和星图识别获得的恒星的天球坐标，在多余观测条件下，进行姿态解算，得到星相机的姿态数据。星相机定姿主要包括星点提取、星图识别和姿态解算等部分。

#### 5.2.1.1 星点提取

恒星像点提取技术是从恒星相机图像中提取恒星像点位置坐标的过程[10]，主要包括星图预处理、恒星像点自动识别、恒星像点精确定位等步骤。高精度恒星像点提取技术是恒星相机图像处理的基础，其精度直接决定了后续星像片姿态解算的精度和有效性。

1）星图预处理

恒星相机获取的图像信噪比较低，星点目标的尺寸非常小，星点目标极易被噪声和背景所淹没。因此，在星点提取之前应先对星图影像进行去噪处理。星图中星点的灰度值近似服从高斯分布，为了有效拟制和减少噪声，可采用邻域平均法进行滤波去噪。邻域平均法是一种线性滤波方法，线性滤波的基本原理是用均值代替原图像中的各个像素值，即对待处理的当前像素点$(x,y)$，选择一个模板，该模板由其近邻的若干像素组成，求模板中所有像素的均值，再把该均值赋予当前像素点$(x,y)$，如下式所示：

$$g(x,y)=\frac{1}{m}\cdot\sum_{(x,y)\in S}f(x,y) \tag{5.10}$$

式中：$m$为该模板中包含当前像素在内的像素总个数；$S$为所取邻域中邻近像素的坐标范围，常用3×3或者5×5的滤波模板。

邻域平均法虽简单，拟制噪声的效果也较明显，但存在着边缘模糊的效应。随着邻域的增大，拟制噪声效果和边缘模糊效应同时增加。为了在去除噪声的同时能够减少边缘模糊，对简单邻域平均法进行改进，加入各像素点所占的权重，认为离某点越近的点对该点的影响应该越大，其权值越高。通过采样二维高斯函数得到高斯模板，可有效减弱原始星图的背景中的噪声影响，如下式所示：

$$\frac{1}{16}\times\begin{bmatrix}1 & 2 & 1\\ 2 & 4 & 2\\ 1 & 2 & 1\end{bmatrix} \tag{5.11}$$

2）恒星像点自动识别

恒星像点自动识别常用的算法有扫描法、矢量法以及局部熵法等。扫描法通过设定一个灰度信息阈值，遍历图像影像就可确定恒星相机图像中所有可能的星点目标，但这种简单的阈值扫描技术对噪声非常敏感，随着星相机图像中噪声的增加，会产生一定的虚假星点。矢量法可以看作是扫描法的快速算法，它引入两个整数矢量，仅做一次星相机图像数据扫描就能得出所有候选星点的位置信息，但它所提取星点的数量是固定的，恒星相机图像中的噪声会使所识别星点目标的数量迅速达到上限，从而使随后的识别性能下降。局部熵法是根据星相机图像局部熵的变化，得到恒星相机图像中各星点的目标区域，然后求取各星点目标的准确位置，该算法定位精度与局部窗口的大小关系密切，如果目标恰好分布在多个局部窗口内，将造成较大的定位误差。

3）恒星像点精确定位

由于恒星像片是在动态情况下拍摄的，其星像往往呈现椭圆形。通常，恒星像点没有聚焦于单个像元，而是弥散分布于多个像元，一般采用亚像元内插提取算法来计算星点位置。质心法是星点定位常采用的一种算法，主要有传统的灰度质心法、带阈值的灰度质心法、灰度平方加权质心法等。带阈值的灰度质心法是目前星图质心定位中较常用的算法，其数学模型如下式所示：

$$\begin{cases}\mu_0 = \dfrac{\sum\limits_{i=i_1}^{i_2}\sum\limits_{j=j_1}^{j_2}\mu_i[g(u_i,v_j) - T]^k}{\sum\limits_{i=i_1}^{i_2}\sum\limits_{j=j_1}^{j_2}[g(u_i,v_j) - T]^k} \\ v_0 = \dfrac{\sum\limits_{i=i_1}^{i_2}\sum\limits_{j=j_1}^{j_2}v_j[g(u_i,v_j) - T]^k}{\sum\limits_{i=i_1}^{i_2}\sum\limits_{j=j_1}^{j_2}[g(u_i,v_j) - T]^k}\end{cases} \tag{5.12}$$

式中：$(\mu_0,v_0)$为待提取星点的质心坐标；$u_i$、$v_j$ 分别为参与计算数据的行、列号；$k$ 为常数，通常取2.0；$g(\mu_i,v_j)$为$(u_i,v_j)$点的灰度值；$T$ 为背景阈值，可表示为

$$T=\mu+m\times\sigma \tag{5.13}$$

式中：$\mu$ 为背景影像的均值；$m$ 为可变参数，通常取为5~15；$\sigma$ 为背景影像的均方差。

#### 5.2.1.2 星图识别

星图识别是将星相机观测到的恒星与导航星表中的恒星，按照一定的匹配算法进行星点的匹配，从星表中确定和识别星相机所观测到的恒星星点。星图识别是恒星相机姿态测量的先决条件，其识别率决定了恒星相机姿态测量的精度和可靠性[11]。

1）概略星区计算

根据卫星摄影星历数据，计算出摄影瞬间恒星相机主光轴在天球坐标系内的概略指向（$\alpha_0$、$\delta_0$），再根据概略指向，按式（5.14）在星表数据库中搜索出该星像片所覆盖的恒星，形成局部星表放入计算数据库中，即

$$\Delta\alpha=\arccos(\cos(\alpha_i-\alpha_0)\cdot\cos(\delta_i-\delta_0))\leqslant R \tag{5.14}$$

式中：$(\alpha_i,\delta_i)$为恒星天球坐标；$(\alpha_0,\delta_0)$为光轴指向；$R$ 为星相机半视场角（单位为rad）。

2）选择标定星

首先，在恒星像片上选出以像主点为中心、在像片上均匀分布的 3 个星像点（称为标定星），这 3 个星像点组成的三角形应具有较好的结构，如图 5.1 所示。

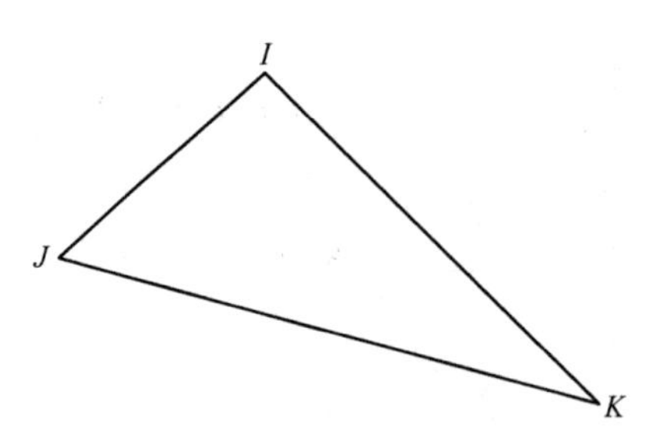


图 5.1　标定星结构图

然后，按照星与标定星之间角距关系，在局部星表中找出与标定星对应的恒星，角距计算如下：

$$\begin{cases}\delta_{ij(\text{量测})}=[(x_i-x_j)^2+(y_i-y_j)^2]^{1/2}/D\\ \delta_{ij(\text{星表})}=2\arcsin\left\{\left[\sin^2\left(\dfrac{\delta_i-\delta_j}{2}\right)+\cos\delta_i\cdot\cos\delta_j\cdot\sin^2\left(\dfrac{\alpha_i-\alpha_j}{2}\right)\right]^{1/2}\right\}\end{cases}\tag{5.15}$$

其中

$$D=\frac{(x_i^2+y_i^2+f^2)^{1/2}+(x_j^2+y_j^2+f^2)^{1/2}}{2}\tag{5.16}$$

式中：$f$ 为星相机的主距；$(x_i, y_i)$ 为星像点的像坐标。

按式（5.15）计算出恒星之间的角距量测值与星表值后，按式（5.17）进行符合性判读：

$$\frac{|\delta_{ij(\text{测})}-\delta_{ij(\text{表})}|}{\delta_{ij(\text{测})}}<\varepsilon_1\tag{5.17}$$

式中：$\varepsilon_1$ 为经验值，一般取为 0.01。

3）自动找星

根据标定星在天球坐标系中的坐标，选择 3 颗标定星计算理想标定星的坐标$(\xi,\eta)$，如下式所示：

$$\begin{cases}\xi=\dfrac{\cos\delta\sin(\alpha-A)}{\sin\delta\sin D+\cos\delta\cos D\cos(\alpha-A)}\\ \eta=\dfrac{\sin\delta\cos D-\cos\delta\sin D\cos(\alpha-A)}{\sin\delta\sin D+\cos\delta\cos D\cos(\alpha-A)}\end{cases}\tag{5.18}$$

式中：$(\alpha,\delta)$为标定星的天球坐标；$(A,D)$为标定星在天球坐标下的重心值，$A=\dfrac{(\alpha_i+\alpha_j+\alpha_k)}{3}$，$D=\dfrac{(\delta_i+\delta_j+\delta_k)}{3}$。

以标定星坐标$(\xi,\eta)$为基础，计算其余星点的理想坐标$(\xi,\eta)$（标定星除外）。最后，计算星点在天球坐标系中的坐标$(\alpha,\delta)$，如下式所示：

$$\begin{cases}\alpha=\arctan\left(\dfrac{\xi}{\cos D-\eta\sin D}\right)+A\\ \delta=\arcsin\left(\dfrac{\sin D+\eta\cos D}{(1+\xi^2+\eta^2)^{\frac{1}{2}}}\right)\end{cases} \tag{5.19}$$

式中：$A$、$D$ 含义与式（5.18）中相同。

将计算出的天球坐标$(\alpha,\delta)$代入式（5.20），在局部星表中查找与星像点对应的恒星，即

$$\sqrt{(\alpha-\alpha_i)^2\cos^2\delta+(\delta-\delta_i)^2}<\varepsilon_3 \tag{5.20}$$

式中：$\alpha_i$、$\delta_i$ 为星表值；$\varepsilon_3=0.005$。

#### 5.2.1.3　姿态解算

1）恒星视位置计算

恒星视位置是指恒星在某一历元相对于地球质心的位置，它是由恒星星表历元平位置经自行、岁差、章动和光行差等一系列的改正得到恒星的视位置。其中：不同历元的平赤道坐标系的变化是由岁差引起的；同一历元的平赤道坐标系和真赤道坐标系的差异是由章动引起的；坐标系的定向历元和恒星的观测历元若不同，需对恒星进行自行改正；由于视位置是相对于地球质心的，还需进行周年光行差改正[12]。

2）星像片姿态计算

在大地天文学中，描述某天体在天球上的位置一般用赤道坐标系，某恒星的位置可用赤经 $\alpha$ 和赤纬 $\delta$ 坐标来确定。图 5.2 中 $O-XYZ$ 为天球坐标系，$o-xyz$为星片的像空间坐标系，$o-xy$ 为星片的像平面坐标系，像空系 $o-xyz$ 在天球坐标系中的方位由 $\alpha_0$、$\kappa_0$、$\delta_0$ 决定，$\alpha_0$ 为摄影方向的赤经，$\delta_0$ 为摄影方向的赤纬，$\kappa_0$ 为像平面坐标系 $y$ 轴正向与摄影方向子午面的夹角，$\alpha_0$、$\kappa_0$、$\delta_0$ 的定义与航测中 $\tau$、$\alpha$、$\kappa_v$ 的定义相似。

假设某一恒星在星片上构像为 $P$ 点，该星的赤经、赤纬分别为 $\alpha$ 和 $\delta$，设它在天球坐标系中的方向数为 $\overline{X}$、$\overline{Y}$、$\overline{Z}$，则有

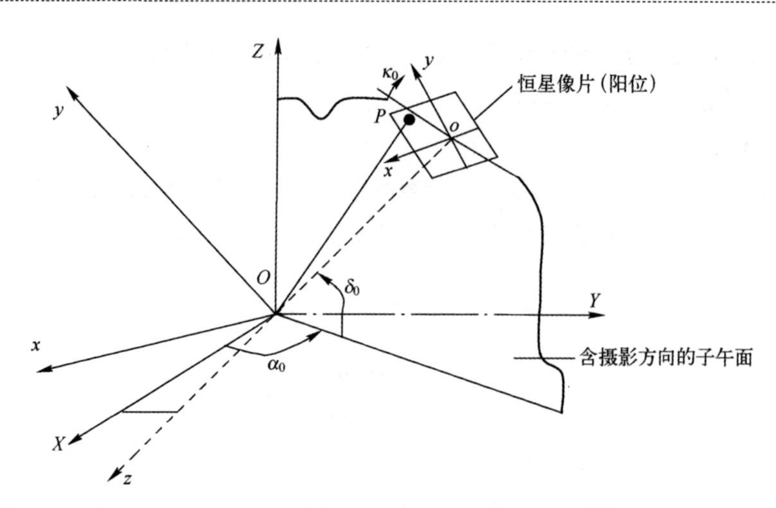


图 5.2　恒星在赤道坐标系中的位置

$$\begin{bmatrix}\overline{X}\\\overline{Y}\\\overline{Z}\end{bmatrix}=\begin{bmatrix}\cos\alpha\cos\delta\\\sin\alpha\sin\delta\\\sin\delta\end{bmatrix}\tag{5.21}$$

由图 5.2 可知，$O-XYZ$ 通过 $\boldsymbol{M}_S=\boldsymbol{M}_Z\left(\alpha_0-\dfrac{\pi}{2}\right)\boldsymbol{M}_X\left(\delta_0+\dfrac{\pi}{2}\right)\boldsymbol{M}_Z(\kappa_0)$ 旋转到 $o-xyz$ 的位置，即

$$\begin{aligned}\boldsymbol{M}_S&=\boldsymbol{M}_Z\left(\alpha_0-\frac{\pi}{2}\right)\boldsymbol{M}_{X'}\left(\delta_0+\frac{\pi}{2}\right)\boldsymbol{M}_Z(\kappa_0)\\&=\begin{bmatrix}\sin\alpha_0&\cos\alpha_0&0\\-\cos\alpha_0&\sin\alpha_0&0\\0&0&1\end{bmatrix}\begin{bmatrix}1&0&0\\0&-\sin\delta_0&-\cos\delta_0\\0&\cos\delta_0&-\sin\delta_0\end{bmatrix}\begin{bmatrix}\cos\kappa_0&-\sin\kappa_0&0\\\sin\kappa_0&\cos\kappa_0&0\\0&0&1\end{bmatrix}\\&=\begin{bmatrix}\sin\alpha_0\cos\kappa_0-\cos\alpha_0\sin\delta_0\sin\kappa_0&-\sin\alpha_0\sin\kappa_0-\cos\alpha_0\sin\delta_0\cos\kappa_0&-\cos\alpha_0\cos\delta_0\\-\cos\alpha_0\cos\kappa_0-\sin\alpha_0\sin\delta_0\sin\kappa_0&\cos\alpha_0\sin\kappa_0-\sin\alpha_0\sin\delta_0\cos\kappa_0&-\sin\alpha_0\cos\delta_0\\\cos\delta_0\sin\kappa_0&\cos\delta_0\cos\kappa_0&-\sin\delta_0\end{bmatrix}\end{aligned}\tag{5.22}$$

该恒星在星像片像空系中的方向数为 $L$、$M$、$N$，通过旋转矩阵，可建立与 $\overline{X}$、$\overline{Y}$、$\overline{Z}$ 的关系，如下式所示：

$$\begin{bmatrix}L\\M\\N\end{bmatrix}=\boldsymbol{M}_S^{\mathrm{T}}\begin{bmatrix}\overline{X}\\\overline{Y}\\\overline{Z}\end{bmatrix}\tag{5.23}$$

该恒星星点在星像片上的理论坐标 $x$、$y$ 与 $L$、$M$、$N$ 之间，利用式（5.24）建立如下关系：

$$\begin{bmatrix} x \\ y \\ -f \end{bmatrix} = K \begin{bmatrix} L \\ M \\ N \end{bmatrix} = K \cdot \boldsymbol{M}_S^{\mathrm{T}} \begin{bmatrix} \overline{X} \\ \overline{Y} \\ \overline{Z} \end{bmatrix} \tag{5.24}$$

式中：$K=\sqrt{x^2+y^2+f^2}$，根据星像片姿态角计算的方法，$x$、$y$ 与恒星上的量测坐标 $x'$、$y'$应相等，即

$$\begin{cases} x' = x = -f\dfrac{a_1\overline{X}+b_1\overline{Y}+c_1\overline{Z}}{a_3\overline{X}+b_3\overline{Y}+c_3\overline{Z}} \\ y' = y = -f\dfrac{a_2\overline{X}+b_2\overline{Y}+c_2\overline{Z}}{a_3\overline{X}+b_3\overline{Y}+c_3\overline{Z}} \end{cases} \tag{5.25}$$

式中：$a_i$、$b_i$、$c_i(i=1,2,3)$为 $\alpha_0$、$\delta_0$、$\kappa_0$ 形成的方向余弦。把式（5.25）线性化得

$$\begin{cases} F_x = x'+f\dfrac{L}{N}-x \\ F_y = y'+f\dfrac{M}{N}-y \end{cases} \tag{5.26}$$

相应的误差方程为

$$\begin{cases} v_x = a_{11}\mathrm{d}\alpha_0 + a_{12}\mathrm{d}\delta_0 + a_{13}\mathrm{d}\kappa_0 + l_x \\ v_y = a_{21}\mathrm{d}\alpha_0 + a_{22}\mathrm{d}\delta_0 + a_{23}\mathrm{d}\kappa_0 + l_y \end{cases} \tag{5.27}$$

式中

$$a_{11} = -\frac{x}{f}(c_2x-c_1y)-c_3y-c_2f$$

$$a_{12} = \frac{1}{\cos\delta_0}\left(\frac{x}{f}(c_1x+c_2y)+c_1f\right.$$

$$a_{13} = -y$$

$$a_{21} = \frac{y}{f}(c_2x-c_1y)+c_3x+c_1f$$

$$a_{22} = \frac{1}{\cos\delta_0}\left(\frac{y}{f}(c_1x+c_2y)+c_2f\right)$$

$$a_{23} = x$$

$$l_x = x'-x$$

$$l_y = y' - y$$

通过最小二乘平差计算，便可得到恒星像片在天球坐标系中的姿态角。

### 5.2.2 基于星敏感器定姿

星敏感器为空间飞行器的姿态测量设备，与星相机的定姿工作原理基本相似。图像传感器拍摄当前视场范围内的星空图像，图像经信号处理后，提取星体在观测视场中的位置信息，并由星图识别算法在导航星表库中找到观测星的对应匹配，用匹配星计算出星敏感器的三轴姿态，通常以四元数表示，然后计算出姿态转换矩阵，如下式所示：

$$\boldsymbol{T} = \begin{bmatrix} 2(q_0^2+q_1^2)-1 & 2(q_1q_2+q_0q_3) & 2(q_1q_3-q_0q_2) \\ 2(q_1q_2-q_0q_3) & 2(q_0^2+q_2^2)-1 & 2(q_2q_3+q_0q_1) \\ 2(q_1q_3+q_0q_2) & 2(q_2q_3-q_0q_1) & 2(q_0^2+q_3^2)-1 \end{bmatrix} \tag{5.28}$$

式中：$\boldsymbol{T}$ 为星敏感器测量坐标系到惯性坐标系的姿态转换矩阵；$q_i$ 为姿态四元数。

### 5.2.3 双星相机（或双星敏）联合定姿

星敏感器（或星相机）由于其本身的结构和测量方式的原因，导致测量后三轴精度不一致，其中两轴精度较高（通常指绕 $X$、$Y$ 轴），而另一轴精度较低（通常指绕 $Z$ 轴），一般低 10 个数量级。因此，为了获得三轴高精度的姿态测量信息，通常在卫星上配置 2~3 个星敏感器用于姿态测量，采用多星敏联合定姿算法，提高姿态测量精度和可靠性。

当选用双星敏感器测量精度最高的两个主光轴矢量作为定姿矢量时，则可采用双矢量定姿算法。假设双星敏感器两个主光轴矢量在 J2000 惯性参考系中的单位矢量分别为 $\boldsymbol{W}_1$、$\boldsymbol{W}_2$，该主光轴在卫星平台坐标系中的对应单位矢量分别为 $\boldsymbol{V}_1$、$\boldsymbol{V}_2$，这两组矢量均满足不共线条件，即

$$\begin{cases} \boldsymbol{W}_1 \times \boldsymbol{W}_2 \neq 0 \\ \boldsymbol{V}_1 \times \boldsymbol{V}_2 \neq 0 \end{cases} \tag{5.29}$$

利用两个不共面矢量 $\boldsymbol{W}_1$、$\boldsymbol{W}_2$，可建立一个新的坐标系 $F$，该坐标系 3 个坐标轴单位矢量分别定义为

$$\begin{cases} \boldsymbol{X}_n = \boldsymbol{W}_1 \\ \boldsymbol{Y}_n = \boldsymbol{W}_1 \times \boldsymbol{W}_2 \\ \boldsymbol{Z}_n = \boldsymbol{W}_1 \times (\boldsymbol{W}_1 \times \boldsymbol{W}_2) \end{cases} \tag{5.30}$$

若主光轴在3个坐标轴向单位矢量在J2000惯性坐标系中分别为$\boldsymbol{e}_x^I$、$\boldsymbol{e}_y^I$、$\boldsymbol{e}_z^I$，则主光轴矢量在惯性系中的单位矢量$\boldsymbol{W}_1$、$\boldsymbol{W}_2$可分别表示为

$$\boldsymbol{W}_1 = (w_{1x} \quad w_{1y} \quad w_{1z}) \begin{pmatrix} e_x^I \\ e_y^I \\ e_z^I \end{pmatrix} = \boldsymbol{W}_1^{\mathrm{T}} \cdot \boldsymbol{E}^I \tag{5.31}$$

$$\boldsymbol{W}_2 = (w_{2x} \quad w_{2y} \quad w_{2z}) \begin{pmatrix} e_x^I \\ e_y^I \\ e_z^I \end{pmatrix} = \boldsymbol{W}_2^{\mathrm{T}} \cdot \boldsymbol{E}^I \tag{5.32}$$

式中：$w_{1x}$、$w_{1y}$、$w_{1z}$、$w_{2x}$、$w_{2y}$、$w_{2z}$分别为$\boldsymbol{W}_1$、$\boldsymbol{W}_2$矢量在惯性系中的3个坐标分量；$\boldsymbol{E}^I$为由惯性系3个坐标轴单位矢量构成的单位矩阵。因此，坐标系$F$的3个坐标轴矢量在惯性坐标系中可表示为

$$\begin{pmatrix} \boldsymbol{X}_n \\ \boldsymbol{Y}_n \\ \boldsymbol{Z}_n \end{pmatrix} = \begin{pmatrix} \boldsymbol{W}_1^{\mathrm{T}} \cdot \boldsymbol{E}^I \\ (\boldsymbol{W}_1^{\mathrm{T}} \cdot \boldsymbol{E}^I) \times (\boldsymbol{W}_2^{\mathrm{T}} \cdot \boldsymbol{E}^I) \\ (\boldsymbol{W}_1^{\mathrm{T}} \cdot \boldsymbol{E}^I) \times [(\boldsymbol{W}_1^{\mathrm{T}} \cdot \boldsymbol{E}^I) \times (\boldsymbol{W}_2^{\mathrm{T}} \cdot \boldsymbol{E}^I)] \end{pmatrix} = \begin{pmatrix} \boldsymbol{W}_1^{\mathrm{T}} \\ \boldsymbol{W}_1^{\mathrm{T}} \times \boldsymbol{W}_2^{\mathrm{T}} \\ \boldsymbol{W}_1^{\mathrm{T}} \times (\boldsymbol{W}_1^{\mathrm{T}} \times \boldsymbol{W}_2^{\mathrm{T}}) \end{pmatrix} \cdot \boldsymbol{E}^I = \boldsymbol{A}_{FI} \cdot \boldsymbol{E}^I \tag{5.33}$$

式中：$\boldsymbol{A}_{FI}$为坐标系$F$相对惯性系的方向余弦构成的旋转矩阵。

同样，若假设星敏感器坐标系3个坐标轴单位矢量在J2000惯性坐标系分别为$e_x^S$、$e_y^S$、$e_z^S$，矢量$\boldsymbol{V}_1$、$\boldsymbol{V}_2$在这3个坐标轴上的分量分别为$v_{1x}$、$v_{1y}$、$v_{1z}$、$v_{2x}$、$v_{2y}$、$v_{2z}$，即

$$\boldsymbol{V}_1 = (v_{1x} \quad v_{1y} \quad v_{1z}) \begin{pmatrix} e_x^S \\ e_y^S \\ e_z^S \end{pmatrix} = \boldsymbol{V}_1^{\mathrm{T}} \cdot \boldsymbol{E}^S \tag{5.34}$$

$$\boldsymbol{V}_2 = (v_{2x} \quad v_{2y} \quad v_{2z}) \begin{pmatrix} e_x^S \\ e_y^S \\ e_z^S \end{pmatrix} = \boldsymbol{V}_2^{\mathrm{T}} \cdot \boldsymbol{E}^S \tag{5.35}$$

则坐标系$F$的3个坐标矢量在星敏感器坐标系中可表示为

$$\begin{pmatrix} \boldsymbol{X}_n \\ \boldsymbol{Y}_n \\ \boldsymbol{Z}_n \end{pmatrix} = \begin{pmatrix} \boldsymbol{V}_1^{\mathrm{T}} \\ \boldsymbol{V}_1^{\mathrm{T}} \times \boldsymbol{V}_2^{\mathrm{T}} \\ \boldsymbol{V}_1^{\mathrm{T}} \times (\boldsymbol{V}_1^{\mathrm{T}} \times \boldsymbol{V}_2^{\mathrm{T}}) \end{pmatrix} \cdot \boldsymbol{E}^S = \boldsymbol{A}_{FS} \cdot \boldsymbol{E}^S \tag{5.36}$$

式中：$\boldsymbol{A}_{FS}$为坐标系 $F$ 相对星敏感器坐标系的旋转矩阵。因此，有

$$\begin{pmatrix} \boldsymbol{X}_n \\ \boldsymbol{Y}_n \\ \boldsymbol{Z}_n \end{pmatrix} = \boldsymbol{A}_{FI} \cdot \boldsymbol{E}^I = \boldsymbol{A}_{FS} \cdot \boldsymbol{E}^S \tag{5.37}$$

进而得到星敏感器坐标系相对惯性坐标系的方向余弦矩阵为

$$\boldsymbol{A}_{SI} = \boldsymbol{A}_{FS}^{-1} \cdot \boldsymbol{A}_{FI} = \boldsymbol{A}_{FS}^{\mathrm{T}} \cdot \boldsymbol{A}_{FI} \tag{5.38}$$

利用方向余弦矩阵及其函数关系，便可计算出相应的欧拉角，从而实现双星敏感器联合定姿。

### 5.2.4 姿态数据与陀螺数据组合定姿

为了提高姿态测量精度，通常采用星敏感器和陀螺组成的联合姿态测量系统，可以弥补星敏感器测量数据周期长、陀螺存在漂移的缺点，发挥星敏感器精度高、陀螺数据采样频率高的优点，可以得到高频率、高精度的姿态数据[13]。

设 $\omega_x$、$\omega_y$、$\omega_z$ 为卫星在 $t$ 时刻旋转角速度的 3 个分量，$|\boldsymbol{\omega}|$为角速度的模，$\Delta\theta$ 为在时间间隔 $\Delta t$ 内的旋转角，根据四元数的定义，可得

$$\boldsymbol{q}(t+\Delta t) = \left[\frac{\cos(\Delta\theta)}{2}\boldsymbol{I}_{4\times4} + \frac{\sin(\Delta\theta)}{2}\frac{\boldsymbol{\Omega}(\boldsymbol{\omega})}{|\boldsymbol{\omega}|}\right]\boldsymbol{q}(t) \tag{5.39}$$

式中

$$\boldsymbol{\Omega}(\boldsymbol{\omega}) = \begin{bmatrix} 0 & \omega_z & -\omega_y & \omega_x \\ -\omega_z & 0 & \omega_x & \omega_y \\ \omega_y & -\omega_x & 0 & \omega_z \\ -\omega_x & -\omega_y & -\omega_z & 0 \end{bmatrix} \tag{5.40}$$

若假定 $\Delta t$ 足够小，则有

$$\Delta\theta = |\boldsymbol{\omega}|\Delta t \tag{5.41}$$

$$\begin{cases} \cos\dfrac{\Delta\theta}{2} \approx 1 \\ \sin\dfrac{\Delta\theta}{2} \approx \dfrac{1}{2}|\boldsymbol{\omega}|\Delta t \end{cases} \tag{5.42}$$

根据上述公式，可得到卫星姿态四元数的运动学方程：

$$\frac{\mathrm{d}\boldsymbol{q}(t)}{\mathrm{d}t} = \frac{1}{2}\boldsymbol{\Omega}(\boldsymbol{\omega}(t))\boldsymbol{q}(t) = \frac{1}{2}\boldsymbol{\Psi}(\boldsymbol{q}(t))\overline{\boldsymbol{\omega}}(t) \tag{5.43}$$

$$\boldsymbol{\Psi}(\boldsymbol{q})=\begin{bmatrix} q_4 & -q_3 & q_2 \\ q_3 & q_4 & -q_1 \\ -q_2 & q_1 & q_4 \\ q_1 & q_2 & q_3 \end{bmatrix},\quad \overline{\boldsymbol{\omega}}=\begin{bmatrix} \omega_x \\ \omega_y \\ \omega_z \end{bmatrix} \tag{5.44}$$

式（5.44）是星敏感器与陀螺组合定姿的基本运动方程，由此可得

$$\begin{cases} \omega_x=2(q_4\dot{q}_1+q_3\dot{q}_2-q_2\dot{q}_3-q_1\dot{q}_4) \\ \omega_y=2(q_4\dot{q}_2+q_1\dot{q}_3-q_3\dot{q}_1-q_2\dot{q}_4) \\ \omega_z=2(q_2\dot{q}_1+q_4\dot{q}_3-q_3\dot{q}_4-q_1\dot{q}_2) \end{cases} \tag{5.45}$$

$$\begin{cases} \omega_x=\dot{\psi}\sin\phi\sin\vartheta+\dot{\vartheta}\cos\phi \\ \omega_y=\dot{\psi}\cos\phi\sin\vartheta-\dot{\vartheta}\sin\phi \\ \omega_z=\dot{\psi}\cos\vartheta+\dot{\phi} \end{cases} \tag{5.46}$$

式中：$\psi$、$\vartheta$、$\phi$ 分别为 3 个欧拉角。

### 5.2.5　精密定姿精度评估

与定轨相同，卫星在轨飞行过程中其姿态数据的真值是无法获取的，星敏感器设备获取的姿态测量数据中存在随机误差和慢变误差（系统误差），随机误差大小是衡量星敏定姿精度的一项重要指标。在利用双星敏感器或三星敏感器进行联合定姿时，星敏感器之间夹角变化在一定程度上也反映姿态测量精度。因此，主要有以下几种方法进行定姿数据的精度评定[14]。

#### 5.2.5.1　真实姿态拟合法

这种方法的精髓在于通过拟合方法提供一个所谓的“真实”姿态，再将在轨星敏感器原始测量数据各样本点与拟合得到的对应时刻“真实”姿态求差，得到星敏感器的测量误差。该方法的主要内容和步骤如下。

（1）根据四元数观测量，利用多项式拟合构建一个真实姿态四元数参考序列。

（2）在每个时刻 $t_k(k=1,2,\cdots,N)$，利用 $\delta q_k=q_{m,k}\otimes q_{r,k}^*$ 求解偏差四元数 $\delta q_k$，再从偏差四元数 $\delta q_k$ 转换得到绕星敏感器 $X$ 轴、$Y$ 轴、$Z$ 轴的欧拉角参数形式的偏差量 $\delta\phi_{x,k}$、$\delta\phi_{y,k}$、$\delta\phi_{z,k}$。

（3）按照某种噪声模型（通常高斯型），给出反映星敏感器全部测量误

差（包括系统误差和随机误差的精度指标）的统计结果。

（4）进行高通滤波或平滑处理，得到低空间频率误差序列，按照某种噪声模型（通常高斯型）给出相应的反映低空间频率误差的统计指标。

（5）将低空间频率误差从总误差中消除，得到星敏感器其余误差。

#### 5.2.5.2 光轴夹角比较法

光轴夹角比较法是用多个星敏感器输出的原始姿态四元数样本集，计算各时刻每个星敏感器两两光轴（即星敏坐标系 $Z$ 轴）之间的夹角，再与地面标定结果求差，生成两两光轴夹角测量误差样本集。最后对该光轴夹角测量误差样本集统计求中误差，即可得到两个星敏感器测量其光轴夹角的总测量误差[15-16]。

星敏感器在轨工作时，通过拍摄恒星影像可获得其在惯性坐标系中姿态。以安装 3 个星敏感器为例，即得到 3 个恒星敏感器各自主光轴 $Z$ 轴的矢量，进一步能计算出其矢量夹角。以 $\theta_{1-2}^{S}$、$\theta_{1-3}^{S}$ 和 $\theta_{2-3}^{S}$ 表示利用星敏感器在轨测量数据计算出的星敏感器 1 与星敏感器 2 夹角、星敏感器 1 与星敏感器 3 夹角、星敏感器 2 与星敏感器 3 夹角。这 3 个夹角理论上应该与实验室标定出的 $\theta_{1-2}^{0}$、$\theta_{1-3}^{0}$ 和 $\theta_{2-3}^{0}$ 相等，但由于地面旋转矩阵标定误差、安装基座形变、恒星敏感器测量误差等原因，会引起上述 3 个角度与地面标定值有偏差。其中系统性误差主要包括星敏感器的安装标定误差、测量系统误差及星敏感器基座在轨受热不均匀引起的主光轴变化，卫星入轨后这些系统性误差无法分离；偶然性误差主要是由星敏感器观测噪声引起的误差，故可通过计算 $\theta_{1-2}^{S}-\theta_{1-2}^{0}$、$\theta_{1-3}^{S}-\theta_{1-3}^{0}$ 和 $\theta_{2-3}^{S}-\theta_{2-3}^{0}$ 求得的夹角互差来评估恒星敏感器测量误差。

## 5.3 星载激光测距仪

### 5.3.1 概述

#### 5.3.1.1 激光测距原理及体制

星载激光测距系统是激光器向地面以一定频率发射激光脉冲，激光光束穿越大气后经目标散射产生的后向散射回波被激光测距仪上的望远镜接收，经过光电信号转换、时间测量计算得到激光器到探测目标之间的距离值，如下式所示：

$$D=\frac{1}{2}ct \tag{5.47}$$

式中：$D$ 为目标到激光器的距离；$t$ 为光波从发射到目标后向散射接收所经历的时间；$c$ 为光波速度。

激光具有测量频率高、测量精度高的特点，成为目前许多卫星搭载的有效载荷之一，在对地、深空探测中得到广泛应用，如美国的 Apollo-15/16/17 月球探测卫星及 MGS（Mar Global Surveyor）火星探测卫星，日本的 SELENE 月球探测卫星，印度的 Chandrayaan 月球探测卫星，以及我国的 CE 月球探测卫星等，主要用作深空星球表面地形测量和着陆点选择。对地观测激光测距系统主要有美国的 ICESat 系列卫星、我国的高分七号（GF-7）、高分十四号（GF-14）[17]等卫星。

目前，直接探测飞行时间的激光测距体制主要包括线性探测与光子探测两类。线性探测体制（图 5.3）又称脉冲探测，要求激光回波是连续的光信号，通过光电探测器形成高信噪比的电信号，然后进行高速采样完成信号的探测。线性测量体制为了从噪声中提取出高精度的回波信号，往往要求信号具有很高的信噪比，这就要求激光器的单脉冲能量足够高，因此，星载激光探测的频率只能达到数十赫，波束也最多为几个波束。如果要提升测量效率，可行的方法是在沿轨方向近连续测量，在垂轨方向尽可能提高波束数量。

光子探测是将线性模式下对数千光子的回波幅值探测转化为对单个光子的“记录”，利用多个脉冲的统计光学理论和信号相关处理实现有效测距，最大限度地利用激光回波中的每一个光子。与线性探测相比，光子探测可实现光子计数的高灵敏度、对极弱目标回波信号的高增益探测，降低了对功耗和口径的要求。同时，对单脉冲能量要求较低，可以进行高重频、多波束设计，实现对目标的探测。但光子探测对背景光干扰非常敏感，对探测器性能、噪声控制的要求较高。

#### 5.3.1.2　激光测距误差来源及分析

激光测距仪的性能和精度受诸多因素的影响，主要因素包括硬件误差、大气折射、固体潮汐以及地形因素等[18-19]。

1）硬件误差

激光测距仪的系统硬件误差主要包含仪器自身测量误差、载荷的安置误

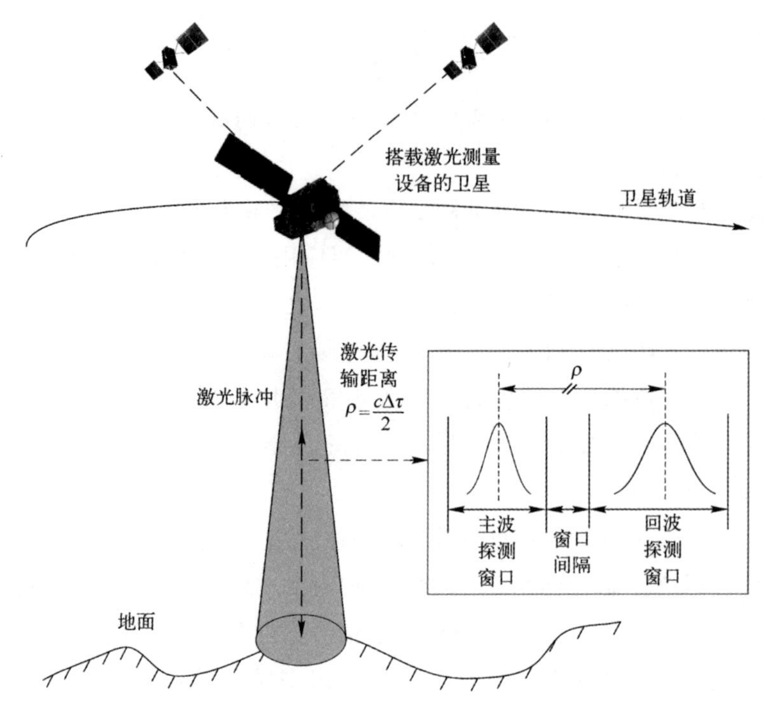


图 5.3　卫星激光测量基本原理图（线性探测体制）（见彩图）

差以及由于卫星发射震动及在轨温度变化引起的位置和指向的变化。仪器自身测量误差属于随机误差，取决于仪器的精确度，在实际处理中无法消除。载荷的安置误差以及受震动、温度变化引起的位置和指向变化，属于系统误差，可以通过激光测距系统在轨标定予以补偿改正。

2）大气折射

星载激光发射的激光脉冲经过大气层传输，由于受到引力的影响，大气密度在垂直方向的分布不均匀，导致大气的折射率在垂直方向上不是常数，是随着高度而变化。大气折射率在垂直方向上的变化，会引起激光传输路径光程差的变化以及地面光斑位置的偏移。

为了对大气折射造成的误差进行补偿，首先建立大气分层模型，假设每一层内的温度、相对湿度、压强以及折射率都相同。利用美国国家环境预测中心（National Center for Environment Prediction，NECP）数据中相关的大气模型计算高程点区域的大气参数，得到该点相应的等压面上的数据（温度、湿度、降水等），然后再利用对应的时间进行时间的线性内插，得到对应该激光点的相应等压面上的各种数据值，进而计算出每层大气的折射率。根据每层大气折射率，采用光线追迹的方法估算光束在每层大气中传输的路径，从而计算出激光传输的光程差和光斑的偏移量。

3）固体潮汐

地球的岩石圈、大气圈和水圈等受到太阳和月球的万有引力作用出现的周期性涨落和变化成为潮汐，潮汐可分为固体潮、海潮、大气潮等，其中固体潮对地面激光测距性能影响最大。

对于固体潮汐的校正，首先根据激光点的时间，获得地球自转参数，将坐标系转到地心地固框架下，然后计算对应时刻的太阳与月亮位置，并根据固体潮汐校正模型，计算坐标矢量的改正值，将其标校至激光高程点坐标中，获得最终的高程产品。

## 5.3.2　激光数据处理

### 5.3.2.1　线性探测体制激光数据处理

1）激光光斑回波模型分析

针对传统线性探测体制激光雷达而言，波形数据处理是计算激光传播距离 $\rho$ 的前提。由于光斑内的地面高度起伏和反射率的不同，所产生的激光回波在强度上会有所不同，并产生展宽、变形、断裂等波形改变。通过分析激光回波的波形特征，就有可能获得地面的细微特征。如图 5.4 所示，全波形采样时以极小的采样间隔记录回波信息，从而得到一个波形形式的回波信号。在激光束与目标的相互作用中，波形会发生变化，如遇到较高地物的波形变窄，波形的强度减弱以及发生位移等。由于不同高度的目标之间往往距离很近（如植被、建筑物等），回波信号中通常包含了多个目标的回波信息。要确定每个地物信息，就要将每个目标回波从波形中分离提取出来。

若激光光斑的面积为 $S$，光斑内的任一点 $A$ 对应的 $\varphi$ 角是一个对应于三维坐标 $x$、$y$、$z$ 的函数 $\varphi(x,y,z)$，对于 $t$ 时刻，光斑内各点由于和激光器的距离不同，到达的激光脉冲的 $t'$ 时间也不同，是一个对应于 $x$、$y$、$z$、$t$ 的函数 $t'(x,y,z,t)$。每一点对应的激光双程衰减系数和表面反射率综合成一个相应的系数 $r(x,y,z)$。因此，$t$ 时刻激光回波脉冲的功率如下式所示：

$$P_r(t)=\iint_S P[t'(x,y,z,t),\varphi(x,y,z)]\cdot r(x,y,z)\,\mathrm{d}S \tag{5.48}$$

地面目标的激光回波与目标的表面特征存在着一定的对应关系，不同的目标特征，会带来不同的回波特征。其主要特征包括回波的波形形状、宽度、峰值、功率强度等。激光光斑的回波模型可以依据地物的反射特性建立，一

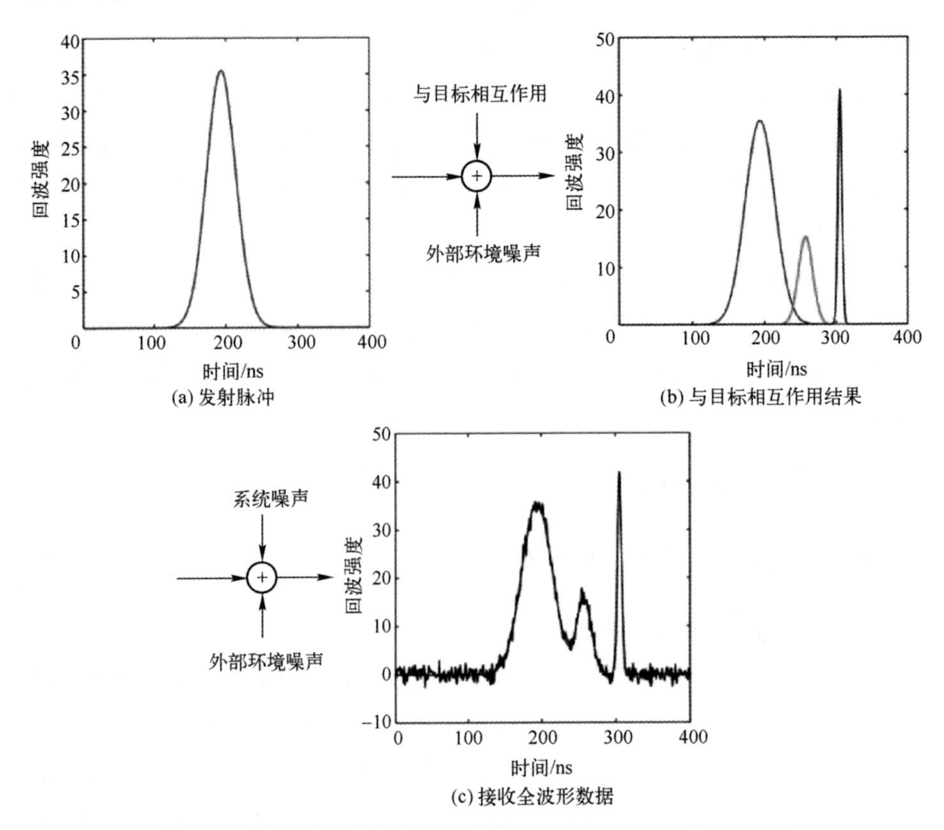


图 5.4　激光脉冲与多个目标相互作用后的波形结果（见彩图）

般可将反射地物模型分为斜坡地形、阶梯地形、粗糙地形三类。

当地形为斜坡时，地面点的高度连续变化，其各点回波时延大小也是连续变化，回波强度呈高斯分布。根据高斯分布的特点，这些回波的叠加的合成波形也呈高斯型。由于地面倾斜，激光光斑内的高度差变大，导致各点的回波时延差变大，回波脉冲变宽，峰值功率下降。由地面倾斜引起的回波展宽，可建立斜坡地形模型：

$$h(x,y)=\tan(\theta+S_{//})\cdot x+\frac{\tan S_{\perp}\cos S_{//}}{\cos(\theta+S_{//})}\cdot y \tag{5.49}$$

式中：$\theta$ 为激光束轴线与天底的夹角；$S_{//}$ 为平行于飞行轨道方向的目标倾斜角；$S_{\perp}$ 为垂直于飞行轨道方向的目标倾斜角。

当激光光斑内的地形存在阶梯形的变化时，激光回波的特征，一方面，由于地面高度的剧烈起伏，引起各点回波时延差增大，出现合成回波脉冲展宽；另一方面，由于地形引起各点回波时延的不同，在回波时延差较大的情况下，其合成波形将不再呈高斯型，形成多个子波，这时，回波中的各相对峰值就对应于不同高度的地面。此时，可通过回波中各个峰值的回波时延计算出对应区域的高度。阶梯地形模型主要包括以下两种模型：

$$h(x,y)=\begin{cases}x\tan\theta+h\sec\theta\\ x\tan\theta\end{cases} \tag{5.50}$$

或

$$h(x,y)=\begin{cases}x\tan\theta\\ (a-x\cos\theta)/\sin\theta\\ x\tan\theta+h\sec\theta\end{cases} \tag{5.51}$$

式中：$a$ 为光斑中心点与阶梯分界点之间的距离；$h$ 为阶梯的高度。

对于粗糙地形表面，如草地、粗糙的岩石地面，由于其地形高度变化不大，回波波形的形状变化也不大，主要是引起脉冲展宽效应。如植被地形模型可表示为

$$h(x,y)=\begin{cases}h, & (x-a)^2+(y-b)^2\leqslant r^2\\ 0, & \text{其他}\end{cases} \tag{5.52}$$

式中：$(a,b)$ 为树木圆心坐标；$r$ 为树木区域半径。

2）激光测距回波数据滤波

为减少大气、地面背景以及其他因素对激光回波数据的噪声影响，需要对激光测距回波数据进行滤波处理，为后期数据应用奠定基础。目前常用的滤波方法有活动窗口法、基于地形坡度法以及最小二乘内插法等。

活动窗口法是利用一个大尺度的移动窗口，找最低点计算出一个初步的地形模型，然后过滤掉所有高差超过给定阈值的点，计算一个更精确的地形值。地物水平方向的空间尺度是关系到过滤窗口大小的重要参数，因此，最佳窗口大小值并不固定。对于不同结构的目标，使用不同尺寸的窗口。过滤参数的设置取决于测区的实际地形状况，对于平坦地区、丘陵地区和山区，应设置不同的过滤参数值。激光测距过程中，非地形坡度引起的两相邻点与高程差异有关的坡度值，认为其中较高的点是非地面点，那么，显然，在高差一定的情况下，随着两点间距离的减小，其中的较高点是地面点的可能性也减小。

基于地形坡度法的基本思路是：根据一个可接受的两点间的高程差，构造两点间的距离函数进行滤波处理。迭代线性最小二乘内插法是：首先用所有点的高程观测值等权拟合一个表面模型，因此，拟合后真实地面点的残差

是负值的概率大，而植被点的残差有一部分是绝对值较小的负值，另一部分的残差是正的，然后，用这些计算出来的残差给每个高程观测值定权。负得越多的残差对应的点应赋予更大的权，使它对真实地形表面计算的作用更大，而居于中间残差的点赋予小权，使它对真实地面计算的作用更小，其余残差对应的点，可以作为粗差进行剔除。该方法能很好地获得地形趋势面，既可以直接利用原始数据进行，也可以对数据进行预先分类，能自动处理，通过调权还可以剔除残差负的特别大的粗差观测值，获取的数字地面模型的质量很高。

#### 5.3.2.2 单光子激光数据处理

现有的激光雷达系统多数采用线性探测加全波形采样，能获取探测路径上完整的脉冲信息，有利于多次目标分析与探测，但功耗大、体积质量大，难以轻型化。近年来，光子计数激光雷达（Photon Counting Lidar，也称单光子激光雷达）系统发展迅速，单光子激光雷达无须记录波形获得点云，而是探测到一个光子，就记录一次时间，生成一个位置，最终获得数量庞大的光子点云。单光子特点是发射的激光脉冲能量小，探测器灵敏度高，达到单个光子级，可采用阵列推扫或多波束方式，并以较高重频实现高效测量[20-21]。

光子计数激光雷达探测灵敏度极高，也导致噪声很多，数据信噪比差，因此，点云数据的去噪尤为重要。目前，已有的光子计数激光雷达设备多数只沿飞行方向记录数据，因此，可以在二维剖面进行处理，通常采用直方图和空间密度两种去噪算法：直方图法认为在垂直方向点出现次数最多的位置更可能是信号，而空间密度法认为信号点在空间分布上更密集（图 5.5），密度直方图会呈现“噪声在左、信号在右”“噪声高窄、信号低矮”的分布特点[22]。

### 5.3.3 激光测距系统对地定位

利用激光测距仪、星敏感器以及 GNSS 等测量数据，可实现激光足印点的三维定位。为了实现激光对地定位，需建立激光指向坐标系，即沿卫星飞行方向为 $X$ 轴，$Z$ 轴沿天底方向，$Y$ 轴与 $XOZ$ 面垂直，构成右手坐标系。激光束在激光坐标系的方向常用角度 $\alpha$、$\theta$ 表示，$\alpha$ 表示激光束在 $XOY$ 平面上的投影与 $X$ 轴的正向夹角，$\theta$ 为激光束与 $Z$ 轴的正向夹角，如图 5.6 所示。由几何关系可知，激光波束在激光坐标系的坐标为$(\rho\sin\theta\cos\alpha, \rho\sin\theta\sin\alpha, \rho\cos\theta)^{\mathrm{T}}$。

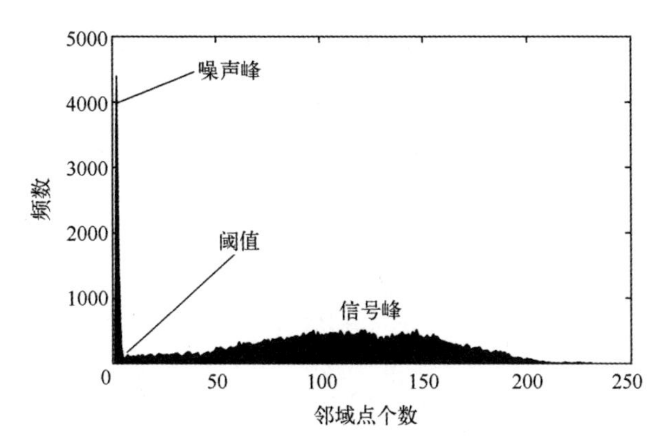


图 5.5　典型的双峰分布式单光子激光雷达点云密度直方图（见彩图）

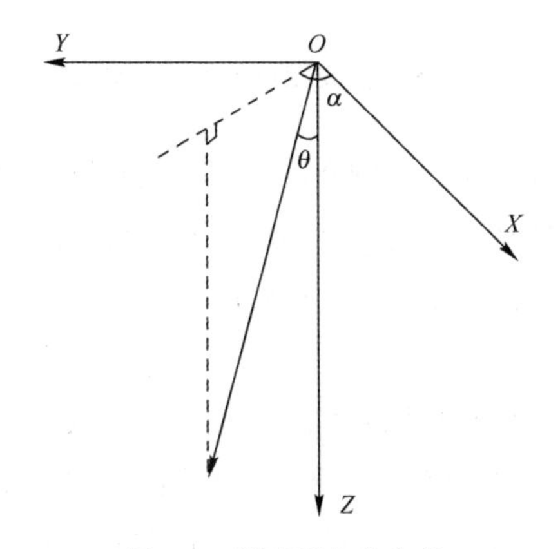


图 5.6　激光指向角定义

当激光测距仪从已知点 $S$ 处沿 $V_{\text{Laser}}$ 方向对地面发射激光脉冲，激光器到目标之间的距离为 $\rho$，则可确定目标点 $P$ 的三维空间位置，其基本原理如图 5.7 所示，对地三维定位几何模型如下式所示：

$$\begin{pmatrix} X \\ Y \\ Z \end{pmatrix}_{\text{CGCS2000}} = \begin{pmatrix} X_{\text{GNSS}} \\ Y_{\text{GNSS}} \\ Z_{\text{GNSS}} \end{pmatrix}_{\text{CGCS2000}} + \boldsymbol{R}_{\text{J2000}}^{\text{CGCS2000}} \boldsymbol{R}_{\text{Star}}^{\text{J2000}} \boldsymbol{R}_{\text{Body}}^{\text{Star}} \boldsymbol{R}_{\text{Laser}}^{\text{Body}} \left[ \begin{pmatrix} L_x \\ L_y \\ L_z \end{pmatrix} + \begin{pmatrix} \rho\sin\theta\cos\alpha \\ \rho\sin\theta\sin\alpha \\ \rho\cos\theta \end{pmatrix} - \begin{pmatrix} D_x \\ D_y \\ D_z \end{pmatrix} \right] \tag{5.53}$$

式中：$(X,Y,Z)^{\text{T}}_{\text{CGCS2000}}$ 表示激光足印点在地心地固坐标系 CGCS2000 下的三维空间坐标；$(X_{\text{GNSS}},Y_{\text{GNSSS}},Z_{\text{GNSS}})^{\text{T}}_{\text{CGCS2000}}$ 为 GNSS 天线相位中心位置；$\boldsymbol{R}_{\text{Laser}}^{\text{Body}}$ 为激光器坐标系到卫星本体系转换矩阵；$\boldsymbol{R}_{\text{Body}}^{\text{Star}}$ 为星敏感器相对于卫星本体的安装矩阵；$\boldsymbol{R}_{\text{Star}}^{\text{J2000}}$ 为星敏感器测量数据在本体坐标系到 J2000 坐标系下的旋转矩阵；

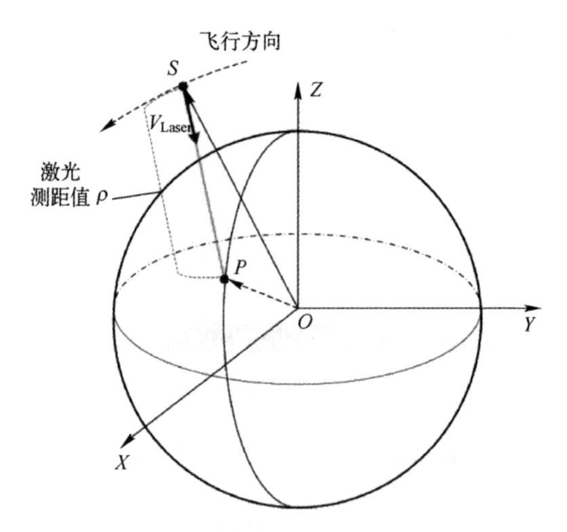


图 5.7　激光矢量定位示意图（见彩图）

$\boldsymbol{R}_{\mathrm{J2000}}^{\mathrm{CGCS2000}}$为 J2000 坐标系到 CGCS2000 的坐标变换矩阵；$(L_x, L_y, L_z)^{\mathrm{T}}$ 为激光参考点在本体坐标系中的坐标；$(D_x, D_y, D_z)^{\mathrm{T}}$ 为 GNSS 相位中心在卫星本体坐标系下的坐标；$\rho$ 为激光距离值，可表示如下：

$$\rho=\rho_{\mathrm{wave}}+\rho_{\mathrm{atm}}+\rho_{\mathrm{tide}}+\mathrm{d}\rho \tag{5.54}$$

式中：$\rho_{\mathrm{wave}}$为激光波形数据计算得到的距离；$\rho_{\mathrm{atm}}$为大气折射延迟量；$\rho_{\mathrm{tide}}$为潮汐改正值；$\mathrm{d}\rho$ 为测距系统误差。$\rho_{\mathrm{atm}}$和 $\rho_{\mathrm{tide}}$是随机误差，需在激光数据预处理中建模进行补偿处理，$\mathrm{d}\rho$ 为系统误差，可以通过激光测距仪在轨标定计算出。

## 5.3.4　激光测距数据用于高程误差改正

在卫星摄影测量中，卫星平台在轨飞行中姿态变化比较平稳，此时，利用星敏感器解算出的外方位角元素通过平滑滤波等算法处理后，其随机误差被大大削弱，但尚存有随时间变化的系统误差。该系统误差在一定时间内可看作固定的系统值，从而会使卫星影像前方交会后高程中含有由星敏感器系统误差带来的交会误差为 $\mathrm{d}h_{交会}$，利用激光测距数据可以求 $\mathrm{d}h_{交会}$的最或然值，实现对在一定时间段内高程误差的改正，其原理如图 5.8 所示。

若任意激光点的前方交会高程误差为

$$\mathrm{d}h_k=\mathrm{d}h_{k匹配}+\mathrm{d}h_{k交会},\quad k=1,2,\cdots,m \tag{5.55}$$

式中：$\mathrm{d}h_{k交会}$值可视为系统误差，在一定范围内通常按常值对待。当该点激光测距的高程误差为 $\mathrm{d}h_{k激光}$，可利用该点的激光测距改正交会误差，此时，任意点的高程误差为

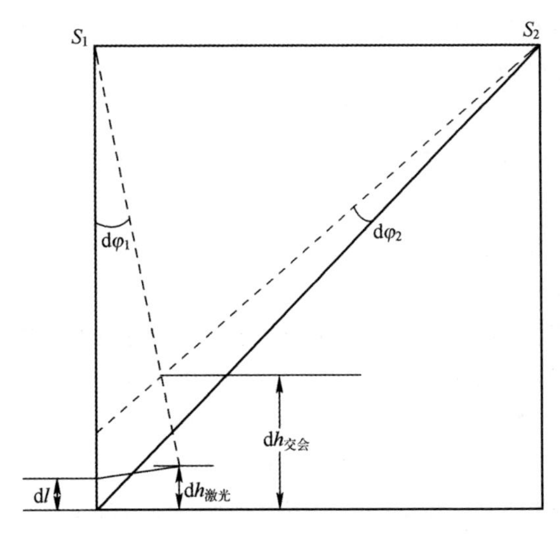


图 5.8　激光测距对高程误差的改正

$$dh_k = dh_{k匹配} + dh_{k激光} \tag{5.56}$$

## 参考文献

[1] 杨元喜，李金龙，徐君毅，等．中国北斗卫星导航系统对全球 PNT 用户的贡献［J］．科学通报，2011，56（21）：1734-1740.

[2] 杨元喜，李金龙，王爱兵，等．北斗区域卫星导航系统基本导航定位性能初步评估［J］．中国科学：地球科学，2014，44（1）：72-81.

[3] 王解先．GPS 精密定轨定位［M］．上海：上海同济大学出版社，1997.

[4] 刘林．航天器轨道理论［M］．北京：国防工业出版社，2000.

[5] 章仁为．卫星轨道姿态动力学与控制［M］．北京：北京航空航天大学出版社，1997.

[6] 李济生．人造卫星精密轨道确定［M］．北京：解放军出版社．1995.

[7] 李敏．多模 GNSS 融合精密定轨理论及其应用研究［D］．武汉：武汉大学，2011.

[8] 周巍．北斗卫星导航系统精密定位理论方法研究与实现［D］．郑州：解放军信息工程大学，2013.

[9] 冯来平，毛悦，宋小勇，等．低轨卫星与星间链路增强的北斗卫星联合定轨精度分析［J］．测绘学报，2016，45（S2）：109-115.

[10] 贾辉．高精度星敏感器星点提取与星图识别研究［D］．长沙：国防科学技术大学，2010.

[11] 张广军．星图识别［M］．北京：国防工业出版社，2011.

[12] 江振治. 基于恒星相机的卫星像片姿态测定方法研究 [D]. 西安：长安大学，2009.
[13] 吴志华. 基于星敏感器/陀螺组合定姿系统研究 [D]. 哈尔滨：哈尔滨工业大学，2011.
[14] 梁斌，朱海龙，张涛，等. 星敏感器技术研究现状及发展趋势 [J]. 中国光学，2016，9 (1)：16-29.
[15] 王兴涛，李迎春，李晓燕. “天绘一号”卫星星敏感器精度分析 [J]. 遥感学报，2012，16 (增刊)：90-93.
[16] 王晓东. 大视场高精度星敏感器技术研究 [D]. 长春：中科院长春光机所，2003.
[17] 曹彬才，王建荣，胡燕，等. “高分”十四号激光测量系统在轨几何标定与初步精度验证 [J]. 光学精密工程，2023，31 (11)：1-10.
[18] 李国元. 对地观测卫星激光测高数据处理与工程实践 [D]. 武汉：武汉大学，2017.
[19] 马跃. 星载激光测高系统数据处理和误差分析 [D]. 武汉：武汉大学，2013.
[20] 侯利冰，黄庚华，况耀武，等. 光子计数激光测距技术研究 [J]. 科学技术与工程，2013，13 (18)：5186-5190.
[21] 罗韩君. 单光子成像探测关键技术研究 [D]. 武汉：华中科技大学，2013.
[22] 曹彬才，方勇，江振治，等. ICESat -2 ATL08 去噪算法实现及精度评价 [J]. 测绘通报，2020 (5)：25-30.
[23] CAO B C，FANG Y，JIANG Z Z，et al. Active-passive fusion strategy and accuracy evaluation for shallow water bathymetry based on ICESat-2 ATLAS laser point cloud and satellite remote sensing imagery [J]. International Journal of Remote Sensing，2020，42 (8)：2783-2806.
[24] 王建荣，王任享，等. 利用激光测距数据处理线阵卫星摄影测量影像 [J]. 测绘科学，2013，38 (2)：15-16.

# 第 6 章　光学影像高精度定位

利用卫星影像进行高精度定位时，若已知立体影像、相机内方位以及外方位元素等数据，从原理上即可实现高精度定位，但对外方位元素测定精度提出较高要求。通过摄影测量光束法平差实现无控定位途径，对星敏感器精度、卫星姿态稳定度等方面要求可适当放宽，从而降低卫星工程实现难度。本章重点介绍常用的单航线空中三角测量平差以及区域网平差等内容。

## 6.1　单航线空中三角测量

### 6.1.1　基于定向片法平差

定向片法是德国学者 Hofmann 提出的，其基本思路是在三线阵影像空中三角测量中，仅求解定向片时刻的外方位元素，其他采样周期的外方位元素由定向时刻外方位元素内插得到[1]。也就是说，定向片法是采用一定间距的时刻为待求外方位元素的定向片，定向片之间影像的外方位元素看作是其相邻定向片外方位元素的多项式的插值，如图 6.1 所示[2]。

若地面点 $P$ 对应的像点 $p_N$ 成像于扫描行 $j$，其位于定向片 $K$ 和 $K+1$ 之间，如果采用 3 次 Lagrange 多项式内插，则第 $j$ 扫描行的外方位元素（$X_S^j, Y_S^j, Z_S^j, \omega^j, \varphi^j, \kappa^j$）可利用相邻 4 个定向片 $K-1$、$K$、$K+1$ 和 $K+2$ 的外方位元素内插得到[3]，即

$$P(t_j) = \sum_{i=K-1}^{K+2} \left( P(t_i) \cdot \prod_{\substack{k=K-1 \\ k \neq i}}^{K+2} \frac{t - t_k}{t_i - t_k} \right) \tag{6.1}$$

式中：$P(t)$ 表示 $t$ 时刻的外方位元素分量。

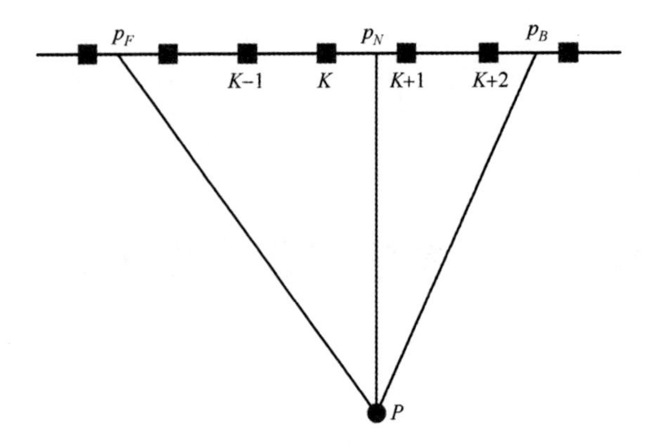


图 6.1　定向片法内插示意图（见彩图）

当用 2 个定向片进行内插时，可表示为[4-5]

$$\boldsymbol{P}_K = W_1 \cdot \boldsymbol{P}_1 + W_2 \cdot \boldsymbol{P}_2 \tag{6.2}$$

其中

$$\begin{cases} \boldsymbol{P}_K = (X_{SK} \quad Y_{SK} \quad Z_{SK} \quad \varphi_K \quad \omega_K \quad \kappa_K)^{\mathrm{T}} \\ \boldsymbol{P}_1 = (X_{S1} \quad Y_{S1} \quad Z_{S1} \quad \varphi_1 \quad \omega_1 \quad \kappa_1)^{\mathrm{T}} \\ \boldsymbol{P}_2 = (X_{S2} \quad Y_{S2} \quad Z_{S2} \quad \varphi_2 \quad \omega_2 \quad \kappa_2)^{\mathrm{T}} \\ W_1 = \dfrac{d_2 - d_1}{d_2 - d_K} \\ W_2 = 1 - W_1 \end{cases} \tag{6.3}$$

式中：$d_1$、$d_2$为定向片 1、2 的取样时刻；$d_K$为摄影影像 $K$ 的取样时刻；$W_1$为影像 $K$ 对定向片 1 的贡献系数；$W_2$为影像 $K$ 对定向片 2 的贡献系数。

计算定向片外方位元素时，是将影像 $K$ 的共线方程（误差方程式）中未知数系数，以贡献系数 $W_1$、$W_2$分解成定向片 1 和定向片 2 的未知数的误差方程系数分量。这样便将与定向片相近时刻摄取的像点误差方程未知数归算到定向片的误差方程未知数中，达到计算定向片外方位元素的目的。但在“基线长度/相邻定向片距离=整数”时，所有定向片辐射的光线均与其相距一个基线的其他定向片辐射光线相交于地面，由此可知，关于某一地面点的前视、正视及后视的 3 张定向片定向未知数的误差方程系数具有相等的贡献系数。这一特性导致在一条空中三角锁内，关于定向片摄影中心的坐标未知数的列矢量能被相应的地面点坐标未知数列矢量线性表示，从而使法方程系数矩阵是奇异的。通过分析研究得出，采用“基线长度/相邻定线片距离=整数+

0.25”[6]所产生的平差系统内部有最佳的几何连接，这样要求航线长度应大于 3 条基线。

定向片法平差通常基于拉格朗日多项式进行外方位元素内插，同时兼顾了轨道和姿态数据内插项[7]，即

$$\begin{cases} X_S^j = c_j X_S^k + (1-c_j) X_S^{k+1} - \delta X_j \\ Y_S^j = c_j Y_S^k + (1-c_j) Y_S^{k+1} - \delta Y_j \\ Z_S^j = c_j Z_S^k + (1-c_j) Z_S^{k+1} - \delta Z_j \\ \varphi^j = c_j \varphi^k + (1-c_j) \varphi^{k+1} - \delta \varphi_j \\ \omega^j = c_j \omega^k + (1-c_j) \omega^{k+1} - \delta \omega_j \\ \kappa^j = c_j \kappa^k + (1-c_j) \kappa^{k+1} - \delta \kappa_j \end{cases} \tag{6.4}$$

式中：$(X_S^j, Y_S^j, Z_S^j, \varphi^j, \omega^j, \kappa^j)$为像点 $j$ 对应的外方位元素；$(X_S^k, Y_S^k, Z_S^k, \varphi^k, \omega^k, \kappa^k)$、$(X_S^{k+1}, Y_S^{k+1}, Z_S^{k+1}, \varphi^{k+1}, \omega^{k+1}, \kappa^{k+1})$分别为 $k$ 和 $k+1$ 定向片对应的外方位元素；$(\delta X_j, \delta Y_j, \delta Z_j, \delta \varphi_j, \delta \omega_j, \delta \kappa_j)$为外方位元素改正项；$c_j = (t_{k+1} - t_j)/(t_{k+1} - t_k)$。将式（6.4）线性化后代入式（2.32）得

$$\begin{cases} v_x = c_j \cdot (a_{11}\Delta X_S^k + a_{12}\Delta Y_S^k + a_{13}\Delta Z_S^k + a_{14}\Delta\varphi^k + a_{15}\Delta\omega^k + a_{16}\Delta\kappa^k) + \\ \qquad (1-c_j) \cdot (a_{11}\Delta X_S^{k+1} + a_{12}\Delta Y_S^{k+1} + a_{13}\Delta Z_S^{k+1} + a_{14}\Delta\varphi^{k+1} + a_{15}\Delta\omega^{k+1} + a_{16}\Delta\kappa^{k+1}) - l_x \\ v_y = c_j \cdot (a_{21}\Delta X_S^k + a_{22}\Delta Y_S^k + a_{23}\Delta Z_S^k + a_{24}\Delta\varphi^k + a_{25}\Delta\omega^k + a_{26}\Delta\kappa^k) + \\ \qquad (1-c_j) \cdot (a_{21}\Delta X_S^{k+1} + a_{22}\Delta Y_S^{k+1} + a_{23}\Delta Z_S^{k+1} + a_{24}\Delta\varphi^{k+1} + a_{25}\Delta\omega^{k+1'} + a_{26}\Delta\kappa^{k+1}) - l_y \end{cases} \tag{6.5}$$

定向片法平差可以直接将外方位元素观测值作为初值引入平差模型中，保证平差过程中解的可靠性和稳定性。将外方位元素作为初值参与平差时，每个像点可根据式（6.5）列出两个误差方程式。当不考虑地面控制点误差，同时考虑到外方位线元素和角元素系统误差作为未知数参与答解时，可以列出定向片法的误差方程：

$$\begin{cases} \boldsymbol{V}_x = \boldsymbol{A}\boldsymbol{x} - \boldsymbol{l}\boldsymbol{x} & \boldsymbol{P}_x \\ \boldsymbol{V}_E = \boldsymbol{E}\boldsymbol{x} + \boldsymbol{C}\boldsymbol{x}_d - \boldsymbol{l}_E & \boldsymbol{P}_E \\ \boldsymbol{V}_D = \boldsymbol{E}\boldsymbol{x}_d - \boldsymbol{l}_D & \boldsymbol{P}_D \end{cases} \tag{6.6}$$

式中：$\boldsymbol{x}$ 为定向片外方位元素列矢量；$\boldsymbol{x}_d$为外方位元素系统参数矢量；$\boldsymbol{V}_x$为像点坐标观测值残差矢量；$\boldsymbol{V}_E$为外方位元素观测值残差矢量；$\boldsymbol{V}_D$为外方位元素系统参数残差矢量；$\boldsymbol{A}$、$\boldsymbol{C}$ 为相应的系数矩阵；$\boldsymbol{E}$ 为单位阵；$\boldsymbol{P}_x$、$\boldsymbol{P}_E$、$\boldsymbol{P}_D$为相

应的权矩阵。

### 6.1.2 基于分段多项式平差

分段多项式模型（PPM）是将整个轨道按一定的时间间隔分成若干段，而在每一段采用一个低阶多项式来描述定轨与定姿的测量误差，同时在轨道分段处考虑外方位元素变化的连续性和光滑性[8-9]。对于第 $i$ 个轨道分段内的时刻 $t$，PPM 模型可表示为

$$\begin{cases} X_S = X_{\text{GPS}} + X_0^i + X_1^i \cdot \bar{t} + X_2^i \cdot \bar{t}^2 \\ Y_S = Y_{\text{GPS}} + Y_0^i + Y_1^i \cdot \bar{t} + Y_2^i \cdot \bar{t}^2 \\ Z_S = Z_{\text{GPS}} + Z_0^i + Z_1^i \cdot \bar{t} + Z_2^i \cdot \bar{t}^2 \\ \omega = \omega_{\text{IMU}} + \omega_0^i + \omega_1^i \cdot \bar{t} + \omega_2^i \cdot \bar{t}^2 \\ \varphi = \varphi_{\text{IMU}} + \varphi_0^i + \varphi_1^i \cdot \bar{t} + \varphi_2^i \cdot \bar{t}^2 \\ \kappa = \kappa_{\text{IMU}} + \kappa_0^i + \kappa_1^i \cdot \bar{t} + \kappa_2^i \cdot \bar{t}^2 \end{cases} \tag{6.7}$$

如果轨道分成 $n_S$ 段，则 PPM 中的定向参数未知数个数为 $18 \times n_S$。将式（6.7）代入到线性化的共线方程中，可得

$$\begin{cases} v_x = (a_{11}\Delta X_0^i + a_{12}\Delta Y_0^i + a_{13}\Delta Z_0^i + a_{14}\Delta\omega_0^i + a_{15}\Delta\varphi_0^i + a_{16}\Delta\kappa_0^i) + \\ \quad \bar{t}(a_{11}\Delta X_1^i + a_{12}\Delta Y_1^i + a_{13}\Delta Z_1^i + a_{14}\Delta\omega_1^i + a_{15}\Delta\varphi_1^i + a_{16}\Delta\kappa_1^i) + \\ \quad \bar{t}^2(a_{11}\Delta X_2^i + a_{12}\Delta Y_2^i + a_{13}\Delta Z_2^i + a_{14}\Delta\omega_2^i + a_{15}\Delta\varphi_2^i + a_{16}\Delta\kappa_2^i) - \\ \quad a_{11}\Delta X - a_{12}\Delta Y - a_{13}\Delta Z - l_x \\ v_y = (a_{12}\Delta X_0^i + a_{22}\Delta Y_0^i + a_{23}\Delta Z_0^i + a_{24}\Delta\omega_0^i + a_{25}\Delta\varphi_0^i + a_{26}\Delta\kappa_0^i) + \\ \quad \bar{t}(a_{21}\Delta X_1^i + a_{22}\Delta Y_1^i + a_{23}\Delta Z_1^i + a_{24}\Delta\omega_1^i + a_{25}\Delta\varphi_1^i + a_{26}\Delta\kappa_1^i) + \\ \quad \bar{t}^2(a_{21}\Delta X_2^i + a_{22}\Delta Y_2^i + a_{23}\Delta Z_2^i + a_{24}\Delta\omega_2^i + a_{25}\Delta\varphi_2^i + a_{26}\Delta\kappa_2^i) - \\ \quad a_{21}\Delta X - a_{22}\Delta Y - a_{23}\Delta Z - l_y \end{cases} \tag{6.8}$$

在分段边界处，由相邻分段多项式 $i$ 和 $i$+1 计算出的外方位元素应满足相等的约束条件，则有

$$\begin{cases} X_0^i + X_1^i \cdot \bar{t} + X_2^i \cdot \bar{t}^2 = X_0^{i+1} + X_1^{i+1} \cdot \bar{t} + X_2^{i+1} \cdot \bar{t}^2 \\ Y_0^i + Y_1^i \cdot \bar{t} + Y_2^i \cdot \bar{t}^2 = Y_0^{i+1} + Y_1^{i+1} \cdot \bar{t} + Y_2^{i+1} \cdot \bar{t}^2 \\ Z_0^i + Z_1^i \cdot \bar{t} + Z_2^i \cdot \bar{t}^2 = Z_0^{i+1} + Z_1^{i+1} \cdot \bar{t} + Z_2^{i+1} \cdot \bar{t}^2 \\ \omega_0^i + \omega_1^i \cdot \bar{t} + \omega_2^i \cdot \bar{t}^2 = \omega_0^{i+1} + \omega_1^{i+1} \cdot \bar{t} + \omega_2^{i+1} \cdot \bar{t}^2 \end{cases}$$

$$\begin{cases}\varphi_0^i+\varphi_1^i\cdot\bar{t}+\varphi_2^i\cdot\bar{t}^2=\varphi_0^{i+1}+\varphi_1^{i+1}\cdot\bar{t}+\varphi_2^{i+1}\cdot\bar{t}^2\\ \kappa_0^i+\kappa_1^i\cdot\bar{t}+\kappa_2^i\cdot\bar{t}^2=\kappa_0^{i+1}+\kappa_1^{i+1}\cdot\bar{t}+\kappa_2^{i+1}\cdot\bar{t}^2\end{cases}\tag{6.9}$$

此外，如果考虑到轨道光滑，也可附加一阶导数相等的条件，即

$$\begin{cases}X_1^i+2X_2^i\cdot\bar{t}=X_1^{i+1}+2X_2^{i+1}\cdot\bar{t}\\ Y_1^i+2Y_2^i\cdot\bar{t}=Y_1^{i+1}+2Y_2^{i+1}\cdot\bar{t}\\ Z_1^i+2Z_2^i\cdot\bar{t}=Z_1^{i+1}+2Z_2^{i+1}\cdot\bar{t}\\ \omega_1^i+2\omega_2^i\cdot\bar{t}=\omega_1^{i+1}+2\omega_2^{i+1}\cdot\bar{t}\\ \varphi_1^i+2\varphi_2^i\cdot\bar{t}=\varphi_1^{i+1}+2\varphi_2^{i+1}\cdot\bar{t}\\ \kappa_1^i+2\kappa_2^i\cdot\bar{t}=\kappa_1^{i+1}+2\kappa_2^{i+1}\cdot\bar{t}\end{cases}\tag{6.10}$$

将多项式系数作为观测值，同时顾及约束条件，得到 PPM 平差的数学模型为

$$\begin{cases}\boldsymbol{V}_x=\boldsymbol{A}\boldsymbol{x}_d+\boldsymbol{C}\boldsymbol{x}_g-\boldsymbol{L}_x, & \boldsymbol{P}_x\\ \boldsymbol{V}_1=\boldsymbol{A}_1\boldsymbol{x}_d-\boldsymbol{L}_1, & \boldsymbol{P}_1\\ \boldsymbol{V}_2=\boldsymbol{A}_2\boldsymbol{x}_d-\boldsymbol{L}_2, & \boldsymbol{P}_2\\ \boldsymbol{V}_D=\boldsymbol{D}\boldsymbol{x}_d-\boldsymbol{L}_D, & \boldsymbol{P}_D\\ \boldsymbol{V}_G=\boldsymbol{E}\boldsymbol{x}_g-\boldsymbol{L}_G, & \boldsymbol{P}_G\end{cases}\tag{6.11}$$

式中：$\boldsymbol{x}_d$为多项式系数矢量；$\boldsymbol{x}_g$为地面坐标改正数矢量；$\boldsymbol{V}_x$为像点坐标观测值残差矢量；$\boldsymbol{V}_1$、$\boldsymbol{V}_2$为 1 阶和 2 阶连续性观测值残差矢量；$\boldsymbol{V}_D$和 $\boldsymbol{V}_G$分别为多项式系数和地面坐标观测值残差矢量；$\boldsymbol{A}_1$、$\boldsymbol{A}_2$、$\boldsymbol{A}$、$\boldsymbol{C}$、$\boldsymbol{D}$ 为相应的系数矩阵。

### 6.1.3　基于等效框幅影像平差

对于线阵推扫立体影像而言，可以将推扫的立体影像等效于一个相同参数的框幅像片上的 2 条或 3 条影像（如两线阵影像或三线阵影像），形成等效框幅像片（EFP），这样提供了解算该时刻外方位元素的基础[10-11]。每个像点可以列出两个观测方程，而待解参数除了该时刻的 6 个外方位元素外，还包括像点对应的地面坐标。因此，仅仅依靠此立体影像，无法解算该时刻的 6 个外方位元素。可以借鉴框幅式像片光束法平差原理，采用基于立体像对连续空中三角测量的方法予以实现。

### 6.1.3.1 空中三角锁建立

若将线阵 CCD 立体影像按其真实的外方位元素进行投影，便可建立起以像元尺寸为分辨率的航线立体模型。理论上已知，利用 CCD 影像自身不可能解求每一个取样周期的外方位元素。由于卫星平台比较平稳，外方位元素变化率不大，允许采用适当大的间距（如基线的 1/10 为间距）将航线模型进一步离散化，近似地表达航线外方位元素模型，从而可以采用 CCD 影像解算进一步离散取样周期的外方位元素[12]。EFP 法是以离散时刻，称作 EFP 时刻（定向片法称为定向片时刻）对已构建的立体模型以逆投影，按经典的空中三角测量原理计算 EFP 时刻的像点坐标[13]。任意一个 EFP 时刻与其相距成基线整数倍的时刻均可构建一个空中三角锁，如图 6.2 所示。从理论上讲，每一取样时刻都有一组独立的外方位元素值，但三线阵 CCD 相机在一个取样时刻内只有前、正、后 3 条影像[14]，受外方位元素变化及地形起伏等影响，满足经典框幅像片空中三角测量定向点（含有定向和三角锁本身模型连接作用）影像不可能都落在这 3 条影像上，如果利用落在这 3 条影像周围影像上的定向点参与计算，则每一像点也只能提供两个观测方程，但带入了摄取此定向时刻的额外待解的 6 个外方位元素值及像点对应的地面坐标，因而，理论上无法解算出每一个取样时刻的外方位元素值[15]。

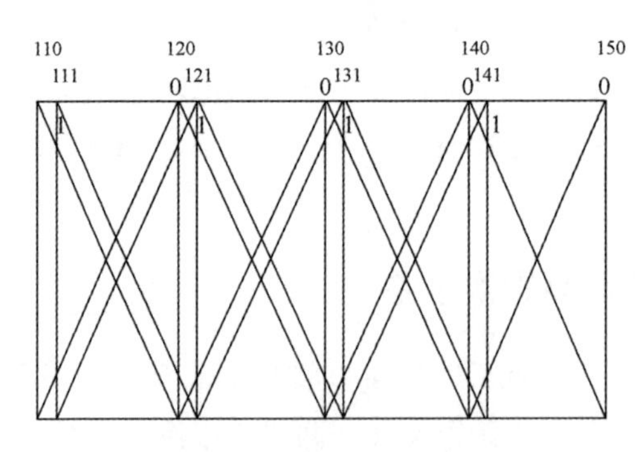


图 6.2　4 条基线空中三角锁

图 6.2 为 4 条基线组成的航线的三角锁组合。例如，摄站编号 110-120-130-140-150 为一条三角锁，编号 111-121-131-141 为其相邻的一条三角锁，10 条三角锁的起始摄站编号分别为 110,111,…,119。航线首末基线范围内为两线交会区，其余为三线交会区。按照空中三角锁构网原则，这 10 条三角锁的定向点（在一个三角锁之内还起到连接点作用）按一定规则选定并量测推

扫像坐标。

#### 6.1.3.2　EFP 像点分布

首先在正视影像上以 1/10 基线相应的影像之像元数为间距，选定一个时刻，每线上确定上、中、下 3 个点作为生成 EFP 的连接点。正视影像上选定的连接点情况示于图 6.3，前视、后视连接点的同名坐标，可以采用影像匹配的方法加以实现。

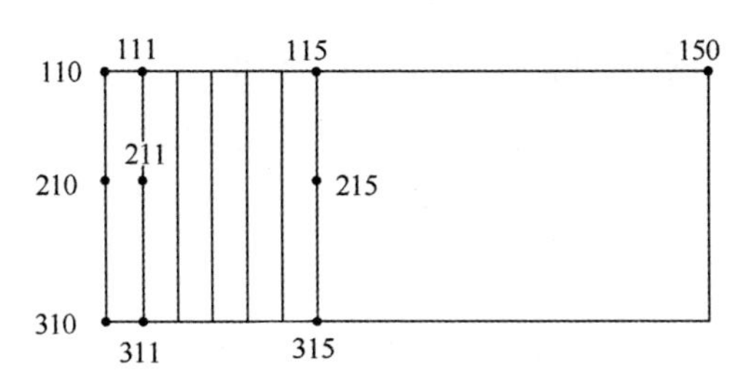


图 6.3　正视影像上连接点分布

#### 6.1.3.3　地面点坐标及视差计算

首先按外方位元素的近似值内插 $t_l$、$t_v$、$t_r$对应的外方位元素值，再按像点坐标前方交会得到地面点坐标[16]。由于外方位元素是近似值以及量测像点坐标的影像匹配误差，因此前视（$l$）、正视（$v$）和后视（$r$）3 个方向光线不会相交于一点，如图 6.4 所示。

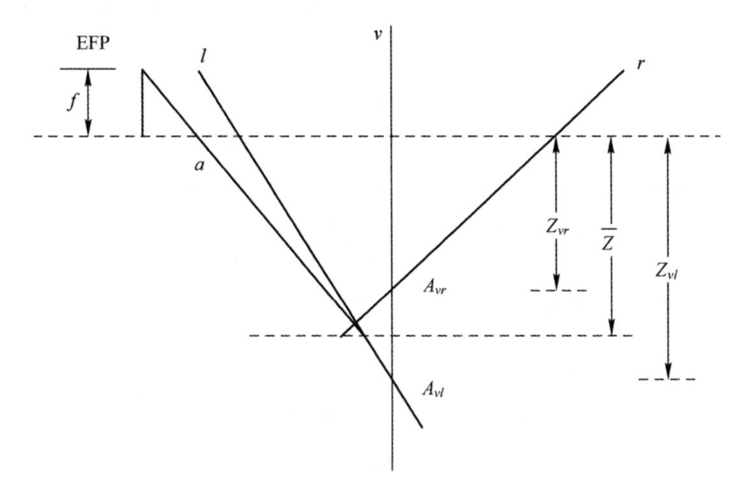


图 6.4　同名像点摄影交会

由前视和正视影像坐标前方交会得 $Z_{vl}$，由正视和后视影像坐标前方交会得 $Z_{vr}$，两者取中数得

$$\overline{Z}=(Z_{vl}+Z_{vr})/2 \tag{6.12}$$

以 $\overline{Z}$ 为基准面，重新计算平面坐标（也称作投影坐标），即 $X_l$、$X_v$、$X_r$和 $Y_l$、$Y_v$、$Y_r$，三者取中数得

$$\begin{cases}\overline{X}=(X_l+X_v+X_r)/3\\ \overline{Y}=(Y_l+Y_v+Y_r)/3\end{cases} \tag{6.13}$$

$\overline{X}$、$\overline{Y}$、$\overline{Z}$ 即作为平差中的地面点坐标近似值。

将 $\overline{X}$、$\overline{Y}$、$\overline{Z}$ 以及 EFP 时刻的外方位元素近似值代入共线方程式（2.32），便可计算得平差用的常数项 $\dot{x}$、$\dot{y}$。由投影坐标可以计算 $Y$ 视差为

$$\begin{cases}PY_l=Y_l-Y_v\\ PY_r=Y_r-Y_v\end{cases} \tag{6.14}$$

在光束法平差中，$Y$ 视差（上下视差）是控制外方位元素迭代次数的依据。同理有 $X$ 视差（左右视差），将在地面点坐标改正中“消除”。

#### 6.1.3.4 像点坐标计算

实际上，空中三角测量要求的 EFP 像点坐标只是将线阵 CCD 立体影像像坐标按近似外方位元素进行投影后，再按 EFP 时刻的近似外方位元素进行逆投影的结果。由于逆投影时是利用与该 EFP 时刻尽可能接近的 CCD 影像投影坐标进行计算，二者在卫星摄影条件下时刻相距很小，所以 EFP 像点坐标误差不大，且在平差迭代中随着外方位元素的改正逼近而逼近，逼近的收敛条件是地面点高差相对于航高不大及姿态变化率不超过 $10^{-3}(°)/s$，这些条件在卫星摄影中均可满足。因而，EFP 法实质上是将线阵 CCD 立体影像的像坐标变换到 EFP 像坐标，进而采用前方、后方交会交替迭代的数学模型，同时，增加外方位元素平滑等条件共同进行光束法平差。

#### 6.1.3.5 平差数学模型

1）前方交会

前方交会第 $i$ 片，地面点 $j$ 的改正数方程为

$$\begin{pmatrix}V_{x_{ij}}\\ V_{y_{ij}}\end{pmatrix}=\boldsymbol{B}_{ij}\boldsymbol{\delta}_j-\begin{pmatrix}l_{x_{ij}}\\ l_{y_{ij}}\end{pmatrix},\quad i=0,1,\cdots,n \tag{6.15}$$

式中：$V_{x_{ij}}$、$V_{y_{ij}}$为像点坐标余差；$\boldsymbol{B}_{ij}$为系数矩阵（可参见式（2.54）、式（2.55））；$\boldsymbol{\delta}_j$为地面点 $j$ 坐标改正数，$\boldsymbol{\delta}_j=(\delta X_j\ \delta Y_j\ \delta Z_j)^{\mathrm{T}}$；$l_{x_{ij}}=x_{ij}-\mathring{x}_{ij}$；$l_{y_{ij}}=y_{ij}-\mathring{y}_{ij}$，其中$\mathring{x}_{ij}$、$\mathring{y}_{ij}$为$\mathring{\boldsymbol{P}}_i$代入共线方程的计算值，$\mathring{\boldsymbol{P}}_i=(X_{si}\quad Y_{si}\quad Z_{si}\quad \mathring{\varphi}_i\quad \mathring{\omega}_i\quad \mathring{\kappa}_i)^{\mathrm{T}}$为外方位元素起始近似值或迭代逼近值。

2）后方交会

后方交会第 $i$ 片，像点 $j$ 的改正数方程为

$$\begin{pmatrix} V_{x_{ij}} \\ V_{y_{ij}} \end{pmatrix}=\boldsymbol{A}_{ij}\boldsymbol{\delta}_i-\begin{pmatrix} l_{x_{ij}} \\ l_{y_{ij}} \end{pmatrix},\quad i=0,1,\cdots,n \tag{6.16}$$

式中：$\boldsymbol{A}_{ij}$为系数矩阵（可参见式（2.54）、式（2.55））；$n=$基线数$\times10+1$；$\boldsymbol{\delta}_j=(\delta X_{Si}\quad \delta Y_{Si}\quad \delta Y_{Si}\quad \delta\varphi_i\quad \delta\omega_i\quad \delta\kappa_i)^{\mathrm{T}}$为外方位元素改正数。

3）外方位元素连续条件

由图 6.2 可知，一条三线阵 CCD 影像的航线可被分割成 10 条相当于框幅式的空中三角锁，各条三角锁是独立的。通常，卫星在轨飞行中，外方位元素观测值变化较为平稳，可用特定的样条函数拟合，此时，赋以统一权值的外方位元素平滑方程参与平差计算，能较大改善三角锁间的连接条件。

在空间摄影条件下，外方位元素变化平稳，同类外方位元素的二阶差分等于零条件对外方位线元素和角元素都成立，此条件可以将离散的各条空中三角锁的外方位元素联系为整体，是 EFP 法得以成功的重要条件。按同类外方位元素之二阶差分为零给出以下方程：

$$\boldsymbol{V}_k=\boldsymbol{\delta}_{k+1}-2\boldsymbol{\delta}_k+\boldsymbol{\delta}_{k-1}-\boldsymbol{l}_k,\quad k=1,2,\cdots,m \tag{6.17}$$

式中：$\boldsymbol{V}_k$为外方位元素余差；$\boldsymbol{\delta}_k$为外方位元素改正值，$\boldsymbol{l}_k=\mathring{\boldsymbol{P}}_{k+1}-2\mathring{\boldsymbol{P}}_k+\mathring{\boldsymbol{P}}_{k-1}$，其中$\mathring{\boldsymbol{P}}_i$为外方位元素初始观测值或迭代平差值。

## 6.1.4　全三线交会光束法平差

### 6.1.4.1　全三线交会基本原理

定向片法和 EFP 光束法平差都有共同的缺点，即平差计算只能计算图 6.5 中 2~4 段内的外方位元素，对于航线两端的各一条基线范围内只能有两线交会（如图 6.5 中的 0~2 和 4~6 摄影段），基高比减小，高程精度要比三线交会区高程精度低 50%，严重影响无控定位的高程精度[17]。

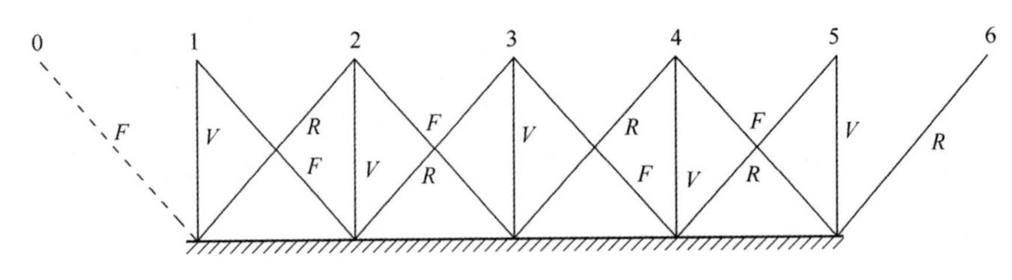


图 6.5　四条摄影基线交会

卫星对地摄影时受云层影响，存在大量较短的摄影航线，如图 6.6 中一条基线的摄影影像，航线平差中也需要计算图 6.6 中 0~5 段的外方位元素，而构成的短航线立体模型应没有大的系统误差。

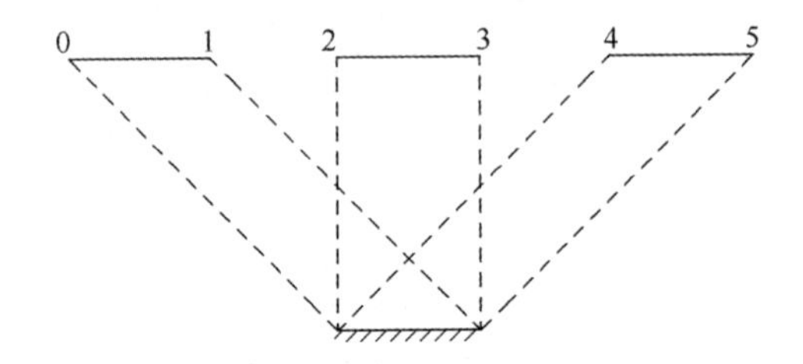


图 6.6　任意段三线阵影像交会

全航线三线交会光束法平差是在基于等效框幅影像原理基础上，将图 6.6 中 0~5 段的所有外方位元素参与平差计算。采取先构建上下视差很小、允许有较大系统变形的航线立体模型，然后采用特殊数学模型消除立体模型的变形，二者迭代运算即可实现全三线交会光束法平差[18]。

全三线交会光束法平差的数学模型与 EFP 光束法平差相似，仍采用后方交会与前方交会交替迭代的数学模型。在平差过程中分为两个步骤：第一步是创造各种条件使三线阵影像光束法平差有解，达到建立“无上下视差”（在像点观测误差量级）立体模型，而对航线模型变形只作适当约束；第二步是根据模型变形规律，建立系统变形改正的数学模型，并对含有系统误差的地面点坐标改正，如图 6.7 所示。

在 EFP 全三线交会光束法平差过程中，外方位元素平滑条件赋予比较大的权，外方位元素观测值赋予相对小的权，使得外方位元素观测值偶然误差的作用被大大削弱，并得到上下视差很小的航线模型。由于影像的几何条件很差，平差得到的地面点坐标含有明显的系统误差，但残余上下视差并不大(影像匹配误差量级)。这一系统误差特征与用外方位元素观测值直接前方交会的地面点坐标初值有明显区别，后者是偶然误差较大，无系统误差，这就创造了利用这两类误差特性进行平差的可行性。应用以往摄影测量观测值与附加外方位元素观测值平差处理的经验，不难从这两类地面点坐标中剥离出系统误差，进而对含有系统误差的地面点坐标进行改正。

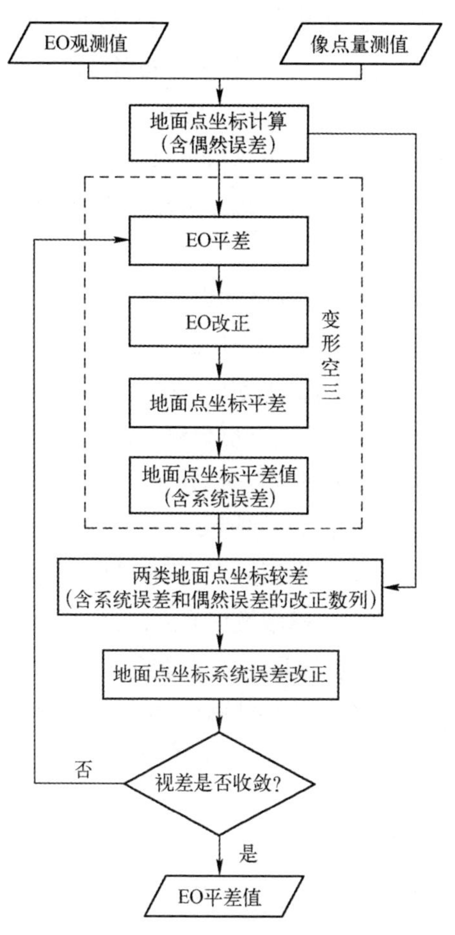


图 6.7　EFP 全三线交会光束法平差原理[18]

#### 6.1.4.2　角元素低频误差补偿

1）姿态测定系统低频误差来源分析

以星敏感器为有效载荷的姿态测定系统，初始外方位角元素观测值是从卫星本体根据安装参数经过一系列矩阵转换至地相机的姿态数据[19]。在这一复杂转换过程中，任何一个安装参数的变化及转换误差的出现，都将导致姿态测定系统含有系统误差，该系统误差可以通过相机参数在轨标定予以处理[20-21]。与这类系统误差不同，姿态测定系统的低频误差是随时间及纬度的变化而变化，造成在水平位置方向有明显的系统误差，相机参数在轨标定无法全部消除该误差[22]。SPOT5 卫星工程中的姿态测定系统存在与时间、纬度有关的低频误差，法国学者 Bouillon 对 SPOT5 影像几何质量进行分析时提出纬度模型（Latitudinal Model），基于全球分布的 21 个地面检校场控制数据，解算与时间、纬度相关的多项式系数，从而实现姿态数据的改正，提高影像的定位精度[23-24]。法国 SPOT5 卫星是以单星敏感器为主进行姿态测定，存在低频误差现象，对于 2 个或 3 个星敏感器为主的姿态测定系统，其低频误差存在也是毋庸置疑的。

单个星敏感器测量设备也存在高频误差（随机误差）和低频误差（系统误差）[25]。若星敏感器的高频误差优于 2″（$1\sigma$），低频误差至多在 7″，而且经过长时间飞行也不会产生慢漂的误差。在这种情况下，完成相机参数在轨标定后，可得到良好的无地面控制点摄影测量成果。但实际在轨飞行中发现，星敏感器的低频和高频误差远远大于实验室评估值。使姿态测定系统获得的外方位角元素还有高频误差和较大的低频误差，低频误差的符号和数量呈缓慢变化。在一段时间内，可看作误差符号随机的系统误差。这些误差会以 $\mathrm{d}\varphi_c$、$\mathrm{d}\omega_c$、$\mathrm{d}\kappa_c$（分别为俯仰、横滚及偏航方向误差）的形式累积到相应外方位角元素中，给无地面控制点测量带来严重影响，并造成全球定位精度的不一致[26]。在有地面控制点条件下的摄影测量，该误差可以被消除，但在无地面控制点条件下，为了保持全球定位精度的一致性，需对该误差进行补偿处理。

2）补偿基本原理

在立体影像中，根据 $\mathrm{d}\varphi_c$、$\mathrm{d}\kappa_c$ 对上下视差的影响规律，建立补偿的数学模型[27]。但对于 $\mathrm{d}\omega_c$ 而言，因含有相同数值及符号的 $\mathrm{d}\omega_c$，在前、后视影像立体交会中不存在上下视差，无法直接从立体影像自身进行改正，必须通过地面控制点 $Y$ 坐标或 $\mathrm{d}\omega_c$ 的序列数据进行改正。通过对实际卫星影像的处理发现，$\mathrm{d}\omega_c$ 的变化较小，对精度影响有限，这一现象也给角元素低频误差补偿提供有利条件。本章重点对 $\mathrm{d}\varphi_c$、$\mathrm{d}\kappa_c$ 的补偿方法进行分析。

（1）$\mathrm{d}\varphi_c$ 改正原理及数学模型。立体影像进行交会时，由于各种误差存在，导致立体影像出现上下视差。图 6.8 为前视影像投影示意图，图中左边为主垂面 $Y$ 方向，右边表示为 $X$ 方向，$\alpha$ 为前、后视相机与正视相机的夹角。从图 6.8 中看出，在物方点 $A$ 瞬时主距 $\Delta F$ 为

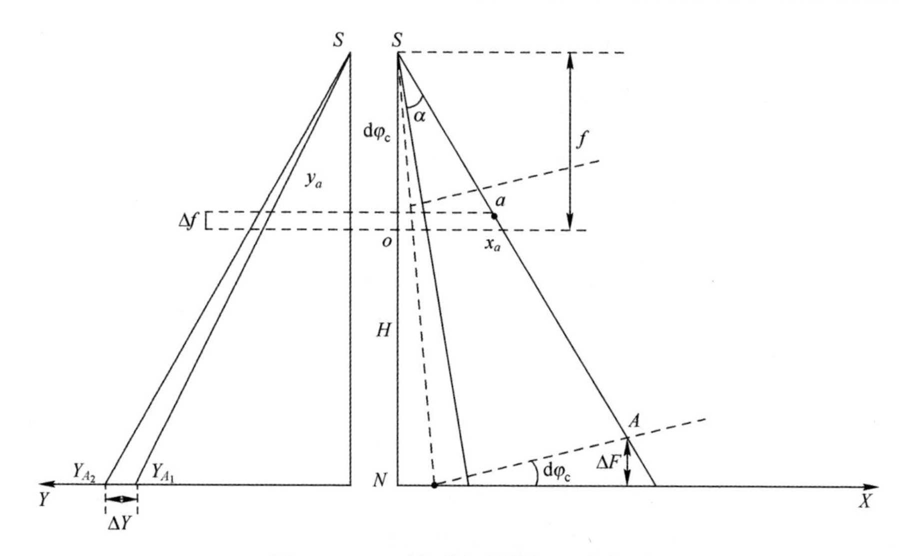


图 6.8　$d\varphi_c$引起前视影像视差变化图

$$\Delta F = \overline{X} \cdot d\varphi_c \tag{6.18}$$

其中

$$\overline{X} = H \cdot \frac{d\varphi_c}{2} + H \cdot \tan\alpha \approx H \cdot \tan\alpha \tag{6.19}$$

从物方化为像方：

$$\Delta f = \frac{f}{H} \cdot \overline{X} \cdot d\varphi_c = \overline{x} \cdot d\varphi_c \tag{6.20}$$

式中

$$\overline{x} = f \cdot \tan\alpha \tag{6.21}$$

$y$ 坐标误差：

$$Y_{A_1} = \frac{H}{f} \cdot y_a \tag{6.22}$$

$$Y_{A_2} = \frac{H \cdot y_a}{f - \Delta f} \approx \frac{H \cdot y_a}{f}\left(1 + \frac{\Delta f}{f}\right) \tag{6.23}$$

$$Y_A = Y_{A_2} - Y_{A_1} = \frac{H \cdot y_a}{f} \cdot \frac{\overline{x} \cdot d\varphi_c}{f} \tag{6.24}$$

将式（6.24）化为像方误差：

$$\Delta y_{左} = y_a \cdot \frac{\overline{x} \cdot d\varphi_c}{f} = f \cdot \tan\alpha \cdot y_a \cdot d\varphi_c / f \tag{6.25}$$

对后视影像，$A$ 同名点 $y$ 误差推导与上相似，但 $\alpha$ 为负值，可得

$$\Delta y_{右} = -f \cdot \tan\alpha \cdot y_a \cdot \mathrm{d}\varphi_c / f \tag{6.26}$$

可计算出上排点上下视差：

$$q_{上} = \Delta y_{左} - \Delta y_{右} = (2f \cdot \tan\alpha \cdot y_a \cdot \mathrm{d}\varphi_c)/f \tag{6.27}$$

实际运算中，应用上、下排点上下视差的差值取中数：

$$q = \frac{1}{2}(q_{上} - q_{下}) = (2f \cdot \tan\alpha \cdot y \cdot \mathrm{d}\varphi_c)/f \tag{6.28}$$

$\mathrm{d}\varphi_c$估值为

$$\overline{\mathrm{d}\varphi_c} = \frac{f \cdot q}{2 \cdot f \cdot \tan\alpha \cdot y} \tag{6.29}$$

（2）$\mathrm{d}\kappa_c$改正原理及数学模型。在立体影像交会中，当两根光线投影在$XN_1Y$平面上时，由$\mathrm{d}\kappa_c$引起的坐标变化如图6.9所示。

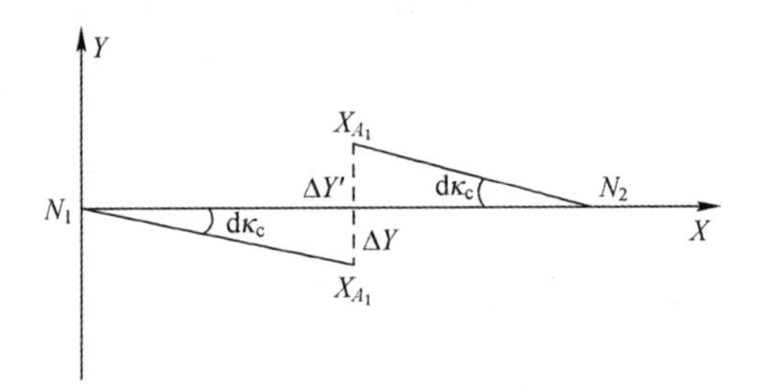


图6.9　$\mathrm{d}\kappa_c$引起坐标误差图

由图6.9可得出

$$\Delta Y = -X_{A_1} \cdot \mathrm{d}\kappa_c \tag{6.30}$$

$$\Delta Y' = X_{A_2} \cdot \mathrm{d}\kappa_c \tag{6.31}$$

$$Q = \Delta Y - \Delta Y' = -2 \cdot X_A \cdot \mathrm{d}\kappa_c \tag{6.32}$$

以像方比例尺计算得

$$q = -2 \cdot f \cdot \tan\alpha \cdot \mathrm{d}\kappa_c \tag{6.33}$$

$\mathrm{d}\kappa_c$的估值为

$$\overline{\mathrm{d}\kappa_c} = \frac{-q}{2 \cdot f \cdot \tan\alpha} \tag{6.34}$$

在光束法平差中，上下视差既含有$\mathrm{d}\varphi_c$、$\mathrm{d}\kappa_c$所产生的系统性值，又带有外方位元素随机误差所产生的偶然值，对航线上所有点的上下视差取平均值，可以削弱偶然误差的影响，使得$\overline{\mathrm{d}\varphi_c}$、$\overline{\mathrm{d}\kappa_c}$是由系统性上下视差计算的结果，所以长航线低频补偿效果比较好。

### 6.1.4.3　偏流角余差改正

1）偏流角原理及用途

卫星摄影时，卫星绕地球运转，由于地球自转角速度的影响，使得相机相对被摄景物的移动方向（航迹线）与相机星下点线速度方向（航向线）不一致，即存在偏流角[28]。在时刻 $t$ 卫星扫过地面上的点为星下点 $S_1'$，经过 $\Delta t$ 时间后，若不考虑地球自转因素，卫星扫过地面上的点应为 $S_2'$。由于地球自转运动，在 $t+\Delta t$ 时刻卫星扫过地面上的点为 $S_2''$。这样在实际推扫成像过程中存在一个偏流角，即 $S_1'S_2'$ 与 $S_1'S_2''$ 之间的夹角。

在以三线阵 CCD 相机为有效载荷的立体测绘卫星中，前视相机、正视相机及后视相机对地面同一区域进行摄影成像[29]，为了保证 3 台相机的重叠覆盖，以正视相机为中心，对卫星进行偏航姿态控制，以保证立体影像的有效重叠范围。

2）偏流角改正余差对视差的影响及其改正

（1）机理分析。由于地球自转，三线阵相机在不同摄影时刻对同一地面点摄取的影像，分别为 $A_1$、$A_0$、$A_2$，如图 6.10 所示。中央相机按其摄影时刻 $T_0$ 对应的纬度计算出对应偏流角 $\kappa_0$，进行偏流角改正；前面相机按其摄影时刻 $T_1$ 对应的纬度计算出对应偏流角 $\kappa_1$，进行偏流角改正；后面相机按其摄影时刻 $T_2$ 对应的纬度计算出对应偏流角 $\kappa_2$，进行偏流角改正[30]。原理上，为了 3 个点交于一点，以中央相机为基准，将前面相机的后视光线应旋转一个角度 $\kappa_0$，使 $A_2$ 到 $A_0$，后面相机的前视光线也旋转一个角度 $\kappa_0$，使 $A_1$ 到 $A_0$，如

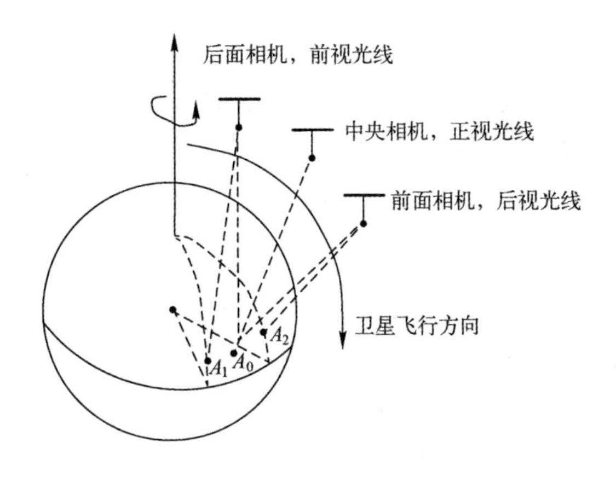


图 6.10　偏流角问题示意图

图 6.11 中使 $A_1'$ 到 $A_1$，$A_2'$ 到 $A_2$。但由于相机是一个整体，实际卫星摄影测量中无法实现严格旋转改正使 3 个点交于一点。因此，在不同摄影时刻，其旋转角度不同，使得 $\kappa_1$ 与 $\kappa_0$ 不等，$\kappa_2$ 也与 $\kappa_0$ 不等。在恢复立体模型时，3 个相机所摄同一地面点的影像并不相交于一点，会产生明显的上下视差，并且随纬度变化而变化。

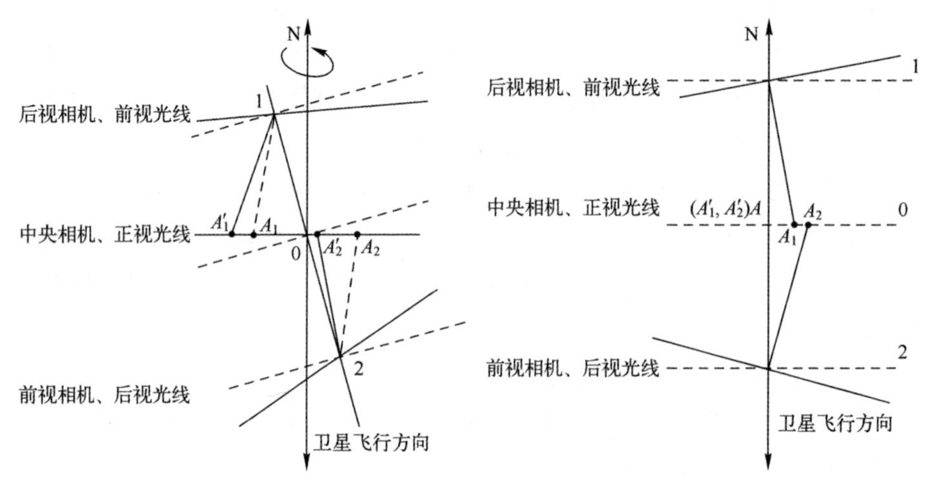


图 6.11　偏流角引起上下视差

（2）上下视差的理论估算。偏流角问题已有许多学者做过讨论，并有严格的计算公式，为了定性分析偏流角修正措施理论上的不严格对摄影测量平差的影响，本节的理论推导采用偏流角近似计算公式，如下式所示：

$$\kappa = \Delta \cdot \cos L \tag{6.35}$$

式中：$\kappa$ 为偏流角；$\Delta$ 为一常数，经验值取 3.82°；$L$ 为摄影时刻的纬度值。

对于正视相机偏流角为

$$\kappa_0 = \Delta \cdot \cos L \tag{6.36}$$

对于前视相机偏流角为

$$\kappa_1 = \Delta \cdot \cos(L+\theta) \tag{6.37}$$

对于后视相机偏流角为

$$\kappa_2 = \Delta \cdot \cos(L-\theta) \tag{6.38}$$

式中：$\theta$ 为基线 $B$ 对应的纬度值差，约为 1.895° = 0.0330739rad，将式（6.37）、式（6.38）分别按麦克劳林公式展开至二次得

$$\kappa_1=\Delta\cdot\cos(L+\theta)=\Delta\cdot\cos L-\Delta\cdot\sin L\cdot\theta-\Delta\cdot\frac{\theta^2}{2}\cdot\cos L \tag{6.39}$$

$$\kappa_2=\Delta\cdot\cos(L-\theta)=\Delta\cdot\cos L+\Delta\cdot\sin L\cdot\theta-\Delta\cdot\frac{\theta^2}{2}\cdot\cos L \tag{6.40}$$

式（6.30）、式（6.40）由$\Delta\cdot\cos L-\Delta\cdot\sin L\cdot\theta$（或$\Delta\cdot\cos L+\Delta\cdot\sin L\cdot\theta$）和$-\Delta\cdot(\theta^2/2)\cdot\cos L$两部分组成，其中前半部分相对于中央相机而言，是造成上下视差的主要因素，理论分析将超过100像素。由于星敏感器等测姿设备所测定的偏航方向中已包含该角度，利用外方位元素进行直接交会投影时，大部分视差已被消除，剩余视差大约在几像素量级，在光束法平差中作为初值带入进行循环迭代计算后，将改善至1/3像素级。后半部分系偏流角增量，令

$$\Delta\kappa=-\Delta\cdot\frac{\theta^2}{2}\cdot\cos L \tag{6.41}$$

其性质与星地相机夹角偏航方向转换参数性质相同，并且随纬度变化，必须在相机参数标定和具体航线平差中对$\Delta\kappa$分别进行改正。

#### 6.1.4.4 平滑方程自适应平差

卫星在轨飞行中，平台通常具有较好的稳定性，外方位元素观测值变化较为平稳，可用特定的样条函数拟合。在实际卫星工程中，外方位元素观测值会发生突变现象，且无规律性。如对天绘一号卫星在轨数据分析发现，处理航线中存在同名像点上下视差突变现象。立体影像上下视差主要由外方位元素高频误差及像点量测误差引起。当卫星姿态测定系统发生突然较大变化时，会使外方位元素的观测值发生与整体变化趋势不一致的跳变，直接导致该拐点附近的立体影像上下视差存在突变现象。可以根据卫星在轨运行状况，在全三线交会EFP光束法平差理论基础上，增加外方位元素自适应分段平滑策略及其数学模型[31]。首先，根据平差航线立体影像的上下视差变化情况，对平差航线的立体影像进行自动分段；在此基础上，对不同段的平滑条件赋以不同权值，共同参与全三线交会EFP光束法平差。

1）上下视差一阶差分

由于外方位元素观测值受星敏感器、GNSS及卫星平台稳定度等多种因素制约，单独分析星敏感器数据或GNSS数据，无法有效地确定引起变化的误差源和变化时间段，但这些误差数据最终反映在立体影像的上下视差变化中。在EFP光束法平差中，定向点（或连接点）上、中、下三点并不要

求严格在同一摄影时刻，即同一条线阵影像上。但参与平差的像点需等效到 EFP 时刻的框幅影像坐标，上、中、下三点的等效像点上下视差，反映了在该 EFP 时刻外方位元素的变化情况。因此，以上下视差数据为依据，分析外方位元素变化情况。对立体影像的上下视差进行一阶差分，其数学模型如下式所示：

$$\mathrm{Dpy}_i = \mathrm{py}_{i+1} - \mathrm{py}_i, \quad i=0,1,\cdots,n-1 \tag{6.42}$$

式中：$\mathrm{Dpy}_i$为上下视差一阶差分值；$n$ 为同名像点的个数；$\mathrm{py}_i$为根据初始外方位元素观测值计算出的上下视差。根据式（6.42）可计算出平差航线中上下视差一阶差分值。在某段影像上当上下视差一阶差分值变化较大时(大于均值的 3 倍)，光束法平差中对该段外方位元素平滑方程的权值应有所调整。

2）外方位元素分段平滑模型

在卫星平台平稳运行时，外方位元素变化比较小，此时，赋以统一权值的外方位元素平滑方程参与平差计算，能较大改善三角锁间的连接条件。当卫星平台稳定度发生较大变化时，直接反应在外方位元素变化趋势中。此时，平差航线中不同段的平滑方程应赋予不同权值。若通过上下视差一阶差分得出 $m \sim m+1$ 段的差分值变化较大时，可将整条航线分段为 3 段，建立平滑条件并赋不同权值，如下式所示：

$$\begin{cases} \boldsymbol{V}_k = \boldsymbol{\delta}_{k+1} - 2\boldsymbol{\delta}_k + \boldsymbol{\delta}_{k-1} - \boldsymbol{l}_k, & k=1,2,\cdots,m, \quad P_1 \\ \boldsymbol{V}_k = \boldsymbol{\delta}_{k+1} - 2\boldsymbol{\delta}_k + \boldsymbol{\delta}_{k-1} - \boldsymbol{l}_k, & k=m,m+1, \quad P_2 \\ \boldsymbol{V}_k = \boldsymbol{\delta}_{k+1} - 2\boldsymbol{\delta}_k + \boldsymbol{\delta}_{k-1} - \boldsymbol{l}_k, & k=m+1,m+2,\cdots,n-1, \quad P_1 \end{cases} \tag{6.43}$$

式中：$\boldsymbol{V}_k$为外方位元素余差；$\boldsymbol{\delta}_k$为外方位元素改正值；$\boldsymbol{l}_k = \mathring{\boldsymbol{P}}_{k+1} - 2\mathring{\boldsymbol{P}}_k + \mathring{\boldsymbol{P}}_{k-1}$，其中$\mathring{\boldsymbol{P}}_i$为外方位元素平差值或初始观测值；$P_1$、$P_2$为权值，初值根据姿态精度和以像点量测精度为单位权中误差之间的关系确定。

## 6.2 区域网平差

### 6.2.1 基于等效框幅影像区域网平差

基于 EFP 光束法平差进行单航线影像处理后，可利用区域内相邻航线影像间同名像点连接关系，在少量控制点或无控制点条件下，按照一定的平差模型来修正区域内所有影像的几何成像模型，保证影像间物方定位精度的一致性，为后续区域影像处理提供高精度几何基础[16]。若经过单航线平差，各航线连接点均无误差，外方位元素也无误差，那么，在本航线的连接点与相邻航线之相应点的地面坐标应相等。如图6.12所示，航线1中的2110点地面坐标应与航线2的110点地面坐标相等。

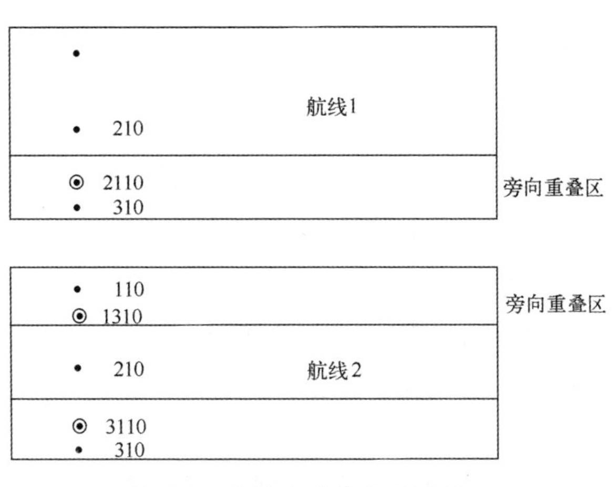


图6.12 两条航线连接点示意图

区域网平差分为两个步骤：第一步，以单航线影像进行EFP平差，平差中相邻航线的连接点在本航线的相应像点坐标不参与平差，但航线平差后，要用其计算出地面点坐标，连同其他平差成果，作为区域网平差初值；第二步，采用逐条航线循环迭代计算的方法，每次迭代中要将本航线连接点地面坐标与邻航线相应点地面坐标取中数，进一步迭代计算，直至闭合差减小到稳定后，再转入下一条航线，如此不断循环迭代直至闭合差稳定为止。

但在卫星三线阵影像平差过程中，影像的宽度有限，$Y/H$（影像宽度与轨道高度之比）较小，为了保持尽可能大的$Y/H$值，连接点应尽量选在航线边缘。同时，考虑到保持好的$Y/H$值，不宜在旁向重叠中线处选择连接点和区域平差的公共点。区域平差的策略采用使航线旁向重叠的相应点闭合差不断减小的迭代方法。

### 6.2.2 基于定向片法区域网平差

定向片法平差可以在平差过程中直接使用定轨、定姿的观测值，以保证平差解的稳定性。在外方位元素参与平差中，可以直接将外方位元素的初始观测值带入计算中，若考虑外方位元素的系统误差时，可以将定轨、定姿系统漂移参数作为未知数，建立定向片联合平差的误差方程，答解相应的未知参数。定向片法平差既可适用于单航线平差，也可用于多航线区域网平差。进行区域网平差时，在航线间重叠区域选定一定数量的连接点，整体求解每条航线每个定向片时刻的外方位元素。

### 6.2.3 基于 RPC 区域网平差

基于 RPC 模型的区域网平差，就是通过影像匹配生成各景影像间的连接点进行区域网平差，整体求解各景影像的仿射变换参数，补偿卫星影像 RPC 的系统误差。当增加仿射变化反映到像方可表示为

$$\begin{cases}\Delta S=a_0+a_S L+a_L S+a_{SL}SL+a_{S2}S^2+a_{L2}L^2+\cdots\\ \Delta L=b_0+b_S L+b_L S+b_{SL}SL+b_{S2}S^2+b_{L2}L^2+\cdots\end{cases}\tag{6.44}$$

式中：$\Delta S$、$\Delta L$ 为像点坐标 $S$、$L$ 的改正量；$a_0,a_S,a_L,\cdots$，$b_0,b_S,b_L,\cdots$为像点坐标的改正系数。

若在 RPC 通用成像模型中，经系统误差改正后的像点坐标为$(L',S')$，对改正量 $\Delta S$、$\Delta L$ 的表达式取至一次项时，$(L',S')$与$(L,S)$之间的关系为

$$\begin{cases}S'=S+\Delta S=a_0+a_1 L+a_2 S\\ L'=L+\Delta L=b_0+b_1 L+b_2 S\end{cases}\tag{6.45}$$

则基于 RPC 模型区域网平差的数学模型为

$$\begin{cases}F_S=a_0+a_1 L+a_2 S-S'\\ F_L=b_0+b_1 L+b_2 S-L'\end{cases}\tag{6.46}$$

式中：$a_0,a_1,a_2,b_0,b_1,b_2$为影像的仿射变换参数，该变换参数与 RPC 一起构成严格成像几何模型的卫星系统参数。针对线阵 CCD 传感器飞行高度高、成像光束窄、接近平行投影的特点，使用该定向模型，参数 $b_0$将吸收所有星载传感器飞行方向上位置和姿态误差所引起的影像行方向上的误差，参数 $a_0$将吸收所有星载传感器扫描方向上位置和姿态误差所引起的影像列方向上的误差；由于影像的行一般对应于星载传感器的飞行方向，影像的行与每条 CCD 线阵的瞬时成像时间相关，参数 $b_1$ 和 $a_2$将吸收由星载 GNSS 漂移误差所引起的影像误差，而参数 $a_1$ 和 $b_2$则吸收因内定向参数误差所引起的影像误差。

若将仿射变化参数 $a_0$、$a_1$、$a_2$、$b_0$、$b_1$、$b_2$和地面点的坐标$(P,L,H)$为未知数计算时，将 $F_L$、$F_H$ 按泰勒级数展开至一次项，得到误差方程式为

$$\begin{cases} F_S = F_S^0 + \dfrac{\partial F_S}{\partial a_0}\mathrm{d}a_0 + \dfrac{\partial F_S}{\partial a_1}\mathrm{d}a_1 + \dfrac{\partial F_S}{\partial a_2}\mathrm{d}a_2 + \dfrac{\partial F_S}{\partial b_0}\mathrm{d}b_0 + \dfrac{\partial F_S}{\partial b_1}\mathrm{d}b_1 + \dfrac{\partial F_S}{\partial b_2}\mathrm{d}b_2 + \\ \quad \dfrac{\partial F_S}{\partial P}\mathrm{d}P + \dfrac{\partial F_S}{\partial L}\mathrm{d}L + \dfrac{\partial F_S}{\partial H}\mathrm{d}H \\ F_L = F_L^0 + \dfrac{\partial F_L}{\partial a_0}\mathrm{d}a_0 + \dfrac{\partial F_L}{\partial a_1}\mathrm{d}a_1 + \dfrac{\partial F_L}{\partial a_2}\mathrm{d}a_2 + \dfrac{\partial F_L}{\partial b_0}\mathrm{d}b_0 + \dfrac{\partial F_L}{\partial b_1}\mathrm{d}b_1 + \dfrac{\partial F_L}{\partial b_2}\mathrm{d}b_2 + \\ \quad \dfrac{\partial F_L}{\partial P}\mathrm{d}P + \dfrac{\partial F_L}{\partial L}\mathrm{d}L + \dfrac{\partial F_L}{\partial H}\mathrm{d}H \end{cases} \tag{6.47}$$

把误差方程式写成矩阵形式为

$$\boldsymbol{V} = [\boldsymbol{AB}]\begin{bmatrix} \boldsymbol{t} \\ \boldsymbol{X} \end{bmatrix} - \boldsymbol{L} \tag{6.48}$$

式中

$$\boldsymbol{V} = [F_S \quad F_L]^{\mathrm{T}}$$

$$\boldsymbol{L} = [-F_S^0 \quad -F_L^0]^{\mathrm{T}}$$

$$\boldsymbol{A} = \begin{bmatrix} \dfrac{\partial F_S}{\partial a_0} & \dfrac{\partial F_S}{\partial a_1} & \dfrac{\partial F_S}{\partial a_2} & \dfrac{\partial F_S}{\partial b_0} & \dfrac{\partial F_S}{\partial b_1} & \dfrac{\partial F_S}{\partial b_2} \\ \dfrac{\partial F_L}{\partial a_0} & \dfrac{\partial F_L}{\partial a_1} & \dfrac{\partial F_L}{\partial a_2} & \dfrac{\partial F_L}{\partial b_0} & \dfrac{\partial F_L}{\partial b_1} & \dfrac{\partial F_L}{\partial b_2} \end{bmatrix}$$

$$\boldsymbol{B} = \begin{bmatrix} \dfrac{\partial F_S}{\partial P} & \dfrac{\partial F_S}{\partial L} & \dfrac{\partial F_S}{\partial H} \\ \dfrac{\partial F_L}{\partial P} & \dfrac{\partial F_L}{\partial L} & \dfrac{\partial F_L}{\partial H} \end{bmatrix}$$

$$\boldsymbol{t} = [\mathrm{d}a_0 \quad \mathrm{d}a_1 \quad \mathrm{d}a_2 \quad \mathrm{d}b_0 \quad \mathrm{d}b_1 \quad \mathrm{d}b_2]^{\mathrm{T}}$$

$$\boldsymbol{X} = [\mathrm{d}P \quad \mathrm{d}L \quad \mathrm{d}H]^{\mathrm{T}}$$

对每一个像点可以列出一组误差方程式。这类误差方程式中含有两类未知数 $t$ 和 $X$。其中 $t$ 为所有影像的仿射变换参数，$X$ 为所有待求点的地面坐标，相应的法方程为

$$\begin{bmatrix} \boldsymbol{A}^{\mathrm{T}}\boldsymbol{A} & \boldsymbol{A}^{\mathrm{T}}\boldsymbol{B} \\ \boldsymbol{B}^{\mathrm{T}}\boldsymbol{A} & \boldsymbol{B}^{\mathrm{T}}\boldsymbol{B} \end{bmatrix}\begin{bmatrix} \boldsymbol{t} \\ \boldsymbol{X} \end{bmatrix} = \begin{bmatrix} \boldsymbol{A}^{\mathrm{T}}\boldsymbol{L} \\ \boldsymbol{B}^{\mathrm{T}}\boldsymbol{L} \end{bmatrix} \tag{6.49}$$

对于区域网平差而言，由于所涉及的影像数和每幅影像的量测像点数有时会很多，此时，误差方程式的总数是很庞大的，但每张影像的仿射变换的参数是固定的6个，故未知数 $t$ 的个数远小于未知数 $X$ 的个数。因此，在求解

未知数的过程中，可以先消去未知数 $X$，求解 $t$，然后再求解 $X$。

# 6.3 辅助数据联合高精度定位

## 6.3.1 激光测距数据辅助的联合平差

### 6.3.1.1 激光测距系统

激光测距仪用于在摄影时刻测量地球表面的倾斜距离，并记录未经滤波的回波波形。激光测距仪还具有对激光地面足印区域的成像功能，将地面足印区域的图像与测绘相机获取的图像进行匹配，可以精确判断激光测距仪所测地面点的位置信息。我国高分十四号卫星中有效载荷包括两线阵立体相机和激光测距系统等。两线阵相机中的前视相机和后视相机指向角分别为+26°和−5°，激光测距系统包括 3 个激光测距仪和 3 个足印相机[32]，其构型如图 6.13 所示。

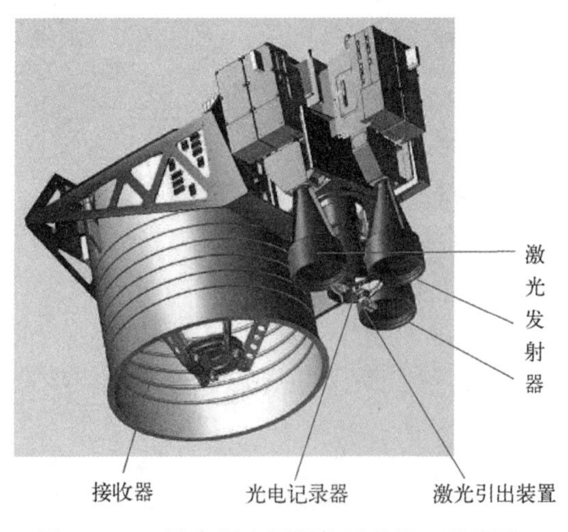


图 6.13　三波束激光测距仪示意图（见彩图）

3 个激光测距仪和足印相机配置在前视与后视相机之间，类似于三线阵相机中的正视相机，呈品字形排列，如图 6.14 所示。当激光测距仪发射信号到地面时，足印相机对激光光斑区域进行摄影，获取测距时刻光斑对应的地面影像，此影像可等效为三线阵影像中的“正视影像”。在两线阵相机摄影期间，激光测距仪和足印相机采用固定频率进行工作。

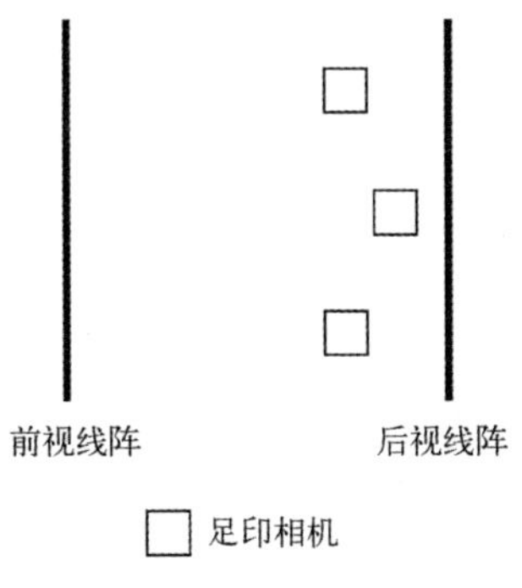


图 6.14　足印相机品字型分布

#### 6.3.1.2　基于立体影像光斑高程信息提取

激光测距用于立体影像辅助定位，首先需要解决激光光斑内高程信息与立体影像的一一对应问题，因此，需要研究基于立体测绘影像光斑高程信息提取的技术，主要包括以下几个步骤。

（1）高分辨率光学影像的激光光斑位置提取。

利用激光光斑影像与高分辨率光学影像进行影像匹配，获取光斑影像对应的高分辨率光学影像上的位置和区域，建立光斑影像、激光光斑回波、强度图像与高分辨率光学影像局部的对应关系。首先，依据激光光斑影像的分辨率，对高分辨率光学影像进行金字塔影像建立，以适应光斑影像分辨率。其次，以光斑影像作为基准影像，根据激光光斑位置信息和高分影像的成像几何信息，确定光斑影像所对应的高分辨率光学影像的范围，在高分影像范围内进行影像匹配，获取光斑影像对应的高分影像精确位置和区域，即光斑对应的影像范围。

（2）光斑区域相对地形模型获取。

对激光光斑对应的高分辨率立体影像区域进行影像匹配，获取同名像点坐标，计算立体影像同名像点的左右视差，恢复光斑区域相对地形模型。首先，在高分辨率立体影像对的一幅影像上（设为左影像）获取到激光光斑对应的区域，那么，右影像上容易找到对应的区域，对于高分辨率的光斑对应影像区域，进行逐点立体影像匹配，获取同名像点坐标。其次，计算立体影像同名像点的左右视差，以某点为基准点，根据高差与左右视差的关系，建立光斑区域内所有点相对于基准点的相对地面模型。

（3）光斑区域激光回波仿真。

利用激光光斑强度图像与相应光斑区域的相对地面模型进行光斑回波仿真，得到光斑区域的仿真回波。首先，提取光斑回波仿真所需的光斑强度分布以及相应点的回波延时、激光测距仪距离分辨率等参数。其次，利用目标成像回波信号模型进行激光光斑回波仿真。最后，依据激光测距系统距离分辨率和光斑内地面起伏高差，合成回波信号，形成光斑回波曲线。

（4）像素对应激光测高信息提取。

将仿真光斑回波与真实回波进行匹配，提取相对地面模型格网点对应的高程信息，得到高精度光斑区域地面模型。首先，利用激光光斑回波与仿真回波波峰分布相似性较大特点，实现激光与仿真回波的匹配。其次，根据仿真回波不同相对高度的地理位置，即可获得高分辨率影像对应的光斑内高程信息。

#### 6.3.1.3 联合平差

1）距离误差方程

激光测距仪测定的是从摄站点到地面点的距离，根据距离条件，可以建立相应的误差方程[33]。条件方程式为

$$F=L-\sqrt{P}=0 \tag{6.50}$$

式中：$P=(X_S-X)^2+(Y_S-Y)^2+(Z_S-Z)^2$，其中 $X_S$、$Y_S$、$Z_S$ 为发射激光点的摄站坐标，$X$、$Y$、$Z$ 为激光点的地面坐标；$L$ 为摄站与反射点之间的距离。

对 $F$ 求一阶导数，系数为

$$\frac{\partial F}{\partial L}=\Delta L,\quad \frac{\partial F}{\partial X}=\frac{(X_S-X)\cdot\Delta X}{\sqrt{P}},\quad \frac{\partial F}{\partial Y}=\frac{(Y_S-Y)\cdot\Delta Y}{\sqrt{P}},\quad \frac{\partial F}{\partial Z}=\frac{(Z_S-Z)\cdot\Delta Z}{\sqrt{P}}$$

线性化后的误差方程式为

$$V=\begin{pmatrix}\frac{X_S-X}{\sqrt{P}} & \frac{Y_S-Y}{\sqrt{P}} & \frac{Z_S-Z}{\sqrt{P}}\end{pmatrix}\begin{pmatrix}\Delta X\\ \Delta Y\\ \Delta Z\end{pmatrix}-F^0 \tag{6.51}$$

其中

$$F^0=L-\sqrt{(X_S-\dot{X})^2+(Y_S-\dot{Y})^2+(Z_S-\dot{Z})^2}$$

式中：$\dot{X}$、$\dot{Y}$、$\dot{Z}$ 为激光反射点地面坐标近似值。

2）测距辅助联合平差

激光点足印影像原理上可看作正视影像，它可以与前、后视影像匹配求

出同名像点，则平差系统可视作“三线阵 CCD 影像”进行光束法平差。但考虑到足印影像分辨率较低，不宜作为观测值参与平差，可以将距离条件作为平差条件联合平差，同时，在推算平差的改正数方程时，只保留对地面点坐标的改正[32]。激光测距数据辅助两线阵影像光束法平差的数学模型，包括前方交会、后方交会、外方位元素平滑条件及利用激光数据进行地面高程坐标改正等。

（1）前方交会。前方交会主要用于计算所有参与平差像点坐标对应的地面点坐标，其中外方位元素采用初始观测值或迭代计算值。前方交会的误差改正方程为

$$\begin{pmatrix} v_{x_{ij}} \\ v_{y_{ij}} \end{pmatrix} = \boldsymbol{A}_{ij}\boldsymbol{X}_i - \begin{pmatrix} lX_{ij} \\ lY_{ij} \end{pmatrix},\quad i=0,1,\cdots,n-1;\quad j=0,1,\cdots,m-1 \tag{6.52}$$

式中：$v_{x_{ij}}$和$v_{y_{ij}}$为像点坐标余差；$\boldsymbol{A}_{ij}$为系数矩阵；$\boldsymbol{X}_i=(\Delta X\ \ \Delta Y\ \ \Delta Z)^{\mathrm{T}}$为地面点坐标改正数；$l_{x_{ij}}=x_{ij}-\mathring{x}_{ij}$，$l_{y_{ij}}=y_{ij}-\mathring{y}_{ij}$，其中$(x_{ij},y_{ij})$为像点量测坐标，$(\mathring{x}_{ij},\mathring{y}_{ij})$为外方位元素观测值或迭代计算值代入共线方程的计算值；$n$ 为航线中 EFP 像片数；$m$ 为参与光束法平差的像点数。

（2）后方交会。后方交会主要是利用像点坐标和其地面点坐标等数据，计算 EFP 时刻的外方位元素。其误差方程为

$$\begin{pmatrix} v_{x_{ij}} \\ v_{y_{ij}} \end{pmatrix} = \boldsymbol{B}_{ij}\boldsymbol{X}_i - \begin{pmatrix} lX_{ij} \\ lY_{ij} \end{pmatrix},\quad i=0,1,\cdots,n-1;\quad j=0,1,\cdots,m-1 \tag{6.53}$$

式中：$\boldsymbol{B}_{ij}$为系数矩阵；$\boldsymbol{X}_i=(\Delta X_{S_i}\ \Delta Y_{S_i}\ \Delta Z_{S_i}\ \Delta\varphi_i\ \Delta\omega_i\ \Delta\boldsymbol{\kappa}_i)^{\mathrm{T}}$为外方位元素改正值，其余参见（1）。

（3）外方位元素平滑方程。为了加强各三角锁之间的连接条件，在卫星平稳飞行摄影中，增加外方位元素二阶差分为零平滑条件，如下式所示：

$$\boldsymbol{V}_k=\boldsymbol{\delta}_{k+1}-2\boldsymbol{\delta}_k+\boldsymbol{\delta}_{k-1}-\boldsymbol{l}_k,\quad k=1,2,\cdots,n-1 \tag{6.54}$$

式中：$\boldsymbol{V}_k$为外方位元素余差；$n$ 为航线中 EFP 像片数；$\boldsymbol{\delta}_k$为外方位元素改正数；$\boldsymbol{l}_k=\mathring{\boldsymbol{P}}_{k+1}-2\mathring{\boldsymbol{P}}_k+\mathring{\boldsymbol{P}}_{k-1}$，其中$\mathring{\boldsymbol{P}}_k$为外方位元素平差值。

（4）地面点高程坐标改正方程。激光测距数据辅助两线阵影像平差过程中，利用高精度的激光测距数据，对连接点的高程坐标进行迭代改正，其改正误差方程如下式所示：

$$v_{d_j}=a_1\cdot\Delta Z+l_{d_j} \tag{6.55}$$

式中：$v_{d_j}$为距离余差；$a_1=\dfrac{Z_{S_j}-Z_j}{\sqrt{(X_{S_j}-X_j)^2+(Y_{S_j}-Y_j)^2+(Z_{S_j}-Z_j)^2}}$；$\Delta Z$ 为高程改正值；$l_{d_j}=l_j-\sqrt{(X_{S_j}-X_j)^2+(Y_{S_j}-Y_j)^2+(Z_{S_j}-Z_j)^2}$，其中 $l_j$ 为激光测距值，$(X_{S_j},Y_{S_j},Z_{S_j})$为激光测距仪发射信号时的空间位置，$(X_j,Y_j,Z_j)$为由两线阵影像计算出的激光点地面坐标。

## 6.3.2 光轴位置测量数据辅助高精度定位

相机几何参数（焦距、夹角等）是影响无控定位精度的重要因素，卫星发射前后，都要经过实验室标定和发射后的在轨标定予以精确计算。但随着时间的变化，相机几何参数会出现微弱变化，表现为低频误差或有色误差[34]，影响卫星影像无控定位精度。对于此类低频误差，通过在全球建立多个标定场频繁标定可以削弱其对定位精度的影响[20,35-38]。但受标定场数量、分布以及天气等因素影响，频繁进行相机参数在轨标定并不现实，也不经济。光轴位置测量设备能够在轨实时测量相机参数的变化，它采用自准直原理[39]，将小面阵探测器作为光轴位置记录器，安置在相机焦面线阵两端，通过记录器获取的激光光斑在小面阵探测器平面内位置的变化，可实现对相机焦距、星地相机夹角等参数的实时监测[40]，这些监测参数可以用来提高影像无控定位精度。

### 6.3.2.1 光轴位置测量的原理

光轴位置测量系统是利用光学自准直原理，通过平面镜反射特性精确记录光斑变化，从而计算出相机光轴角度、焦距等变化，该系统主要由激光光源、分光棱镜以及小面阵探测器等组成。如图 6.15 所示，通常将小面阵探测器作为光轴位置记录接收器，安置在相机焦面线阵两端。根据光轴位置记录器获取的激光光斑位置数据，可解算出夹角和焦距的变化。如图 6.16 所示，如相机绕镜头视轴转动 $\Delta\gamma$ 时，光轴位置记录器自准直图像离开其设定位置沿 $X$ 轴发生偏移，通道 1（左侧小面阵探测器）中像点由 $x_{01}$偏移至 $x_{11}$，通道 2（右侧小面阵探测器）中像点由 $x_{02}$偏移至 $x_{22}$。

利用激光光斑在通道 1、通道 2 上沿 $X$ 轴方向发生的偏移数据，可以精确求解出相机镜头绕视轴转动的角度 $\Delta\gamma$，如下式所示：

$$\Delta\gamma=\frac{[(x_{11}-x_{01})-(x_{22}-x_{02})]\cdot\delta}{L} \tag{6.56}$$

式中：$x_{01}$、$x_{02}$为相机光轴位置记录器通道 1 及通道 2 自准直图像在 $X$ 轴方向上的坐标；$x_{11}$、$x_{22}$为相机光轴位置记录器通道 1 及通道 2 自准直图像沿 $X$ 轴位移量；$\delta$ 为探测器器件的像元尺寸。

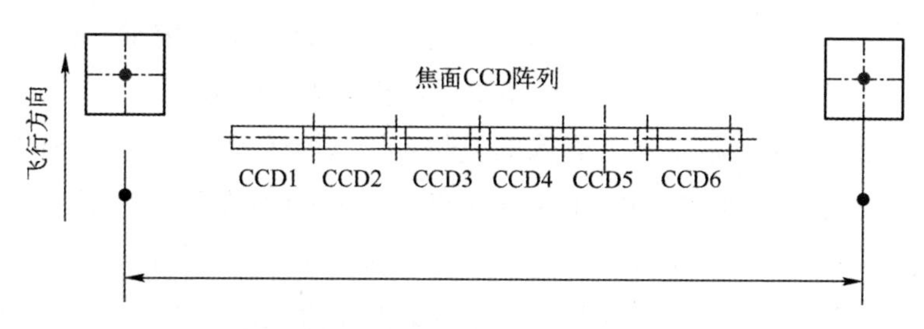


图 6.15　探测器与线阵相机焦面关系示意图（见彩图）

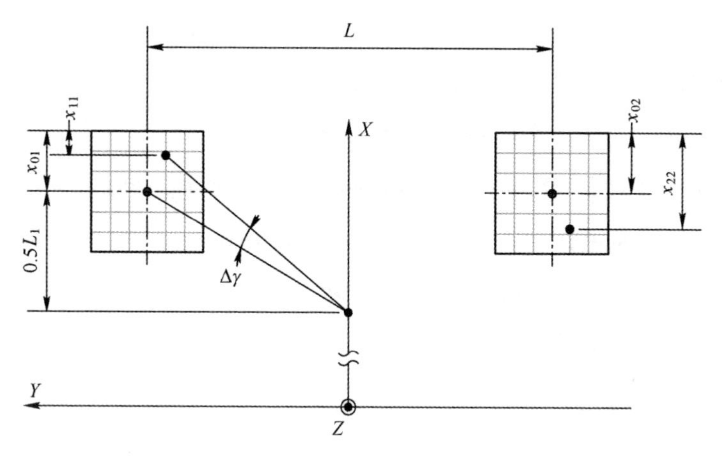


图 6.16　相机绕镜头视轴转动角度变化图（见彩图）

### 6.3.2.2　光轴测量数据辅助定位的数学模型

影像内、外方位元素的变化直接影响到最终地面点三维定位结果，其中影像姿态角的变化直接影响旋转矩阵 $a_i$、$b_i$、$c_i(i=1,2,3)$ 和 $a'_i$、$b'_i$、$c'_i(i=1,2,3)$，焦距的变化直接反映到 $f_l$、$f_r$ 中。

在卫星摄影测量中，卫星平台均搭载 GNSS 和星相机（或星敏感器）用于获取相机摄影时刻的位置和姿态。经过精密定轨后，结合 GNSS 天线相位中心偏移量，即可获得相机摄影时刻在地固坐标系中的位置；基于星相机（或星敏感器）联合定姿后，从天球坐标系转换至地固坐标系，根据星相机（或星敏感器）与前视相机、后视相机的安装矩阵，即可获得相机摄影时刻在地固坐标系中的姿态。为了使用式（2.58）或式（2.59），通常将相机摄影时刻的位置和姿态数据由地固坐标系转换至摄影测量坐标系。但随着卫星在轨飞行时间的变化，星相机和立体相机都会出现量级很小的低频误差，最终会反映在外方位角元素变化中，均可归结为星地相机间夹角发生变化。光轴位置测量设备可以根据记录器获取的激光光斑位置数据，按一定采样频率计算出相机在自身坐标系中绕三轴变化的角度以及相机焦距变化。

在实际计算中，根据同名影像的左像点沿 $X$（卫星飞行）方向的像素值计算出对应摄影时刻 $T_l$，进而内插出相应时刻的外方位角元素$(\varphi_{l_{T1}},\omega_{l_{T1}},\kappa_{l_{T1}})$，根据式（2.25）形成旋转矩阵 $\boldsymbol{R}(\varphi_{l_{T1}},\omega_{l_{T1}},\kappa_{l_{T1}})$；同时，从光轴测量记录数据中内插出 $T_l$时刻前视相机光轴角度的变化量$(\Delta\varphi_{l_{T1}},\Delta\omega_{l_{T1}},\Delta\kappa_{l_{T1}})$和焦距变化量 $\Delta f_{l_{T1}}$，形成旋转矩阵 $\Delta\boldsymbol{R}(\Delta\varphi_{l_{T1}},\Delta\omega_{l_{T1}},\Delta\kappa_{l_{T1}})$。由于 $\Delta\varphi_{l_{T1}}$、$\Delta\omega_{l_{T1}}$、$\Delta\kappa_{l_{T1}}$均在亚秒级（通常在 0.4″左右），则 $\Delta\boldsymbol{R}(\Delta\varphi_{l_{T1}},\Delta\omega_{l_{T1}},\Delta\kappa_{l_{T1}})$可用一次项近似表示。此时根据式（2.58），$M_l$和$f_l$可转换为

$$\boldsymbol{M}_l=\boldsymbol{R}(\varphi_{l_{T1}},\omega_{l_{T1}},\kappa_{l_{T1}})\cdot\Delta\boldsymbol{R}(\Delta\varphi_{l_{T1}},\Delta\omega_{l_{T1}},\Delta\kappa_{l_{T1}})=$$

$$\begin{bmatrix}\cos\varphi_{l_{T1}}\cos\kappa_{l_{T1}}-\sin\varphi_{l_{T1}}\sin\omega_{l_{T1}}\sin\kappa_{l_{T1}} & -\cos\varphi_{l_{T1}}\sin\kappa_{l_{T1}}-\sin\varphi_{l_{T1}}\sin\omega_{l_{T1}}\cos\kappa_{l_{T1}} & -\sin\varphi_{l_{T1}}\cos\omega_{l_{T1}}\\ \cos\omega_{l_{T1}}\sin\kappa_{l_{T1}} & \cos\omega_{l_{T1}}\cos\kappa_{l_{T1}} & -\sin\omega_{l_{T1}}\\ \sin\varphi_{l_{T1}}\cos\kappa_{l_{T1}}+\cos\varphi_{l_{T1}}\sin\omega_{l_{T1}}\sin\kappa_{l_{T1}} & -\sin\varphi_{l_{T1}}\sin\kappa_{l_{T1}}+\cos\varphi_{l_{T1}}\sin\omega_{l_{T1}}\cos\kappa_{l_{T1}} & \cos\varphi_{l_{T1}}\cos\omega_{l_{T1}}\end{bmatrix}\times$$

$$\begin{bmatrix}1 & -\Delta\kappa_{l_{T1}} & -\Delta\varphi_{l_{T1}}\\ \Delta\kappa_{l_{T1}} & 1 & -\Delta\omega_{l_{T1}}\\ \Delta\varphi_{l_{T1}} & \Delta\omega_{l_{T1}} & 1\end{bmatrix} \tag{6.57}$$

$$f_l=f_{l0}+\Delta f_{l_{T1}} \tag{6.58}$$

式中：$f_{l0}$为相机焦距实验室或在轨标定值。同理，根据同名影像的右像点坐标计算出对应摄影时刻 $T_r$，参照左像点计算步骤，计算出式（2.59）中的旋转矩阵和主距值，最后利用式（2.56）、式（2.57），实现卫星影像高精度定位。

## 参考文献

[1] HOFMANN O, NAVE P, EBNER H. DSP_a digital photogrammetric system for producing

elevation model and orthophotos by means of linear array scannar imagery [A]. In: Helsinki Int. Arch. of Photogrammetry, vol. 24-III, 1982: 216-227.
[2] 刘军. 高分辨率卫星 CCD 立体影像定位技术研究 [D]. 郑州: 信息工程大学, 2003.
[3] 王冬红. 机载数字传感器几何标定的模型与算法研究 [D]. 郑州: 信息工程大学, 2011.
[4] EBNER H, KORNUS W, KORNUS T, et al. Orientation of MOMS-02/D2 and MOMS-2P/Priroda imagery [J]. ISPRS Journal of Photogrammetry & Rmote Sensing 54 (1999): 332-341.
[5] EBNER H, KORNUS W, STRUNZ G, et al. Simulation study on point Determination using MOMS_O2/D2 imagery [J]. PRES, 1991, 57 (10): 1315-1320.
[6] 王任享. 三线阵 CCD 影像卫星摄影测量原理 [M]. 北京: 测绘出版社, 2006.
[7] 燕琴, 张祖勋, 张剑清. 异轨遥感 CCD 影像外方位元素的解求 [J]. 武汉大学学报 (信息科学版), 2001, 26 (3): 270-274.
[8] 张永军, 张剑清. 异轨遥感立体像对外方位元素的求解算法 [J], 武汉大学学报 (信息科学版), 2003, 28 (5): 521-524.
[9] 龚健雅. 对地观测数据处理分析与进展 [M]. 武汉: 武汉大学出版社, 2007.
[10] 王任享. 利用三线阵 CCD 影像恢复外方位元素 [J]. 测绘科技, 1996 (2): 5-8.
[11] 王任享, 利用卫星三线阵 CCD 影像进行光束法平差的数学模拟实验研究 [J]. 武汉大学学报 (信息科学版), 1998, 23 (4): 304-309.
[12] 王任享. 卫星三线阵 CCD 影像光束法平差研究 [J]. 武汉大学学报 (信息科学版), 2003, 28 (4): 379-385.
[13] 王任享. 卫星三线阵 CCD 影像光束法平差研究 [J]. 武汉大学学报 (信息科学版), 2003, 28 (4): 379-385.
[14] 王任享, 卫星三线阵 CCD 影像 EFP 法空中三角测量 [J]. 测绘科学, 2008, 33 (4): 5-8.
[15] 张永军, 郑茂腾, 等. “天绘一号” 卫星三线阵影像条带式区域网平差 [J]. 遥感学报, 2012 (16): 84-89.
[16] 王任享. 三线阵 CCD 影像卫星摄影测量原理 [M]. 北京: 测绘出版社, 2016.
[17] 王任享, 王建荣. 我国卫星摄影测量发展及其进步 [J]. 测绘学报, 2022, 51 (6): 804-810.
[18] 王任享, 王建荣, 胡莘. EFP 全三线交会光束法平差 [J]. 武汉大学学报 (信息科学版), 2014, 39 (7): 757-761.
[19] 袁修孝, 余俊鹏. 高分辨率卫星遥感影像的姿态角常差检校 [J]. 测绘学报, 2008, 37 (1): 37-38.
[20] 李德仁, 王密. “资源三号” 卫星在轨几何标定及精度评估 [J]. 航天返回与遥感,

2012，33（3）：1-5.

[21] 蒋永华，张过，等．资源三号测绘卫星三线阵影像高精度几何检校［J］．测绘学报，2013，42（4）：523-529.

[22] 王任享，王建荣，胡莘．卫星摄影姿态测定系统低频误差补偿［J］．测绘学报，2016，45（2）：127-130.

[23] BOUILLON A，BRETON，E，LUSSY D，et al. SPOT5 geometric image quality［C］//Proceedings of 2003 IEEE International Geoscience and Remote Sensing Symposium，Toulouse，France，2003：303-305.

[24] BOUILLON A，et al. SPOT5 HRG and HRS first in-flight geometric quality results［C］// 9th International Symposium on Remote Sensing，22-27 September，Aghia Pelagia，Greece，2002：212-223.

[25] 王兴涛，李迎春，等．"天绘一号"卫星星敏感器精度分析［J］．遥感学报，2012（16）：90-93.

[26] 王任享，胡莘，王建荣．天绘一号无地面控制点摄影测量［J］．测绘学报，2013，42（1）：1-5.

[27] 王任享，王建荣，胡莘．在轨卫星无地面控制点摄影测量探讨［J］．武汉大学学报（信息科学版），2011，36（11）：1261-1264.

[28] 胡莘，曹喜滨．三线阵测绘卫星的偏流角改正问题［J］．测绘科学技术学报，2006，23（2）：321-324.

[29] 王新义，张剑清，胡燕，等．偏流角对卫星三线阵 CCD 影像定位的影响分析［J］．武汉大学学报（信息科学版），2013，38（3）：283-286.

[30] 王建荣，王任享，胡莘．卫星摄影测量中偏流角修正余差改正技术［J］．测绘学报，2014，43（9）：954-959.

[31] 王建荣，王任享，胡莘．三线阵影像外方位元素平滑方程自适应光束法平差［J］．测绘学报，2018，47（7）：968-972.

[32] 曹彬才，王建荣，胡燕，等．高分十四号激光测量系统在轨几何标定与初步精度验证［J］．光学精密工程，2023，31（11）：1-10.

[33] 王任享，王建荣．二线阵 CCD 卫星影像联合激光测距数据光束法平差技术［J］．测绘科学技术学报，2014，31（1）：1-4.

[34] 杨元喜．卫星导航的不确定性、不确定度与精度若干注记［J］．测绘学报，2012，41（5）：646-650.

[35] JIANRONG W，RENXIANG W，XIN H，et al. The on-orbit calibration of geometric parameters in TH-1 satellite［J］. ISPRS Journal of Photogrammetry and Remote Sensing，2017，124：144-151.

[36] BRETON E，BOUILLON A，GACHET R，et al. Pre-flight and in-flight geometric calibra-

tion of SPOT 5 HRG and HRS images [C]//ISPRS Comm., I, Denver, 10 - 15 Nov., 2002.

[37] MULAWA D. On-orbit geolocation accuracy and image quality performance of the GeoEye-1 high resolution imaging satellite [R]. JACIE Conference, Virginia, 2008.

[38] LUSSY F D, GRESLOU D, DECHOZ C, et al. Pleiades HR in flight geometrical calibration: location and mapping of the Focal Plane [J]. International Archives of the Photogrammetry Remote Sensing and Spatial Information Sciences, 2012, 39 (B1): 519-523.

[39] 周丹，向阳，高健．自准直仪光学系统设计 [J]. 应用光学，2014，35 (5)：5.

[40] 缪毓喆，王伟之，杨秀策，等．基于高分卫星姿态监测的姿态参数算法优化 [J]. 航天返回与遥感，2023，44 (2)：53-62.

# 第7章　光学相机参数标定

在卫星摄影测量中，航天测绘相机是获取原始影像信息的关键设备，其相机参数的精度直接关系到摄影测量成果的定位精度。测绘相机参数在实验室均要进行严格标定，但由于卫星在发射和在轨运行过程中，受发射的振动、长时间飞行中温度的变化等都将影响测绘相机参数发生变化。在有地面控制点的卫星摄影测量中，相机参数变化导致的摄影测量误差大部分可以通过地面控制点参与予以消除，但无地面控制点条件下的卫星摄影测量，相机参数变化通常采用在轨几何标定方法加以解算。本章重点阐述相机参数实验室标定和在轨标定内容。

## 7.1　相机几何参数实验室标定

### 7.1.1　实验室标定设备

相机几何参数实验室标定是保证测绘相机质量的重要环节，在实验室标定过程中，无论是对标定的环境，还是对标定的设备及方法，都提出较高的要求。通常需建立恒温（4h温度变化小于0.5℃）、超净（10万级超净间）实验室，并有湿度控制设施（40%~65%），防静电的地线，更衣室和安装风淋设备。整个平台要封闭，设备操作间与设备隔离，尽可能减小环境因素对标定结果的影响。

根据标定的内容和要求，实验室标定设备包括隔振气浮平台、平行光管、高精度经纬仪、高精度二维转台、经纬仪以及标定数据处理软件等，共同完成测绘相机的内方位元素（主距、主点、立体相机交会角）的标定和检测。

### 7.1.2　实验室标定方法

#### 7.1.2.1　畸变测量方法

镜头装调完毕后，将事先加工好的网格板安装到镜头的 CCD 像面位置，使网格中心位于光轴中心，利用参考标记使网格方向与 CCD 安装方向平行。为了模拟真空中的实际情况消除在大气和真空的折射率影响，需在镜头前加装校正镜。将镜头水平放置到光学平台上，利用高精度经纬仪精密调平，并使经纬仪视轴水平，调整被测镜头，使网格板中心线水平。利用经纬仪正镜测量各分划线经被测物镜所成的像对中心分划线像的夹角，每个分划线位置重复瞄准 5 次后取平均值，最后利用一系列的分划线与分划中心间距和对应夹角计算各视场畸变[1]。

#### 7.1.2.2　内方位元素标定

首先，将长焦距的平行光管精密调平，将二维转台调平，将相机安装在二维转台上。为了模拟真空中的实际情况消除在大气和真空的折射率影响，需在镜头前加装校正镜。其次，将被测相机对准平行光管，转动转台调整相机调整工装，使星点能在 CCD 靶面全视场成像。最后，将星点目标对准 CCD 像元中心，转动二维转台，同时记录转角和相应像点位置坐标，利用像点位置坐标数据和转角测量数据，利用最小二乘多元回归方法计算主点、主距值。

#### 7.1.2.3　交会角标定

首先，调整二维转台使光管目标对准基准相机像主点 $x_0$，记录方位角值[2]。根据标定的主距和像元尺寸，计算像元的空间分辨角，在高低方向转动转台，每转动一个空间分辨角采集一行数据，记录每行图像数据所对应的高低角值。采用同样的方法测得前视（或后视）相机的像主点对应的方位高低角。最后，计算出前视（或后视）相机与基准相机之间高低角差，即为立体相机交会角。

## 7.2 相机参数在轨标定

### 7.2.1 标定场建设

为保障卫星无地面控制条件下的定位精度和遥感定量化应用，提高卫星影像表观质量，需建设多个不同用途的地面标定场，对卫星开展长期业务化标定。主要包括几何标定场和辐射标定场。

#### 7.2.1.1 几何标定场

几何标定场主要用于在轨标定对地观测传感器的几何标定参数，保障无地面控制条件下目标定位和测绘产品的精度。建立地面几何标定场进行在轨几何标定，是目前国内外遥感测绘卫星确保定位精度的通用做法。国际上遥感卫星技术发达国家（如美国、法国、日本等）都在全球建设了一定数量的高精度检测场，SPOT 卫星在世界各地布设 20 余个精度检测场，为 SPOT 卫星的有效应用提供了基础保障[3]；IKONOS、OrbView、GeoEye-1、ALOS 等国外高分辨率遥感卫星均采用在世界各地建立多个高精度几何检校场的方法，进行了系统、严格的在轨几何标定工作，并积累了丰富的实践经验[4-6]。为实现测绘卫星的在轨几何标定，我国也在东北、华北、西北建立数字化几何标定场，在河南嵩山建设综合试验标定场[7]。地面标定场的选择要充分考虑卫星轨道设计、地面区域的气象条件等因素，选择和确定合适的地面标定场是进行在轨标定工作的首要环节，对标定场的建设和后续使用都具有重要影响[8]。因此，在选址过程中，应综合考虑气候条件、地形地貌、卫星飞行轨迹、人文环境以及已有基础设施等诸多因素。

试验场应选择常年气象条件良好、高差不大、地物比较丰富且交通方便的地区。地面试验场的长度要满足相应标定方法的要求，宽度要考虑摄影旁向重叠以及轨道偏移等因素。对于面阵相机，一个试验场应完全覆盖一张像片的地面覆盖范围，考虑到摄影时刻的误差和轨道偏移，还要适当扩大四周边缘。对于线阵相机，试验场的长度选择至少应包含两条短基线，宽度大于卫星设计的覆盖宽度。例如，德国 MOMS 卫星工程为了实现基于光束法平差的相机参数在轨标定，建立的标定场横跨奥地利境内，大约 1000km[9]；我国天绘一号卫星工程在东北建立了南北 600km、东西 100km 范围的数字化标定场，实现了基于 LMCCD 影像光束法平差的相机参数在轨标定[10]。同时，传输型测绘卫星都采用轨道倾角为 98°左右的近圆轨道，为保证标定的卫星影像完全落在试验场内，试验场的方向与卫星运行方向基本一致，按照成图的习惯，试验场方向选用南北方向。

目前，标定场的建设主要分为 3 类：一是数字化空中三角测量场，基于高分辨率的航空影像和外业控制点，进行全区域影像的空三加密；二是基于正射影像，利用正射影像作为控制点影像图，采取均匀提取策略来提取具有明显特征的自然地物，并与待标定相机的影像进行高精度自动匹配，将匹配正确的点作为控制点进行标定；三是布设永固型的人工靶标，在标定场区域内布设永久性高精度控制点。地面控制点埋石采用混凝土现场浇注，埋石中心标志应明显，地面控制点坐标利用 GNSS 静态测量，高程坐标利用三等水准测量。

#### 7.2.1.2 辐射标定场

辐射标定场包括相对辐射标定场和绝对辐射标定场，主要用于改善影像质量、遥感信息定量化应用以及监测相机特性。一般通过在场地内制作固定靶标、铺设靶标以及利用自然地物完成绝对辐射标定、分辨率及 MTF 检测，要求在卫星过顶拍摄时进行地面同步信息采集。相对辐射标定场通常采用大面积均匀地物的均匀场法，该方法以地面的均匀校正场作为辐射参考基准目标，使用时需要具有不同辐射亮度的均匀场地，结合卫星轨道参数的计算，在适当条件下对满足要求的均匀场地直接成像，既减少了对均匀场图像的查找工作，也有利于基于均匀场地的相对辐射标定方法的运用。

绝对辐射标定场选择尽量选择在地势平坦、具有良好稳定性的大气条件、均匀单一的地表，且区域面积至少覆盖 15×15 个探元[11]。基于这些因素，我国绝对辐射标定场多集中于我国西北干旱、半干旱地区，主要是因为该地区存在较多的大面积均匀场地，并且降水少，场地和大气性质的稳定性较好，如甘肃敦煌、内蒙古包头建立的绝对辐射标定场。我国南方低纬度地区标定场地则相对缺乏，这直接限制了我国卫星传感器绝对辐射标定的频次，目前，在云南丽江布设了人工靶标用于冬季绝对辐射标定试验。

### 7.2.2 辐射参数标定

#### 7.2.2.1 相对辐射标定

相对辐射标定就是将组成相机多片 CCD 或多个单元探测器按照线性位移

不变系统模型，将其响应输出校正到一致，使得探测器所获取的图像具有相同的响应度。相对标定的精度主要取决于所选取试验场地物的均匀性，以及标定算法模型精度。相对辐射标定通常采用均匀场法和图像统计法相结合的方法。首先，根据标定精度，从全球标定场数据库中预选出均匀度满足要求的标定场地；其次，根据卫星的轨道参数，筛选出能够过境的亮、暗均匀场，并规划卫星摄影获取均匀地物场影像。在此基础上，根据相机成像方式进行相机各探元的相对辐射标定系数计算，并通过与发射前相机的相对标定参数进行比对分析，评估相对标定计算结果，精确标定传感器在轨运行后相对辐射特性的变化情况。其中，均匀场法以地面均匀场地作为辐射参考基准源，该方法虽然受制于地面均匀场地的选择，但能够真实标定出传感器各探元的相对物理响应关系，其校正的结果无论从视觉效果，还是从图像定量分析角度都较为理想。

当卫星经过均匀场时，在一定区域内地表的照明、反射、大气条件是相同的，相机所有探元的辐射量也是相同的，可表示为

$$\overline{\mathrm{DN}}_{\lambda,j}=A_{\lambda,j}L_{\lambda}+\mathrm{DN}_{\lambda,0,j} \tag{7.1}$$

式中：$\overline{\mathrm{DN}}_{\lambda,j}$为相机 $\lambda$ 波段的第 $j$ 个探元对均匀场测量的均值；$A_{\lambda,j}$为该探元的绝对响应度；$\mathrm{DN}_{\lambda,0,j}$为底电平；$L_{\lambda}$为辐射输入波段的等效辐亮度。

由式（7.1）可变形为

$$L_{\lambda}=\frac{\overline{\mathrm{DN}}_{\lambda,j}-\mathrm{DN}_{\lambda,0,j}}{A_{\lambda,j}} \tag{7.2}$$

按照式（7.1），对均匀场内全体探元测量的辐射量求平均，可得

$$\overline{\mathrm{DN}}_{\lambda}=\frac{\sum\limits_{j}\overline{\mathrm{DN}}_{\lambda,j}}{N}=\frac{\sum\limits_{j}A_{\lambda,j}}{N}L_{\lambda}+\frac{\sum\limits_{j}\mathrm{DN}_{\lambda,0,j}}{N} \tag{7.3}$$

式中：$N$ 为相机探测器单元的个数。

将式（7.2）代入式（7.3）后，可得

$$\begin{aligned}\overline{\mathrm{DN}}_{\lambda}&=\frac{\sum\limits_{j}A_{\lambda,j}}{N}\frac{(\overline{\mathrm{DN}}_{\lambda,j}-\mathrm{DN}_{\lambda,0,j})}{A_{j}}+\frac{\sum\limits_{j}\mathrm{DN}_{\lambda,0,j}}{N}\\&=\frac{\sum\limits_{j}A_{\lambda,j}}{A_{\lambda,j}N}\overline{\mathrm{DN}}_{\lambda,j}+\left(\frac{\sum\limits_{j}\mathrm{DN}_{\lambda,0,j}}{N}-\frac{\sum\limits_{j}A_{\lambda,j}}{A_{\lambda,j}N}\mathrm{DN}_{\lambda,0,j}\right)\end{aligned} \tag{7.4}$$

令

$$B_{\lambda,j}=\frac{\sum\limits_{j}A_{\lambda,j}}{A_{\lambda,j}N},\quad B_{\lambda,0,j}=\frac{\sum\limits_{j}\mathrm{DN}_{\lambda,0,j}}{N}-\frac{\sum\limits_{j}A_{\lambda,j}}{A_{\lambda,j}N}\mathrm{DN}_{\lambda,0,j}$$

则式（7.4）可表示为

$$\overline{\mathrm{DN}}_{\lambda}=B_{\lambda,j}\overline{\mathrm{DN}}_{j}+B_{\lambda,0,j} \tag{7.5}$$

式中：$B_{\lambda,j}$为相对标定系数；$B_{\lambda,0,j}$为相对截距。它们与入射辐射量无关，仅与传感器的性能有关。若各探元的$B_{\lambda,j}$、$B_{\lambda,0,j}$已知，则可以将各探元校正到与全体探元的平均响应度一致的水平。

#### 7.2.2.2 绝对辐射标定

绝对辐射标定通常采用反射率基法或辐照度基法。根据卫星轨道和标定场地的位置、有效使用时间、交通情况等确定标定场地，并对地面同步测量设备（如太阳辐射计、光谱辐射计、辐照度计等）进行标定，以保证测量数据的真实有效性。为提高立体测绘卫星载荷的绝对辐射标定频次，可考虑使用多场地联合标定、人工布设靶标、综合固定场等场地选择方案。在星地同步标定试验前，进行相关设备的布设、检查和设置。若使用多场地联合标定，需要在卫星过境各场地前完成地面同步测量设备的布设；若使用人工布设灰阶靶标标定，需要在卫星过境场地前完成靶标和地面同步测量设备的布设；若使用综合固定场标定，固定场一般会配有自动测量设备，那么，只需在卫星过境固定场前完成地面同步测量设备的检查和设置。最后，根据同步与准同步试验获取的靶标、场地及大气光学特性数据，通过大气辐射传输模型计算得到靶标与场地在相机入瞳处的辐亮度，并与相机获取的靶标与场地影像进行综合分析处理，得到相机的绝对辐射标定系数。

### 7.2.3 框幅式相机几何参数标定

#### 7.2.3.1 内方位元素标定

共线条件方程是摄影测量学的最重要的理论，它描述了中心投影像片上的像点与其对应的物点间的几何关系。当相机内方位元素作为参数计算时，共有9个未知参数即像片的外方位元素（3个线元素和3个角元素）及相机的内方位元素[12]。在一般的单像空间后方交会计算中，内方位元素$f$、$x_0$、$y_0$由实验室检测提供，像点坐标 $x$、$y$ 及像点相对应的地面控制点坐标 $X$、$Y$、$Z$ 均为已知。因此，共线方程式（2.31）中的未知参量就剩 6 个外方位元素。由于一个已知点可列出两个方程式，如果有不在一条直线上的 3 个已知点，就可列出 6 个独立的方程式，解求 6 个外方位元素。由于共线条件方程是非线性函数的表达式，通常首先要应用泰勒公式对式（2.31）进行线性化处理，由此得出误差方程式的一般形式为

$$\begin{cases} v_x = \dfrac{\partial x}{\partial X_S}\mathrm{d}X_S + \dfrac{\partial x}{\partial Y_S}\mathrm{d}Y_S + \dfrac{\partial x}{\partial Z_S}\mathrm{d}Z_S + \dfrac{\partial x}{\partial \varphi}\mathrm{d}\varphi + \dfrac{\partial x}{\partial \omega}\mathrm{d}\omega + \dfrac{\partial x}{\partial \kappa}\mathrm{d}\kappa + (x) - x \\ v_y = \dfrac{\partial y}{\partial X_S}\mathrm{d}X_S + \dfrac{\partial y}{\partial Y_S}\mathrm{d}Y_S + \dfrac{\partial y}{\partial Z_S}\mathrm{d}Z_S + \dfrac{\partial y}{\partial \varphi}\mathrm{d}\varphi + \dfrac{\partial y}{\partial \omega}\mathrm{d}\omega + \dfrac{\partial y}{\partial \kappa}\mathrm{d}\kappa + (y) - y \end{cases} \tag{7.6}$$

当应用单像空间后方交会方法进行航天相机动态检测计算时，内方位元素 $f$、$x_0$、$y_0$ 即为未知参量，此时，式（2.31）中的未知参量就包括 6 个外方位元素和 3 个内方位元素，所以需要至少 5 个独立的控制点，列出 10 个独立的方程式，才能求得 9 个未知参量 $X_S$、$Y_S$、$Z_S$、$\varphi$、$\omega$、$\kappa$、$f$、$x_0$、$y_0$。此时，线性化后的误差方程式一般形式为

$$\begin{cases} v_x + \dfrac{\partial x}{\partial X}V_X + \dfrac{\partial x}{\partial Y}V_Y + \dfrac{\partial x}{\partial Z}V_Z = \dfrac{\partial x}{\partial X_S}\mathrm{d}X_S + \dfrac{\partial x}{\partial Y_S}\mathrm{d}Y_S + \dfrac{\partial x}{\partial Z_S}\mathrm{d}Z_S + \dfrac{\partial x}{\partial \varphi}\mathrm{d}\varphi + \\ \dfrac{\partial x}{\partial \omega}\mathrm{d}\omega + \dfrac{\partial x}{\partial \kappa}\mathrm{d}\kappa + \dfrac{\partial x}{\partial f}\mathrm{d}f + \dfrac{\partial x}{\partial x_0}\mathrm{d}x_0 + \dfrac{\partial x}{\partial y_0}\mathrm{d}y_0 + (x) - x \\ v_y + \dfrac{\partial y}{\partial X}V_X + \dfrac{\partial y}{\partial Y}V_Y + \dfrac{\partial y}{\partial Z}V_Z = \dfrac{\partial y}{\partial X_S}\mathrm{d}X_S + \dfrac{\partial y}{\partial Y_S}\mathrm{d}Y_S + \dfrac{\partial y}{\partial Z_S}\mathrm{d}Z_S + \dfrac{\partial y}{\partial \alpha}\mathrm{d}\alpha + \\ \dfrac{\partial y}{\partial \omega}\mathrm{d}\omega + \dfrac{\partial y}{\partial \kappa}\mathrm{d}\kappa + \dfrac{\partial y}{\partial f}\mathrm{d}f + \dfrac{\partial y}{\partial x_0}\mathrm{d}x_0 + \dfrac{\partial y}{\partial y_0}\mathrm{d}y_0 + (y) - y \end{cases}$$

对于某一像点线性化误差方程式为

$$\boldsymbol{v} = \boldsymbol{A}\boldsymbol{t} + \boldsymbol{l} \tag{7.7}$$

式中：$\boldsymbol{v}$ 为 $x$、$y$ 的改正数，$\boldsymbol{v} = [v_x \quad v_y]^{\mathrm{T}}$；$\boldsymbol{t}$ 为待解参数的增量值，$\boldsymbol{t} = [\Delta X_S \quad \Delta Y_S \quad \Delta Z_S \quad \Delta\varphi \quad \Delta\omega \quad \Delta\kappa \quad \Delta x_0 \quad \Delta y_0 \quad \Delta f]^{\mathrm{T}}$；$l_x = x - (x)$，$l_y = y - (y)$，其中 $(x)$、$(y)$ 是用各待定值的近似值后计算得的 $x$ 和 $y$ 值；$\boldsymbol{A}$ 为未知参数的系数矩阵，且

$$\boldsymbol{A} = \begin{bmatrix} a_{11} & a_{12} & a_{13} & a_{14} & a_{15} & a_{16} & a_{17} & a_{18} & a_{19} \\ a_{21} & a_{22} & a_{23} & a_{24} & a_{25} & a_{26} & a_{27} & a_{28} & a_{29} \end{bmatrix}$$

$$
\begin{cases}
a_{11}=\dfrac{1}{\bar{Z}}\{a_1 f+a_3(x-x_0)\} \\
a_{12}=\dfrac{1}{\bar{Z}}\{b_1 f+b_3(x-x_0)\} \\
a_{13}=\dfrac{1}{\bar{Z}}\{c_1 f+c_3(x-x_0)\} \\
a_{14}=(y-y_0)\sin\omega-\left\{\dfrac{(x-x_0)}{f}[(x-x_0)\cos\kappa-(y-y_0)\sin\kappa]+f\cos\kappa\right\}\cos\omega \\
a_{15}=-f\sin\kappa-\dfrac{x-x_0}{f}\{(x-x_0)\sin\kappa+(y-y_0)\cos\kappa\} \\
a_{16}=y-y_0 \\
a_{17}=-\dfrac{x-x_0}{f} \\
a_{18}=1 \\
a_{19}=0
\end{cases}
\tag{7.8}
$$

$$
\begin{cases}
a_{21}=\dfrac{1}{\bar{Z}}\{a_2 f+a_3(y-y_0)\} \\
a_{22}=\dfrac{1}{\bar{Z}}\{b_2 f+b_3(y-y_0)\} \\
a_{23}=\dfrac{1}{\bar{Z}}\{c_2 f+c_3(y-y_0)\} \\
a_{24}=-(x-x_0)\sin\omega-\left\{\dfrac{(y-y_0)}{f}[(x-x_0)\cos\kappa-(y-y_0)\sin\kappa]-f\sin\kappa\right\}\cos\omega \\
a_{25}=-f\cos\kappa-\dfrac{y-y_0}{f}[(x-x_0)\sin\kappa+(y-y_0)\cos\kappa] \\
a_{26}=-(x-x_0) \\
a_{27}=-\dfrac{(y-y_0)}{f} \\
a_{28}=0 \\
a_{29}=1
\end{cases}
\tag{7.9}
$$

在近似垂直摄影以及地面平坦条件下，像片的 $f$、$x_0$、$y_0$ 和 $\varphi$、$\omega$、$\kappa$、

$X_S$、$Y_S$、$Z_S$ 之间以及外方位角元素与线元素之间都存在较强的相关性，导致法方程式的病态，引起解的不稳定性。为了进一步解决相关问题，还可以在平差计算中适当增加相关参数的虚拟观测误差方程式，使相关参数成为非自由参数，即

$$[v_\varphi \quad v_\omega \quad v_\kappa \quad v_{x_0} \quad v_{y_0} \quad v_f]^{\mathrm{T}} = [d_\varphi \quad d_\omega \quad d_\kappa \quad d_{x_0} \quad d_{y_0} \quad d_f]^{\mathrm{T}} \quad P \tag{7.10}$$

最后，当在像片上量测分布合理的 5 个地面控制点，由式（7.7）~式（7.10）列出的误差方程式一起参加计算，就可以获得航天相机在轨摄影时精确的内方位元素。通常量测点数都多于 5 个，此时，可对上述方程按最小二乘平差原理进行平差计算，提高内方位元素解的精度。

#### 7.2.3.2 激光测距数据用于相机焦距精度检测

利用激光测距数据对航天相机焦距进行动态检定时，需在飞行平台上安装激光测距设备。当我们获得试验场地区的立体影像资料时，首先对立体影像进行相对定向和绝对定向，根据空间前方交会公式计算影像上激光点所对应的空间位置。在飞行平台上安装 GNSS 设备后，就可确定摄影时刻的摄站坐标，从而根据空间两点距离公式计算摄站与激光点所对应地面点之间的距离 $S_{SA}$。由图 7.1 可知，当相机焦距发生变化时，会引起地面点 $A$ 的高程改变，由此改变 $A$ 点的空间位置。正常情况下，$S_{SA}$ 与激光测距仪记录的数据应相同，当焦距的值发生变化时，可建立下列关系：

$$\frac{S_{SA}}{S_T} = \frac{f+\Delta f}{f} \tag{7.11}$$

式中：$S_T$ 为激光测距数据；$f$ 为相机焦距；$\Delta f$ 为焦距变化量

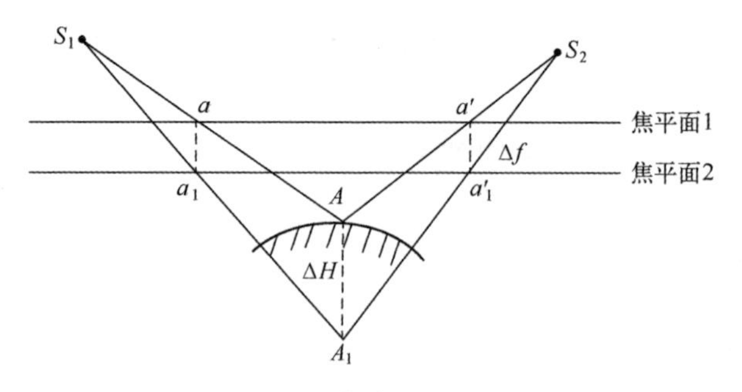


图 7.1　焦距与高程变化关系图

通过式（7.11），便可计算出焦距变化量 $\Delta f$，从而达到对焦距检测的目的[13]。为了提高焦距检测的精度和可靠度，可以在一个大试验场范围内选择

多张像片进行焦距检测计算，得出多组焦距检测数据，最后取平均得到最终焦距检测结果。

#### 7.2.3.3　星地相机主光轴夹角的标定

在航天摄影测量系统中，对地摄影相机（简称地相机）和星相机是固联在一起的，它们之间的角方位（安置角）是航天摄影系统的仪器常数。当已知恒星像片（简称星像片）在地心坐标系中的姿态角时，便可以由 3 个安置角元素推求量测像片（在对地球摄影时，称为地像片）的姿态角，如图 7.2、图 7.3 所示。$\kappa_t$、$\kappa_s$ 为一小角，是制造工艺所限定而形成的。$\beta$ 角是为了避免太阳光直射而设计的一小角度。为分析方便，星相机和地相机的镜头重合于 $O'$，$o_t$-$x_t y_t z_t$ 是地相机的像空系，$o_s$-$x_s y_s z_s$ 是星相机的像空系。

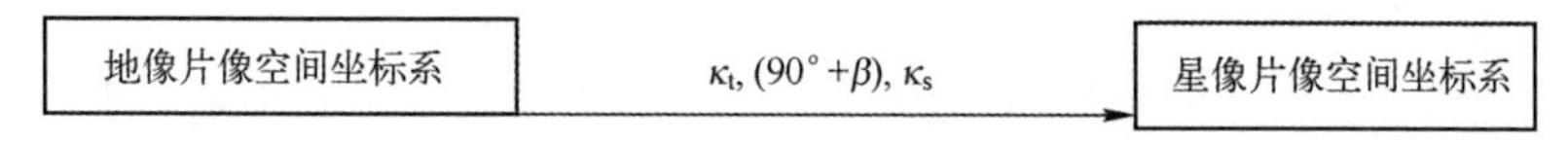


图 7.2　地像片与星像片间的关系

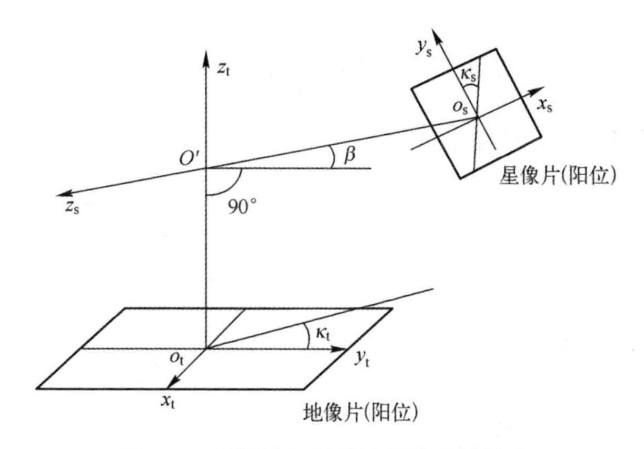


图 7.3　地像片与星像片间的旋转关系

星片像空系在地片像空系中的旋转矩阵 $\boldsymbol{M}_{ts}$ 可用下式表示：

$$\boldsymbol{M}_{ts}=\begin{bmatrix}\cos\kappa_t\cos\kappa_s-\sin\kappa_t\sin\beta\sin\kappa_s & -\cos\kappa_t\sin\kappa_s-\sin\kappa_t\sin\beta\cos\kappa_s & -\sin\kappa_t\cos\beta\\ \cos\beta\sin\kappa_s & \cos\beta\cos\kappa_t & -\sin\beta\\ \sin\kappa_t\cos\kappa_s+\cos\kappa_t\sin\beta\sin\kappa_s & -\sin\kappa_t\sin\kappa_s+\cos\kappa_t\sin\beta\cos\kappa_s & \cos\kappa_t\cos\beta\end{bmatrix} \tag{7.12}$$

假定星像片像空系、地像片像空系和地心坐标系的关系如图 7.4 所示，其中旋转矩阵的含义是箭头尾部为参考系。由地面控制点和摄站坐标利用空间后方交会方法计算所得的地像片姿态角 $\varphi$、$\omega$、$\kappa$，由该姿态角可以获得地像空间坐标系旋转到地心坐标系的方位阵 $\boldsymbol{M}_{\mathrm{t}}$，由前面计算出的恒星像片的姿态角可得到星像片像空系旋转到地心坐标系中的方位阵 $\boldsymbol{M}_{\mathrm{s}}$，三者之间的转换关系为

$$\boldsymbol{M}_{\mathrm{ts}}=\boldsymbol{M}_{\mathrm{t}}^{-1}\cdot\boldsymbol{M}_{\mathrm{s}} \tag{7.13}$$

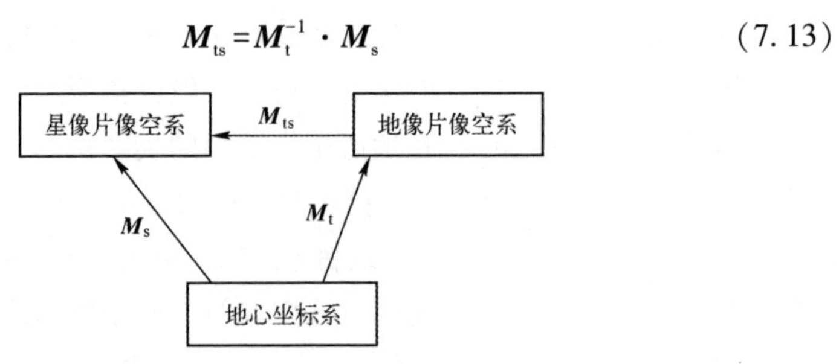


图 7.4　坐标系间的关系

通过建立 $\boldsymbol{M}_{\mathrm{t}}$、$\boldsymbol{M}_{\mathrm{s}}$ 与 $\boldsymbol{M}_{\mathrm{ts}}$间的关系，便可求出星地相机夹角 $\kappa_{\mathrm{t}}$、$\beta$、$\kappa_{\mathrm{s}}$。根据实验室鉴定所得的星地相机之间夹角 $\kappa_{\mathrm{t}}^{0}$、$\beta^{0}$、$\kappa_{\mathrm{s}}^{0}$，通过计算星地相机之间的夹角的变化量 $\Delta\kappa_{\mathrm{t}}$、$\Delta\beta$、$\Delta\kappa_{\mathrm{s}}$（$\Delta\beta=\beta^{0}-\beta$，$\Delta\kappa_{\mathrm{t}}=\kappa_{\mathrm{t}}^{0}-\kappa_{\mathrm{t}}$，$\Delta\kappa_{\mathrm{s}}=\kappa_{\mathrm{s}}^{0}-\kappa_{\mathrm{s}}$），从而达到对星地相机主光轴之间夹角的动态检测[14]。

## 7.2.4　线阵相机几何参数标定

线阵 CCD 相机的每行扫描影像都有各自独立的外方位元素，且 CCD 影像相邻间无刚性的联接条件，影像几何保真度达不到面阵影像水平，经典摄影测量理论无法直接使用，通常采用内标定和外标定相结合、基于附加参数的自检校以及空中三角测量光束法平差等相关理论和模型。

### 7.2.4.1　内标定和外标定

1）内标定

（1）畸变模型。星载相机内方位元素误差主要包括相机主距误差、主点偏移误差、CCD 探元尺寸误差、CCD 阵列旋转误差以及镜头畸变等[15]，各种内方位元素误差引起的像点整体偏移为 $\Delta x$、$\Delta y$，此时，前方交会模型可表示为

$$\begin{bmatrix}X\\Y\\Z\end{bmatrix}=\begin{bmatrix}X_S\\Y_S\\Z_S\end{bmatrix}+m\boldsymbol{R}\begin{bmatrix}x+\Delta x\\y+\Delta y\\-f\end{bmatrix} \tag{7.14}$$

式中：$X$、$Y$、$Z$ 为地面点坐标；$X_S$、$Y_S$、$Z_S$ 为摄站坐标；$m$ 为转换系数；$\boldsymbol{R}$ 为相机姿态角 $\varphi$、$\omega$、$\kappa$ 的方向余弦构成的旋转矩阵；$\Delta x$、$\Delta y$ 为像点综合偏移量。

对于单线阵 CCD 相机，可表示为

$$\begin{cases}\Delta x=\Delta x_0-\dfrac{\Delta f}{f}\bar{x}+(k_1r^2+k_2r^4)\bar{x}+p_1(r^2+2\bar{x}^2)+2p_2\bar{x}\bar{y}+\bar{y}\sin\theta+\bar{y}r^2b\\ \Delta y=\Delta y_0-\dfrac{\Delta f}{f}\bar{y}+(k_1r^2+k_2r^4)\bar{x}+2p_1\bar{x}\bar{y}+p_2(r^2+2\bar{y}^2)+\bar{y}S\end{cases}\tag{7.15}$$

式中：$\theta$ 为线阵 CCD 在焦平面内旋转的角度；$S$ 为比例因子；$b$ 为弯曲系数；$k_i$ 为径向畸变系数；$p_1$、$p_2$为偏心畸变系数；$r$ 为像点到像主点的辐射距，$r^2=\bar{x}^2+\bar{y}^2$；$(\bar{x},\bar{y})$为像点$(x,y)$相对于像主点$(x_0,y_0)$的变化量，即

$$\begin{cases}\bar{x}=x-x_0\\ \bar{y}=y-y_0\end{cases}\tag{7.16}$$

对于单镜头多线阵 CCD 传感器，各线阵 CCD 安置在同一焦平面上，共用一套光学系统，可采用同一组光学畸变系数。对线阵 $\mathrm{CCD}_j$（$j=1,2,\cdots,n$），$\Delta x_j$、$\Delta y_j$ 可表示为

$$\begin{cases}\Delta x_j=\Delta x_{0_j}-\dfrac{\Delta f}{f}\bar{x}+(k_1r^2+k_2r^4)\bar{x}+p_1(r^2+2\bar{x}^2)+2p_2\bar{x}\bar{y}+\bar{y}\sin\theta_j+\bar{y}r^2b_j\\ \Delta y_j=\Delta y_{0_j}-\dfrac{\Delta f}{f}\bar{y}+(k_1r^2+k_2r^4)\bar{x}+2p_1\bar{x}\bar{y}+p_2(r^2+2\bar{y}^2)+\bar{y}S_j\end{cases}\tag{7.17}$$

式中：$\theta$ 为每个线阵 CCD 旋转角度；$S_j$ 为比例因子；$b_j$ 为弯曲系数。

对于多镜头多线阵 CCD 传感器（如三镜头三线阵 CCD 相机），各线阵 CCD 独立对应一个镜头，因此，对线阵 $\mathrm{CCD}_j$（$j=1,2,\cdots,n$），$\Delta x_j$、$\Delta y_j$ 可表示为

$$\begin{cases}\Delta x_j=\Delta x_{0j}-\dfrac{\Delta f_j}{f_j}\bar{x}_j+(k_{1j}r_j^2+k_{2j}r_j^4)\bar{x}_j+p_{1j}(r_j^2+2\bar{x}_j^2)+2p_{2j}\bar{x}_j\bar{y}_j+\bar{y}_j\sin\theta_j+\bar{y}_jr_j^2b_j\\ \Delta y_j=\Delta y_{0j}-\dfrac{\Delta f_j}{f_j}\bar{y}_j+(k_{1j}r_j^2+k_{2j}r_j^4)\bar{x}_j+2p_{1j}\bar{x}_j\bar{y}_j+p_{2j}(r_j^2+2\bar{y}_j^2)+S_j\bar{y}_j\end{cases}\tag{7.18}$$

式中：线阵 CCD 分别设置各自的 $\Delta x_{pj}$、$\Delta y_{pj}$、$\Delta f_j$，光学畸变系数 $k_{1j}$、$k_{2j}$、$p_{1j}$、$p_{2j}$；$\theta_j$ 为旋转角度；$S_j$ 为比例因子；$b_j$ 为弯曲系数。

将式（7.15）、式（7.17）、式（7.18）代入式（7.14），便可实现各种 CCD 线阵相机内方位元素标定。

(2) 指向角方法。利用畸变模型进行相机内标定时，由于考虑的参数较多，参数之间易出现相关性，影响解算精度。因此，可采用指向角的方法，对CCD中的每个探元进行标定，通过修正每个探元的畸变来补偿线阵CCD的系统误差[16-18]。将式（7.14）可表示为指向角表达式：

$$\begin{bmatrix} X \\ Y \\ Z \end{bmatrix} = \begin{bmatrix} X_S \\ Y_S \\ Z_S \end{bmatrix} + m\boldsymbol{R} \begin{bmatrix} \tan\psi_x \\ \tan\psi_x \\ -1 \end{bmatrix} \tag{7.19}$$

式中：$(\psi_Y, \psi_X)$为地面点$P$所对应的CCD探元在地相机坐标系下的指向角，指向角可以理解为是各种内方位元素误差的综合表达，与像空间坐标系$(x, y, -f)$的转换关系为

$$\begin{cases} \tan\psi_x = \dfrac{x}{f} \\ \tan\psi_y = \dfrac{y}{f} \end{cases} \tag{7.20}$$

将式（7.20）代入式（7.19），便可实现相机内方位元素标定。

由于高分辨率宽幅相机通常由多片CCD拼接而成，CCD探元数通常都在上万个数量级，如果直接利用式（7.19）求解每个探元的指向角，理论上只需要在影像每列方向上至少有一个地面控制点，但工程实践中难度很大。通常采用三次多项式来描述各CCD探元变化的指向角[16]，如下式所示：

$$\begin{cases} \psi_x = a_0 + a_1 S + a_2 S^2 + a_3 S^3 \\ \psi_y = b_0 + b_1 S + b_2 S^2 + b_3 S^3 \end{cases} \tag{7.21}$$

式中：$a_i$、$b_i$（$i=0,1,2,3$）为多项式系数；$S$为CCD探元编号。此时，式（7.19）可变换为

$$\begin{bmatrix} X \\ Y \\ Z \end{bmatrix} = \begin{bmatrix} X_S \\ Y_S \\ Z_S \end{bmatrix} + m\boldsymbol{R} \begin{bmatrix} \tan(\psi_x(S)) \\ \tan(\psi_y(S)) \\ -1 \end{bmatrix} \tag{7.22}$$

探元指向角法利用多项式表达后，在轨几何标定只需求解出式（7.22）中的8个多项式系数，需要4个以上地面控制点就可采用最小二乘平差原理求解，实现内方位元素标定。

2）外标定

外方位元素标定主要是建立定轨定姿设备安装误差和姿轨测量误差的补偿模型。轨道位置偏移误差引起的几何定位误差也可等效为姿态引起的几何

定位误差，利用控制点解算时，将轨道位置误差纳入到姿态安置误差中。因此，通常采用偏置矩阵模型来实现外标定[19]。在内标定模型中，如式（7.14）所示，$\boldsymbol{R}$ 矩阵为摄影时刻相机的姿态角 $\varphi$、$\omega$、$\kappa$ 构成的方向余弦，是从星敏感器在天球坐标系中的测量值经过一系列的矩阵转换转至地相机的姿态角。若考虑转换过程中的矩阵转换关系，不考虑内标定的因素，式（7.14）可表示为

$$\begin{bmatrix} X \\ Y \\ Z \end{bmatrix} = \begin{bmatrix} X_S \\ Y_S \\ Z_S \end{bmatrix} + m\boldsymbol{R}_{\text{J2000}}^{\text{CGCS}}\boldsymbol{R}_{\text{star}}^{\text{J2000}}\boldsymbol{R}_{\text{body}}^{\text{star}}\boldsymbol{R}_{\text{camera}}^{\text{body}} \begin{bmatrix} x \\ y \\ -f \end{bmatrix} \tag{7.23}$$

当考虑外方位元素误差进行外标定时，在式（7.23）中增加一个偏置矩阵[20]，也就是像素在本体坐标系中的实际观测方向与理论观测方向之间夹角所构成的正交旋转矩阵 $\boldsymbol{R}_u$，如下式所示：

$$\begin{bmatrix} X \\ Y \\ Z \end{bmatrix} = \begin{bmatrix} X_S \\ Y_S \\ Z_S \end{bmatrix} + m\boldsymbol{R}_u\boldsymbol{R}_{\text{J2000}}^{\text{CGCS}}\boldsymbol{R}_{\text{star}}^{\text{J2000}}\boldsymbol{R}_{\text{body}}^{\text{star}}\boldsymbol{R}_{\text{camera}}^{\text{body}} \begin{bmatrix} x \\ y \\ -f \end{bmatrix} \tag{7.24}$$

式中：$\boldsymbol{R}_u$ 分别绕 $Y$ 轴、$X$ 轴和 $Z$ 轴旋转角度 $\varphi_u$、$\omega_u$、$\kappa_u$，可表示为

$$\boldsymbol{R}_u = \begin{bmatrix} a_1 & b_1 & c_1 \\ a_2 & b_2 & c_2 \\ a_3 & b_3 & c_3 \end{bmatrix} = \begin{bmatrix} \cos\varphi_u & 0 & \sin\varphi_u \\ 0 & 1 & 0 \\ -\sin\varphi_u & 0 & \cos\varphi_u \end{bmatrix} \begin{bmatrix} 1 & 0 & 0 \\ 0 & \cos\omega_u & \sin\omega_u \\ 0 & -\sin\omega_u & \cos\omega_u \end{bmatrix} \begin{bmatrix} \cos\kappa_u & -\sin\kappa_u & 0 \\ \sin\kappa_u & \cos\kappa_u & 0 \\ 0 & 0 & 1 \end{bmatrix} \tag{7.25}$$

式（7.25）中没有考虑误差的时间特性，当姿态误差具有随时间变化特性的误差时，可在常量偏置矩阵中引入时间因子，顾及了姿轨等误差的时间特性，如下式所示：

$$\boldsymbol{R}_u = \begin{bmatrix} \cos(\varphi_u+v_\varphi t) & 0 & \sin(\varphi_u+v_\varphi t) \\ 0 & 1 & 0 \\ -\sin(\varphi_u+v_\varphi t) & 0 & \cos(\varphi_u+v_\varphi t) \end{bmatrix} \begin{bmatrix} 1 & 0 & 0 \\ 0 & \cos(\omega_u+v_\omega t) & \sin(\omega_u+v_\omega t) \\ 0 & -\sin(\omega_u+v_\omega t) & \cos(\omega_u+v_\omega t) \end{bmatrix} \begin{bmatrix} \cos(\kappa_u+v_\kappa t) & -\sin(\kappa_u+v_\kappa t) & 0 \\ \sin(\kappa_u+v_\kappa t) & \cos(\kappa_u+v_\kappa t) & 0 \\ 0 & 0 & 1 \end{bmatrix} \tag{7.26}$$

当外标定利用指向角方法表达时，式（7.24）可表示为

$$\begin{bmatrix} X \\ Y \\ Z \end{bmatrix} = \begin{bmatrix} X_S \\ Y_S \\ Z_S \end{bmatrix} + m\boldsymbol{R}_u\boldsymbol{R}_{\text{J2000}}^{\text{GCS}}\boldsymbol{R}_{\text{star}}^{\text{J2000}}\boldsymbol{R}_{\text{body}}^{\text{star}}\boldsymbol{R}_{\text{camera}}^{\text{body}} \begin{bmatrix} \tan(\psi_x(S)) \\ \tan(\psi_y(S)) \\ -1 \end{bmatrix} \tag{7.27}$$

在一定数量控制点基础上，基于式（7.24）或式（7.27）便可实现外方位元素的外标定。

相机参数从形式上分为内标定和外标定，在实际工程中，通常是内标定和外标定迭代计算，即首先假设 $\boldsymbol{R}_u$ 已知（初值为单位阵），答解内定向参数，然后再假设内参数已知，答解偏置矩阵的3个角方位元素。

#### 7.2.4.2 自检校平差标定

自检校理论是摄影测量平差中有效的系统误差补偿方法，其原理是把可能存在的系统误差作为待定参数，列入区域网空中三角测量的整体平差中。因此，可以利用自检校平差实现相机参数的在轨标定。自检校平差的数学基础是扩展的共线条件方程，因此，基于附加参数的自检校平差的基本公式可表示为

$$\begin{cases} x+\Delta x=-f\dfrac{a_1(X-X_S)+b_1(Y-Y_S)+c_1(Z-Z_S)}{a_3(X-X_S)+b_3(Y-Y_S)+c_3(Z-Z_S)} \\ y+\Delta y=-f\dfrac{a_2(X-X_S)+b_2(Y-Y_S)+c_2(Z-Z_S)}{a_3(X-X_S)+b_3(Y-Y_S)+c_3(Z-Z_S)} \end{cases} \tag{7.28}$$

用于在轨标定的自检校平差要充分利用定轨测姿系统所获取的影像外方位元素值，以及传感器内部、外部参数的实验室标定值，将其作为带权观测值纳入整体平差之中；同时，还需考虑姿轨数据带有的系统性误差，在平差中建立和引入外方位元素观测值系统误差模型，以实现传感器内方位元素、传感器之间的相对参数以及外方位元素系统误差参数等的整体解求[21]。将共线条件方程式线性化可得自检校平差中像点坐标观测值的误差方程：

$$\boldsymbol{V}=\boldsymbol{A}_1\boldsymbol{X}_1+\boldsymbol{A}_2\boldsymbol{X}_2+\boldsymbol{A}_3\boldsymbol{X}_3-\boldsymbol{L} \tag{7.29}$$

式中：$\boldsymbol{X}_1=[\Delta X_S \quad \Delta Y_S \quad \Delta Z_S \quad \Delta\varphi \quad \Delta\omega \quad \Delta\kappa]^{\mathrm{T}}$ 为外方位元素改正数矢量；$\boldsymbol{X}_2=[\Delta X \quad \Delta Y \quad \Delta Z]^{\mathrm{T}}$ 为物方坐标改正数矢量；$\boldsymbol{X}_3$ 为附加参数改正数矢量，改正参数与附加参数的形式密切相关；$\boldsymbol{A}_3$ 为相应的系数矩阵；$\boldsymbol{L}$ 为相应的不符值；$\boldsymbol{A}_1$、$\boldsymbol{A}_2$ 为未知数 $X_1$ 和 $X_2$ 的系数矩阵，且

$$\boldsymbol{A}_1=\begin{bmatrix} a_{11} & a_{12} & a_{13} & a_{14} & a_{15} & a_{16} \\ a_{21} & a_{22} & a_{23} & a_{24} & a_{25} & a_{26} \end{bmatrix}, \quad \boldsymbol{A}_2=\begin{bmatrix} -a_{11} & -a_{12} & -a_{13} \\ -a_{21} & -a_{22} & -a_{23} \end{bmatrix}$$

自检校平差用于相机参数标定首要是建立共线方程中的附加参数模型 $(\Delta x,\Delta y)$，目前，大都采用顾及像差特点的附加参数模型和多项式类型的附加参数模型。顾及像差特点的附加参数模型较为经典的有 D. C Brown 模型和

ETH 模型，其基本理论和方法如内标定中的畸变模型。多项式类型的附加参数模型是把残余系统误差的综合影响作为一个整体考虑，无需细分各种误差源的影响。多项式类型的附加参数形式较多，但常用的多是以正交多项式为基础的附加参数模型。下式为 12 个参数的多项式：

$$\begin{cases}\Delta x=b_1x+b_2y-b_3\left(2x^2-4\dfrac{b^2}{3}\right)+b_4xy+b_5\left(y^2-2\dfrac{b^2}{3}\right)+b_7\left(x^2-2\dfrac{b^2}{3}\right)x+\\ \qquad b_9\left(x^2-2\dfrac{b^2}{3}\right)y+b_{11}\left(x^2-2\dfrac{b^2}{3}\right)\left(y^2-2\dfrac{b^2}{3}\right)\\ \Delta y=-b_1y+b_2x+b_3xy-b_4\left(2y^2-4\dfrac{b^2}{3}\right)+b_6\left(x^2-2\dfrac{b^2}{3}\right)+b_8\left(x^2-2\dfrac{b^2}{3}\right)y+\\ \qquad b_{10}x\left(y^2-2\dfrac{b^2}{3}\right)+b_{12}\left(x^2-2\dfrac{b^2}{3}\right)\left(y^2-2\dfrac{b^2}{3}\right)\end{cases}\tag{7.30}$$

此外，瑞士苏黎世联邦理工学院（ETH）的 A. Gruen 教授也提出了包含 44 个附加参数的正交多项式模型。

#### 7.2.4.3　基于 EFP 光束法平差标定

不管是内标定、外标定，还是附加参数的自检校平差标定，处理对象主要针对单个传感器，将单个传感器的系统误差予以消除。但对于立体测绘相机（如双线阵或三线阵）而言，立体相机之间的交会角是影响高程精度的重要因素，如果无法精确标定出立体相机之间的交会角，势必严重影响无控定位中的高程精度。利用光束法平差原理进行立体相机参数在轨标定，是将变化了的立体相机重组为等效框幅相机，采用框幅像片的数学模型，按反解空中三角测量原理进行重组，也就是将所有待标定的相机参数（相机主点、主距、交会角以及星地相机夹角）在光束法平差中整体统一计算。

卫星在轨飞行中，由于受温度变化等因素影响，相机的内方位元素值较实验室标定值都有一定变化。为了能够利用 EFP 光束法平差的数学模型，需要对变化了的三线阵相机内方位元素进行重新定义。通常相机内方位元素为 $(f,x_0,y_0)$，其中 $f$ 为相机主距，$(x_0,y_0)$ 为主点坐标。但对于三线阵相机而言，其内方位元素可转化为 $(f,\alpha,y_{\mathrm{ccd}})$，其中 $\alpha$ 为前视相机（或后视相机）与正视相机的夹角，$y_{\mathrm{ccd}}$ 为主点影像纵坐标[10]。

以天绘一号三线阵相机参数在轨标定为例，天绘一号卫星搭载 LMCCD（Line-Matrix CCD）相机进行立体影像获取，LMCCD 相机是由三线阵相机和 4 个小面阵相机构成，三线阵相机由前视、正视及后视相机组成，前视与正视、后视与正视光轴间夹角为 25°，基高比为 1，可以实现较高的高程精度。在正视相机焦平面上，CCD 线阵两侧对称配置两个面阵相机，如图 7.5 所示。其中 d$x$ 为面阵相机中心至正视线阵之间的距离，d$y$ 为面阵相机中心至正视线阵上端之间的距离。

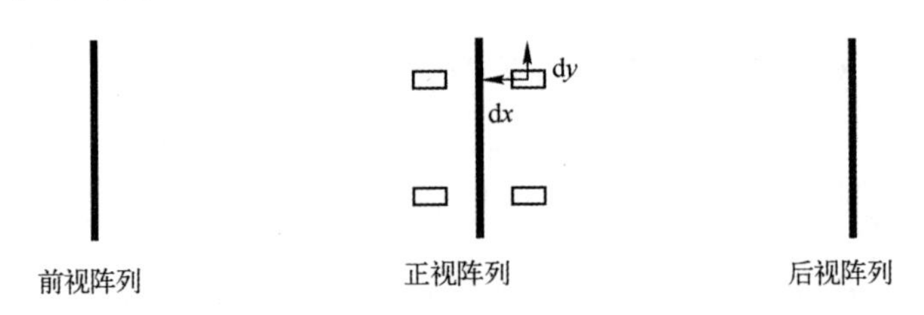


图 7.5　LMCCD 相机的关系图

相机参数在轨标定中，利用 LMCCD 影像的成像特点，以三线阵立体影像为基础，以小面阵影像为框架，采用等效框幅式影像构网的思想，建立了 LMCCD 影像进行 EFP 光束法平差模型，将变化了的三个相机重组为等效框幅相机，采用框幅影像的数学模型，按空中三角测量反解原理进行重组，实现对摄影测量参数高精度的在轨标定[10]。标定参数包括 3 个主点坐标、3 个相机主距以及星地相机 3 个角元素转换参数的附加改正值（简称星地相机夹角改正数），共 12 个参数，其中只有 11 个独立待解参数。

基于 LMCCD 影像的 EFP 光束法平差数学模型采用后方交会与前方交会交替迭代的方式。在两条短基线范围内，根据 EFP 时刻建立一系列等效框幅像片，第 $i$ 片的第 $j$ 个地面点的前方交会改正数方程为

$$\begin{pmatrix} v_{x_{ij}} \\ v_{y_{ij}} \end{pmatrix} = \boldsymbol{B}_{ij}\boldsymbol{\delta}_j - \begin{pmatrix} l_{x_{ij}} \\ l_{y_{ij}} \end{pmatrix}, \quad i=0,1,\cdots,n \tag{7.31}$$

式中：$v_{x_{ij}}$、$v_{y_{ij}}$为像点坐标余差；$\boldsymbol{\delta}_j=(\delta X_j \quad \delta Y_j \quad \delta Z_j)^{\mathrm{T}}$ 为点 $j$ 的地面坐标改正数；$\boldsymbol{B}_{ij}=\begin{pmatrix} -a_{111} & -a_{112} & -a_{113} \\ -a_{221} & -a_{222} & -a_{223} \end{pmatrix}_{ij}$ 为系数矩阵；$l_{x_{ij}}=x_{ij}-\dot{x}_{ij}$，$l_{y_{ij}}=y_{ij}-\dot{y}_{ij}$、其中$\dot{x}_{ij}$、$\dot{y}_{ij}$为利用外方位元素初值或迭代中间值代入共线方程后的计算值。在后方交会中，第 $i$ 片、第 $j$ 个像点的改正数方程为

$$\begin{pmatrix} v_{x_{ij}} \\ v_{y_{ij}} \end{pmatrix} = \boldsymbol{A}_{ij}\boldsymbol{X}_i - \begin{pmatrix} l_{x_{ij}} \\ l_{y_{ij}} \end{pmatrix}, \quad i=0,1,\cdots,n \tag{7.32}$$

式中：$v_{x_{ij}}$、$v_{y_{ij}}$为像点坐标余差；$\boldsymbol{A}_{ij}$为系数矩阵；$n$ 为航线中 EFP 的像片数；$l_{x_{ij}}=x_{ij}-\mathring{x}_{ij}$，$l_{y_{ij}}=y_{ij}-\mathring{y}_{ij}$；$\mathring{x}_{ij}$、$\mathring{y}_{ij}$为外方位元素初始值或迭代逼近值代入共线方

程中的计算值；$X_j$ 为外方位元素及内方位元素等参数的改正数，即

$$\boldsymbol{X}_j=(\Delta X_{si}\quad \Delta Y_{si}\quad \Delta Z_{si}\quad \Delta\varphi_i\quad \Delta\omega_i\quad \Delta\kappa_i\quad \Delta f_l\quad \Delta f_v\quad \Delta f_r\quad \Delta x_l\quad \Delta x_v\quad \Delta x_r\quad \Delta y_l\quad \Delta y_v\quad \Delta y_r\quad \Delta\varphi_c\quad \Delta\omega_c\quad \Delta\kappa_c)^{\mathrm{T}} \tag{7.33}$$

式中：$\Delta X_{si}$、$\Delta Y_{si}$、$\Delta Z_{si}$、$\Delta\varphi_i$、$\Delta\omega_i$、$\Delta\kappa_i$、为外方位元素改正值；$\Delta f_l$、$\Delta f_v$、$\Delta f_r$、$\Delta x_l$、$\Delta x_v$、$\Delta x_r$、$\Delta y_l$、$\Delta y_v$、$\Delta y_r$ 为前、正及后视相机内方位元素改正值；$\Delta\varphi_c$、$\Delta\omega_c$、$\Delta\kappa_c$ 为星地相机夹角改正值。

同时，为了保证整体解算的稳定性和可靠性，通常采用增加外方位元素平滑条件以及虚拟误差条件方程等策略。由于卫星飞行平稳，姿态变化率较小，对于一定区间内外方位角元素变化不高于二次线性、线元素变化不高于三次线性，增加外方位元素平滑条件，可以设定二阶差分等于零（见式（6.17））和三阶差分等于零的条件：

$$\boldsymbol{V}_k=\boldsymbol{\delta}_{k+2}-3\boldsymbol{\delta}_{k+1}+3\boldsymbol{\delta}_k-\boldsymbol{\delta}_{k-1}-\boldsymbol{l}_k,\quad k=2,3,\cdots,n-1 \tag{7.34}$$

式中：$\boldsymbol{V}_k=(V_{X_{S_k}}\quad V_{Y_{S_k}}\quad V_{Z_{S_k}})^{\mathrm{T}}$；$\boldsymbol{\delta}_k=(\Delta X_{S_k}\quad \Delta Y_{S_k}\quad \Delta Z_{S_k})^{\mathrm{T}}$；$\boldsymbol{l}_K=\boldsymbol{P}_{k+2}-3\boldsymbol{P}_{k+1}+3\boldsymbol{P}_k-\boldsymbol{P}_{k-1}$。

在后方交会中待解参数为 12 个，在相机参数重组中，以正视相机为基准，因此，应增加 $\delta x_v$ 的虚拟改正数方程，并赋以较大的权值。

$$V_{x_v}=\delta x_v \tag{7.35}$$

# 7.3　激光测距仪标定

## 7.3.1　常用激光测距仪标定方法

与光学测绘相机在轨标定相同，由于卫星发射时振动、在轨后空间环境因素变化等，导致星载激光测距仪参数实验室标定值与在轨工作时存在系统偏差，影响激光测距仪系统的精度，需开展激光测距仪在轨几何标定。常用的在轨标定主要有姿态机动法、交叉点标定法、自然地表法、地面探测器法、影像激光联合标定法等[22-24]。

### 7.3.1.1　姿态机动法

姿态机动法通常选在海洋表面，假设海洋表面是具有一定粗糙度的理想平面，在已知卫星精确轨道位置和海洋表面高程后，利用星载激光雷达真实

测距值与理论测距值之间的残差对系统误差进行解算[25-26]。如图 7.6 所示，图中 $\theta$ 表示光束指向，$\sigma_\theta$ 为指向角变化量，$s$ 表示表面坡度，$\sigma_\rho$ 为测距值的变化量。测距值对指向角的导数 $\sigma_\rho/\sigma_\theta$ 是一个关于 $\theta$ 和 $s$ 的函数。在卫星进行姿态机动时，$\sigma_\rho/\sigma_\theta$ 会随卫星姿态发生改变，从而使得由指向系统误差和测距系统误差导致的测距值误差彼此分离；再利用由海面高程计算得到的理论测距值与星载激光雷达的实际测距值之间的残差对系统误差参数进行迭代逼近。

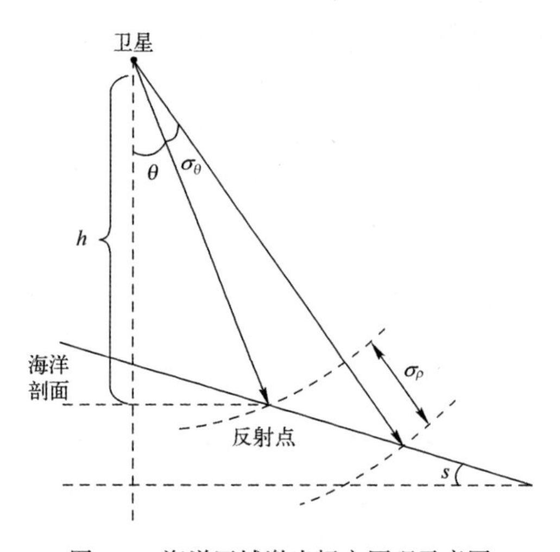


图 7.6　海洋区域激光标定原理示意图

该方法无须建设标定场，可选区域范围广，并且可以在卫星运行轨道的较大弧段内进行标定工作，系统参数迭代解算中的样本数量可以达到很大的量级，对于系统误差的估计十分有利，并且只需要低分辨率海面平均高程和海面平均浪高数据，获取难度低。缺点是对卫星机动能力要求高，卫星平台的姿态测量和控制必须达到极高的精度[27]。

#### 7.3.1.2　交叉点标定法

交叉点标定法是利用同一卫星在不同时刻对星下交叉点进行观测，得到卫星在不同轨道位置和不同姿态对同一地面点的星地测距观测量，建立以指向偏差和距离偏差为未知参数的观测方程，采用最小二乘解算，可得到指向偏差和距离偏差参数，实现对激光测距系统的在轨标定。

由于指向偏差参数仅有两个方向独立，而偏航参数对星地测量不敏感，因此，通常仅解算横滚和俯仰两组指向偏差参数。距离偏差参数、指向偏差参数都用线性结合周期模型方式建模。这种方法无须建设地面标定场，但交叉点数量较少并且该方法对距离和角度分量的常数项标定效果较差，仅在时变分量上有较好精度。

#### 7.3.1.3　自然地表法

基于自然地表的在轨标定方法是一种利用先验的地表地形数据，如 DEM、DSM 进行标定的方法，其基本原理是通过地表 DEM/DSM 与卫星下传测量结果之间的高程残差的最小值，求解激光测距系统的各项系统误差参数[26,27]。如图 7.7 所示，当每个激光点的距离测量值一定时，采用不同的指向角和测距系统误差将得到不同的三维坐标，将特定指向角和测距系统误差下的离散点集合记作 $P$，实际地形点集合记作 $Q$，则理论上存在一组指向角和测距系统误差对应的集合 $P$，满足 $P=Q$。由于激光观测存在一些不可消除的观测误差，并且实际参考地形也存在测量误差，因此真实情况是 $P\approx Q$。具体解算时，首先设置指向角 $\mathrm{d}\alpha$、$\mathrm{d}\theta$ 搜索范围，当满足 $P$ 与 $Q$ 对应点的高差平方和最小时，将对应的 $\mathrm{d}\alpha$、$\mathrm{d}\theta$ 作为指向角结果参数，对应的 $P$ 与 $Q$ 高程差值作为系统测距误差 $\mathrm{d}\rho$。

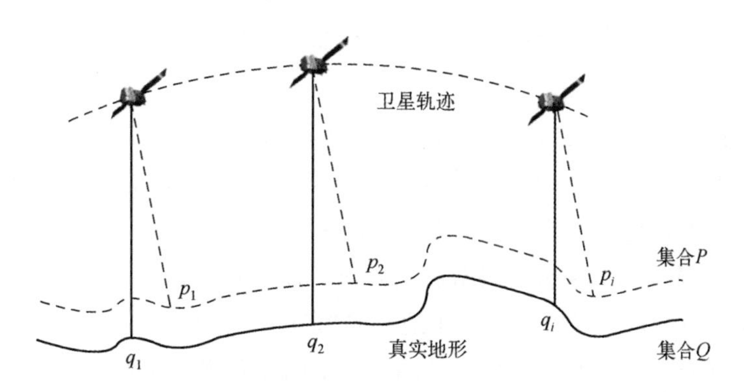


图 7.7　基于自然地表激光标定法原理示意图

虽然自然地表法无须在地面布设探测器，劳动强度有所降低，但需要获取大范围的高精度 DEM/DSM 数据，标定精度与使用的 DEM/DSM 数据分辨率和精度密切相关。当使用误差较大、分辨率较低的地形数据时（如 SRTM），标定结果精度不理想，仅可作为粗标定结果，用来预测激光脚点位置，为地面布设探测器提供参考；若使用高精度机载激光雷达数据作为 DEM/

DSM 数据，标定精度接近地面探测器法。以高分十四号为例，该卫星激光测距系统重频为 2Hz，激光点沿轨间隔约 3.5km，设集合 $P$ 最小点数为 20，也至少需要沿轨向 70km（考虑余量甚至更大）地面参考数据，这使得数据获取成本急剧增加。

用作激光标定的自然地形场选择需要综合考虑植被、人工建筑物、坡度及地形多种因素，不宜选择高大植被覆盖、人工建筑物错落、坡度平坦之处。植被会使波形展宽，影响测距值的计算（对单光子则增大随机误差），同时增加 DSM 中梯度误差；人工建筑会使得 DSM 出现梯度间断，导致迭代发散；规则地形以及过小的坡度会使得法方程矩阵接近奇异，无法求解。因此，激光标定自然场地应选择在少植被、少建筑物、地表变化小，并且有一定起伏的地区。

#### 7.3.1.4 地面探测器法

地面探测器法包括机载红外相机成像法[28]、角棱镜辅助法[29]和激光信号探测器法，在地面布设激光探测器是工程实践中最常用的手段。该方法在检校场内按一定规则布设一系列可捕获激光光斑信号的探测器。当卫星过顶时，若探测到激光信号超过阈值，则处于触发状态，由被触发的探测器计算激光光斑质心坐标，结合激光雷达严格几何模型，从而对激光测距系统的角度和距离参数进行标定。

地面探测器法标定场选择主要考虑以下因素。

（1）地形。激光测距精度受地形影响较大，为尽量减少干扰，标定场应选择平坦地形，地表土质坚硬，便于布设探测器。

（2）气象。为避免大气气溶胶的影响，需要标定区域无云或少云，为保证标定顺利进行，应选择干旱少雨地区或季节。

（3）范围。标定场候选区域范围要大于铺设探测器的面积。

（4）交通。应便于设备运输和后勤保障。

综上考虑，一般应选择戈壁、荒漠地区布设地面探测器，如 GF-7 卫星激光标定场选在内蒙古苏尼特右旗、GF-14 卫星选择内蒙古鄂托克前旗。

### 7.3.2 激光测距仪标定数学模型

激光测距仪标定数学模型为激光对地三维定位的数学模型，如下式所示[22,24]：

$$\begin{pmatrix} X \\ Y \\ Z \end{pmatrix}_{\text{CGCS2000}} = \begin{pmatrix} X_{\text{GNSS}} \\ Y_{\text{GNSS}} \\ Z_{\text{GNSS}} \end{pmatrix}_{\text{CGCS2000}} + \boldsymbol{R}\left[\begin{pmatrix} \rho\sin\theta\cos\alpha \\ \rho\sin\theta\sin\alpha \\ \rho\cos\theta \end{pmatrix} + \begin{pmatrix} L_x \\ L_y \\ L_z \end{pmatrix} - \begin{pmatrix} D_x \\ D_y \\ D_z \end{pmatrix}\right] \tag{7.36}$$

式中

$$\boldsymbol{R} = \boldsymbol{R}_{\text{J2000}}^{\text{CGCS2000}} \boldsymbol{R}_{\text{Star}}^{\text{J2000}} \boldsymbol{R}_{\text{Body}}^{\text{Star}} \boldsymbol{R}_{\text{Laser}}^{\text{Body}}$$

式（7.36）又可以变换为

$$\begin{pmatrix} (\rho+\Delta\rho)\sin\theta\cos\alpha \\ (\rho+\Delta\rho)\sin\theta\sin\alpha \\ (\rho+\Delta\rho)\cos\theta \end{pmatrix} = \boldsymbol{R}^{-1} \begin{pmatrix} X-X_{\text{GNSS}} \\ Y-Y_{\text{GNSS}} \\ Z-Z_{\text{GNSS}} \end{pmatrix}_{\text{CGCS2000}} - \begin{pmatrix} L_x-D_x \\ L_y-D_y \\ L_z-D_z \end{pmatrix} \tag{7.37}$$

式中：$\alpha$、$\theta$、$\rho$ 为 3 个未知数。求导后误差方程为

$$\boldsymbol{V} = \boldsymbol{AX} - \boldsymbol{L} \tag{7.38}$$

$$\boldsymbol{A} = \begin{bmatrix} a_{11} & a_{12} & a_{13} \\ a_{21} & a_{22} & a_{23} \\ a_{31} & a_{32} & a_{33} \end{bmatrix} \tag{7.39}$$

$$a_{11} = -\rho\sin\theta\sin\alpha \quad a_{12} = \rho\cos\theta\cos\alpha \quad a_{13} = \sin\theta\cos\alpha$$

$$a_{21} = \rho\sin\theta\cos\alpha \quad a_{22} = \rho\cos\theta\sin\alpha \quad a_{23} = \sin\theta\sin\alpha$$

$$a_{31} = 0 \quad a_{32} = -\rho\sin\theta \quad a_{33} = \cos\theta$$

如果有一个控制点，可以直接求解三个未知参数 $\mathrm{d}\alpha$、$\mathrm{d}\theta$、$\mathrm{d}\rho$，当控制点数量大于 2 时，采用最小二乘法进行答解。

## 参考文献

[1] 刘经国，李杰，郝志航．三线阵 CCD 相机亚像元精度几何标定方法研究［J］．光电工程，2004，31（1）：36-39.

[2] 吴国栋，韩冰，何煦．精密测角法的线阵 CCD 相机几何参数实验室标定方法［J］．光学精密工程，2007，15（10）：1628-1631.

[3] VALORGE C. 40 years of experience with SPOT in-flight calibration［C］//ISPRS International Workshop on Radiometric and Geometric Calibration, Gulfport, December 2-5, 2003.

[4] GRODECKI J, LUTES J. IKONOS Geometric Calibrations［C］//Presented at ASPRS 2005, Baltimore, 7-11 March, Maryland, 2005.

[5] TADONO T, SHIMADA M, WATANABE M, et al. Calibration and validation of PRISM

onboard ALOS [C]//International Archives of Photogrammetry, Remote Sensing and Spatial Information Sciences, June, Istanbul, Turkey, 2004.

[6] MULAWA D. On-orbit geometric calibration of the OrbView-3 high resolution imaging satellite [C]//International Archives of the Photogrammetry, Remote Sensing and Spatial Information Sciences, June, Istanbul, Turkey, 2004.

[7] 张永生. 高分辨率遥感测绘嵩山实验场的设计与实现 [J]. 测绘科学技术学报, 2012, 29 (2): 79-82.

[8] 祝欣欣. 卫星几何检校场选址与几何检校方法研究 [D]. 武汉: 武汉大学, 2008.

[9] KORNUS W, LEHNER M, BLECHINGER F, et al. Geometric calibration of the stereoscopic CCD-linescanner MOMS-2P [C]//ISPRS Congress, Vienna, 1996.

[10] 王建荣, 王任享, 胡莘. 基于LMCCD影像的相机参数在轨标定 [J]. 光学精密工程, 2019, 27 (4): 984-989.

[11] 高正清, 杨志高, 王险峰. 相对辐射定标与相对辐射校正场 [J]. 影像技术, 2009, 4: 47-53.

[12] 王建荣, 杨俊峰, 胡莘, 等. 航天框幅式相机内方位元素的在轨动态检测 [J]. 测绘科学与工程, 2009, 29 (1): 63-65.

[13] 王建荣, 王任享, 胡莘, 等. 利用激光测距数据处理线阵卫星摄影测量影像 [J]. 测绘科学, 2013, 38 (2): 15-16.

[14] 王建荣, 杨俊峰, 胡莘, 等. 空间后方交会在航天相机检定中的作用 [J]. 测绘学院学报 2002, 19 (2): 119-120.

[15] 王涛. 线阵CCD传感器实验场几何定标的理论与方法研究 [D]. 郑州: 解放军信息工程大学, 2012.

[16] 蒋永华. 星载光学几何定标方法 [M]. 北京: 科学出版社, 2020.

[17] 曹金山, 袁修孝, 龚健雅, 等. 资源三号卫星成像在轨几何定标的探元指向角法 [J]. 测绘学报, 2014, 43 (10): 1039-1045.

[18] 唐新明, 陈继溢, 李国元, 等. 资源三号02星激光测高误差分析与指向角粗标定 [J]. 武汉大学学报 (信息科学版), 2018, 43 (11): 1611-1619.

[19] 潘红播, 张过, 唐新明, 等. 资源三号测绘卫星传感器校正产品几何模型 [J]. 测绘学报, 2013, 42 (4): 516-522.

[20] 李德仁, 王密. "资源三号" 卫星在轨几何定标及精度评估 [J]. 航天返回与遥感, 2012, 33 (3): 1-6.

[21] DANIELA P. Modelling of spaceborne linear array sensor [D]. Zurich: ETH Zurich, 2005.

[22] 李松, 张智宇, 马跃, 等. 星载光子技术激光雷达探测理论、链路仿真与数据处理 [M]. 北京: 科学出版社, 2022.

[23] 唐新明, 谢俊峰, 莫凡, 等. 高分七号卫星双波束激光测高仪在轨几何检效与试验

验证［J］. 测绘学报，2021，50（3）：384-395.

［24］曹彬才，王建荣，胡燕，等．高分十四号激光测量系统在轨几何定标与初步精度验证［J］. 光学精密工程，2023，31（11）：1-10.

［25］BAE S，MAGRUDER L，SMITH N，et al. Algorithm the oretical basis document for precision pointing determination ［R］. USA：Goddard Space Flight Center，2019.

［26］赵朴凡，马跃，伍煜，等．基于自然地表的星载光子计数激光雷达在轨标定［J］. 红外与激光工程，2020，49（11）：1-7.

［27］李国元，唐新明，周晓青．高分七号卫星激光测高仪无场几何定标法［J］. 测绘学报，2022，51（3）：401-412.

［28］MAGRUDER L A，RICKLEFS R L，SILVERBERG E C，et al. ICESat geolocation validation using airborne photography ［J］. IEEE Transactions on Geoscience & Remote Sensing. 2010，48（6）：2758-2766.

［29］MAGRUDER L A，WEBB C E，URBAN J，et al. ICESat altimetry data product verification at white sands space Harbor ［J］. IEEE Transactions on Geoscience & Remote Sensing，2007，45（1）：147-155.

# 第 8 章　数据仿真与精度评估

数据仿真模拟是科学实验研究过程中的重要环节，也是进行相关算法和理论验证的有效手段。在摄影测量卫星研制初期，符合其技术状态参数的可用实际摄影影像数据较少，需采用数据仿真方法建立完整的模拟数据，作为后续处理的基本数据。同时，可根据需要合理配赋误差，充分验证理论及算法的正确性，并进行系统性精度评估。本章节重点介绍数据仿真的基本原理及定位精度评估的数学模型。

## 8.1 数据仿真

### 8.1.1 外方位元素模拟

外方位元素是卫星摄影数据模拟的重要参数，精确模拟卫星飞行时的空间位置和姿态是难以实现的，可以利用卫星在轨飞行状态与技术参数特性，采用下式列出的数学模型计算卫星外方位元素；也可以利用现有卫星在轨实际测量值为真值，在数据仿真时加入一定误差，反映在轨精度测量等因素，即

$$P_i = a \cdot \cos\left(\frac{\mathrm{j} \cdot 2\pi}{T}\right) + b \cdot \sin\left(\frac{\mathrm{j} \cdot 2\pi}{u}\right), \quad j = 1, 2, \cdots n \tag{8.1}$$

式中：$P_i$ 为某一时刻（如 $i$ 时刻）的外方位元素（$X_S, Y_S, Z_S, \varphi, \omega, \kappa$）；$a$、$T$、$b$、$u$ 为按飞行状况选择的参数，依卫星飞行平台稳定度的状态参数[1]，各参数值列于表 8.1。

按式（8.1）和表 8.1 参数，模拟生成外方位元素，其变化如图 8.1 所示。

表 8.1　外方位元素模拟数据参数

| $P_i$ | $a$ | $T$ | $b$ | $u$ |
|---|---|---|---|---|
| $X_S$ | 1.4 | 220 | 14 | 120 |
| $Y_S$ | −1.9 | 230 | 19 | 130 |
| $Z_S$ | −0.9 | 240 | 9 | 140 |
| $\varphi$ | 0.1 | 240 | −1 | 140 |
| $\omega$ | 0 | 320 | 0.5 | 220 |
| $\kappa$ | 0.1 | 220 | −1 | 120 |

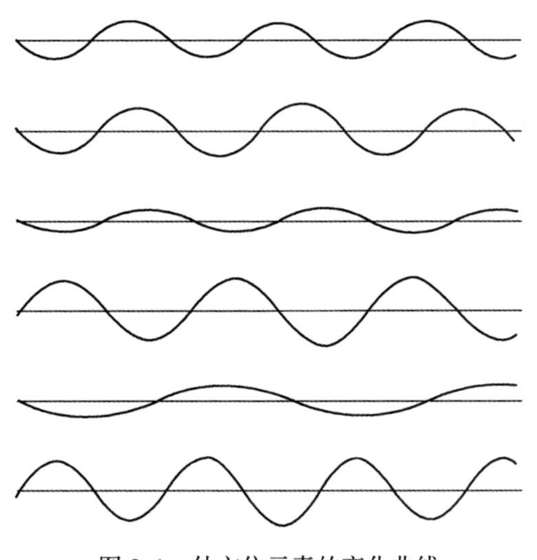

图 8.1　外方位元素的变化曲线

式（8.1）及表 8.1 参数是低频正、余弦振荡曲线，用于模拟卫星飞行中的 6 个外方位元素的变化，比较适合于线阵 CCD 影像摄影测量数学模拟实验研究。根据式（8.1）及表 8.1 参数，当姿态稳定度分别为 $1\times10^{-3}$（°）/s、$1\times10^{-6}$（°）/s 时，模拟外方位元素，其角度的变化如图 8.2～图 8.7 所示[2]。

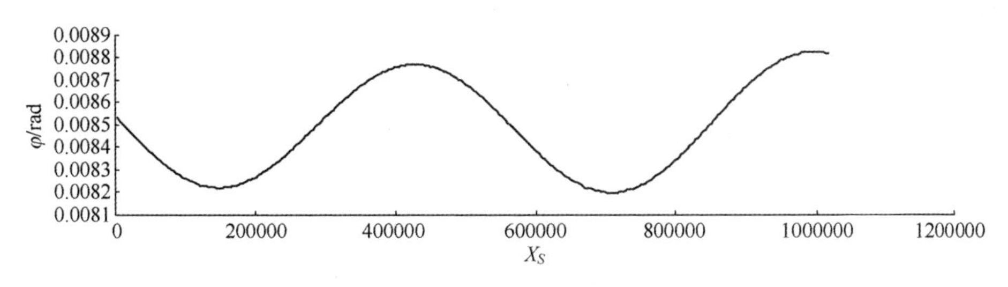


图 8.2　$\varphi$ 随 $X_S$ 变化图（见彩图）

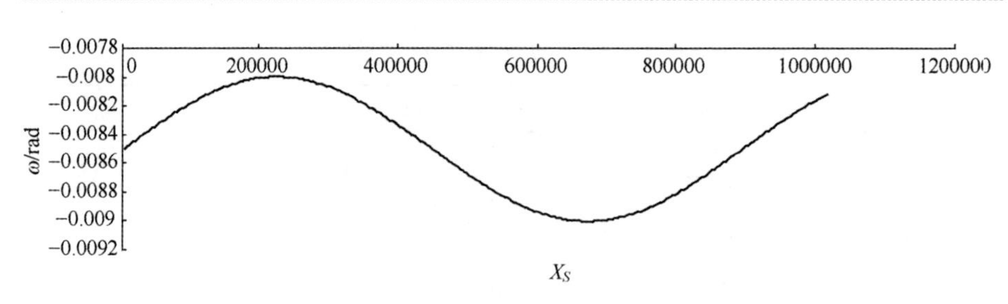


图 8.3　$\omega$ 随 $X_S$ 变化图（见彩图）

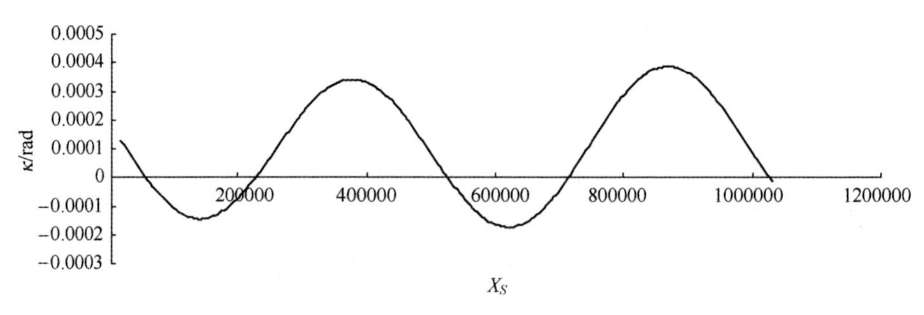


图 8.4　$\kappa$ 随 $X_S$ 变化图（见彩图）

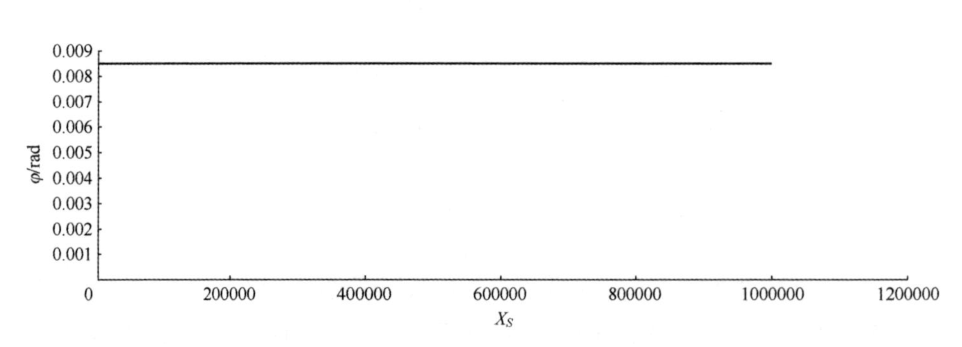


图 8.5　$\varphi$ 随 $X_S$ 变化图

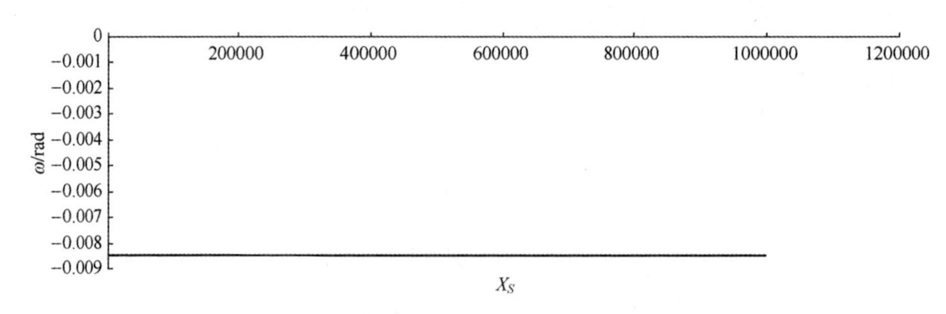


图 8.6　$\omega$ 随 $X_S$ 变化图

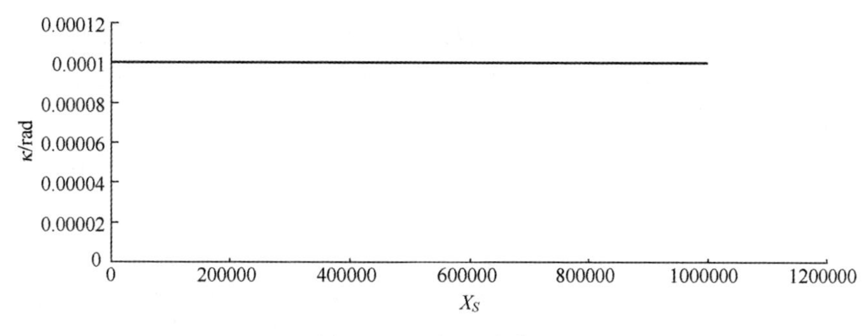


图 8.7　$\kappa$ 随 $X_S$ 变化图

从图中可以看出：当姿态稳定度达到 $1\times10^{-6}$ (°)/s 时，外方位元素基本没有变化，这是摄影测量理想状况，但从卫星工程角度来说，实现稳定度达到 $1\times10^{-6}$ (°)/s 难度很大，目前工程难以实现。

## 8.1.2　像点数据模拟

### 8.1.2.1　像地坐标正算

像地坐标正算是由已知 CCD 数字影像推扫坐标$(t_i, y_{\text{CCD}j})$，计算地面坐标$(X_j, Y_j, Z_j)$[3]。在已知外方位元素及该地区 DEM 情况下，按照单像定位原理进行地面点坐标的计算。

(1) 依照 2.2.2 节转换关系，将影像推扫坐标$(t_i, y_{\text{CCD}j})$转换至像平面坐标 $(x_j, y_j)$。

(2) 根据时间 $t_j$ 内插求出该时刻的外方位元素$(X_S, Y_S, Z_S, \varphi_i, \omega_i, \kappa_i)$，并取 $Z_j \approx Z_S$。

(3) 按式 (2.35) 计算地面点坐标 $(X_j, Y_j)$。

(4) 根据 $X_j$、$Y_j$ 从已知的 DEM 中内插 $h_j$，并计算 $Z_j = Z_{si} - h_j$。

(5) 重复步骤 (2)~(4)，比较 $X_j$、$Y_j$ 或 $h_j$ 数值的变化，直至小于规定值为止。

### 8.1.2.2　像地坐标反算

像地坐标反算是由已知地面点 $j$ 的地面坐标 $(X_j, Y_j, Z_j)$ 计算其 CCD 像点坐标$(t_i, y_{\text{CCD}j})$[3]。计算步骤如下。

(1) 按 $X_j$ 及 CCD 影像地面分辨率计算 $t_j$ 的近似值，即

$$t_j \approx (X_j - X_{S0}) / \text{GSD} \tag{8.2}$$

式中：$X_{S0}$为左上角点对应的外方位线元素（$X$ 方向）；GSD 为影像地面分辨率。

（2）根据时间 $t_j$ 内插求出该时刻的外方位元素$(X_S, Y_S, Z_S, \varphi_i, \omega_i, \kappa_i)$。

（3）按式（2.32）计算 $x_j$。

（4）计算 $x_j - f \cdot \tan\alpha$，此处 $\alpha$ 值根据立体相机而定。对于前视相机，$\alpha$ 取正号，后视相机 $\alpha$ 取负号，正视相机 $\alpha=0$。若 $x_j - f \cdot \tan\alpha$ 大于阈值，则计算 $t_j$，即

$$t_j = t_j + (x_j - f \cdot \tan\alpha) \tag{8.3}$$

（5）重复步骤（2）~（4），若小于或等于阈值，再按 2.2.2 节转换关系计算 $y_j$ 值。

#### 8.1.2.3 正向和反向相结合模拟

基于正向和反向模拟相结合的方法，其数学模型仍以共线条件方程和前方交会为基础，其主要过程如下[4]：

（1）按一定规则在扫描坐标系中生成前视和后视影像像点坐标（$t_{li}, y_{li}$）和（$t_{ri}, y_{ri}$），其坐标单位为像素，原点位于影像左上角，$t$ 与飞行方向一致，$y$ 垂直于飞行方向。

（2）根据摄影时影像的采样频率，利用 $t_{li}$ 和 $t_{ri}$ 计算出各自摄影时刻对应的外方位元素（$X_{Sl}, Y_{Sl}, Z_{Sl}, \varphi, \omega, \kappa$）及（$X_{Sr}, Y_{Sr}, Z_{Sr}, \varphi', \omega', \kappa'$）。

（3）利用 $y_{li}$ 和 $y_{ri}$ 计算其对应像平面坐标系中的坐标 $y'_{li}$ 和 $y'_{ri}$，即

$$y'_{li} = (y_{ol} - y_{li}) \cdot \text{pixel} \tag{8.4}$$

$$y'_{ri} = (y_{or} - y_{ri}) \cdot \text{pixel} \tag{8.5}$$

式中：$y_{ol}$、$y_{or}$分别为前视和后视相机 CCD 线阵上端点至像主点的像元数；pixel 为像元大小。

（4）根据像点坐标、外方位元素等数据，利用前方交会计算地面点坐标（$X_A, Y_A, Z_A$）。

（5）根据（$X_A, Y_A, Z_A$）、外方位元素等数据，利用共线条件方程循环迭代计算前视像点坐标（$t'_{li}, y'_{li}$）和后视像点坐标（$t'_{ri}, y'_{ri}$），直至满足一定条件为止。

（6）将前视、后视像点坐标转换为扫描坐标（以像素为单位），过程参见（2）、（3）。

### 8.1.3 影像数据模拟

线阵卫星影像模拟是根据已有正射影像和 DEM 数据，基于现有卫星平

台和有效载荷参数，利用共线条件方程逐像元进行模拟，其过程可看作是正射影像生成的逆过程[5-6]。基本思路是首先根据待模拟生成线阵 CCD 影像的参数，利用 DEM 数据，逐点计算 DEM 数据对应立体影像的像点坐标，然后将正射影像灰度值赋予对应像点处。利用正射影像模拟生成线阵 CCD 影像时，由于 CCD 数字影像是以 CCD 像元组成的栅格影像，所以，某点一般不会刚好落在某一个栅格位置上，而是在栅格之间，如图 8.8 所示。此时，$(t_i, y_{CCDj})$点的灰度可按式（8.6）进行双线性内插。

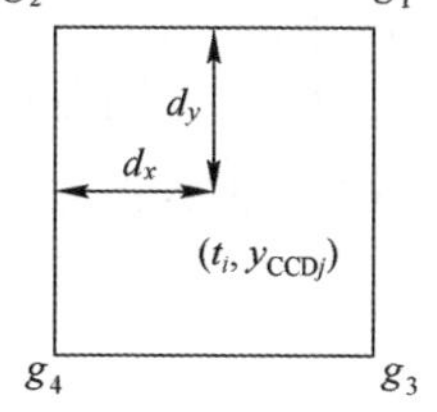

图 8.8　灰度双线性内插

$$g_{(t_i, y_{CCDj})} = d_y \cdot (d_x \cdot g_3 + (1-d_x) \cdot g_4) + (1-d_y) \cdot (d_x \cdot g_1 + (1-d_x) \cdot g_2) \tag{8.6}$$

式中：$g_{(t_i, y_{CCDj})}$为点$(t_i, y_{CCDj})$的灰度值；$g_1$、$g_2$、$g_3$、$g_4$ 为格网四角点灰度值；$d_x$、$d_y$ 为点$(t_i, y_{CCDj})$距左边、上边缘的相对距离。

## 8.2　定位精度评估

### 8.2.1　线阵立体影像定位精度模型

线阵立体影像在摄影测量中可等效于框幅式影像处理，如图 8.9 所示。对于三线阵影像而言，以正视为基准，将前视影像与后视影像按两条独立的摄影光束对待[7]。图 8.9 可等效于一个双模型，正视影像对应为双模型的重叠区域，此时可对前视影像和后视影像重叠区内模型点 $A$ 进行前方交会[8]。

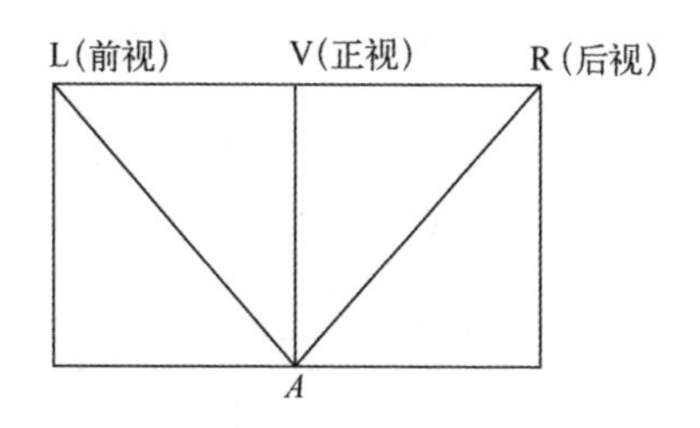

图 8.9　三线阵 CCD 影像构成的双模型

根据前方交会公式（2.56）可计算出模型点 $A$ 的地面点坐标，在式（2.58）、式（2.59）中，$(x_l, y_l)$为 $A$ 点在左影像上的像坐标，对于前视影像，$x_l =$

$f\tan\alpha$；$(x_r, y_r)$为 $A$ 点在右影像上的像坐标，对于后视影像，$x_r = -f\tan\alpha$；$f_l$、$f_r$ 为前视相机和后视相机的焦距，$f$ 为前视相机和后视相机的主距，$f=f_l\cos\alpha$。

为了便于对各项误差进行合理分配，需对式（2.56）进行微分，得空间前方交会的误差方程：

$$\begin{cases} dX_A = dX_{Sl} + NdX_l + X_l dN \\ dY_A = dY_{Sl} + \dfrac{1}{2}(NdY_l + Y_l dN + \\ \qquad N'dY_r + Y_r dN' + dB_Y) \\ dZ_A = dZ_{Sl} + NdZ_l + Z_l dN \end{cases} \tag{8.7}$$

式中：$dX_A$、$dY_A$、$dZ_A$ 为地面点 $A$ 的坐标误差；$dX_{Sl}$、$dY_{Sl}$、$dZ_{Sl}$为左摄站坐标的误差；$dX_l$、$dY_l$、$dZ_l$ 为 $A$ 点在左像空间坐标系内的坐标误差；$dY_r$ 为 $A$ 点在右像空间坐标系内的 $Y$ 坐标误差；$dN$、$dN'$为投影系数误差；$dB_Y$为摄影基线在 $Y$ 方向的分量误差[9]。

假定 $\varphi=\omega=\kappa\approx0$，$\varphi'=\omega'=\kappa'\approx0$，$f_l=f_r$，代入式（2.58）、式（2.59）并微分得

$$\begin{cases} dX_l = f_l d\varphi - y_l d\kappa + dx_l \\ dY_l = f_l d\omega + x_l d\kappa + dy_l \\ dZ_l = x_l d\varphi + y_l d\omega - df_l \end{cases} \tag{8.8}$$

$$\begin{cases} dX_r = f_r d\varphi' - y_r d\kappa' + dx_r \\ dY_r = f_r d\omega' + x_r d\kappa' + dy_r \\ dZ_r = x_r d\varphi' + y_r d\omega' - df_r \end{cases} \tag{8.9}$$

而此时相应的左（右）像空间坐标系内的坐标为

$$\begin{bmatrix} X_l \\ Y_l \\ Z_l \end{bmatrix} = \begin{bmatrix} x_l \\ y_l \\ -f_l \end{bmatrix} \tag{8.10}$$

$$\begin{bmatrix} X_r \\ Y_r \\ Z_r \end{bmatrix} = \begin{bmatrix} x_r \\ y_r \\ -f_r \end{bmatrix} \tag{8.11}$$

对竖直摄影而言，因 $\varphi'$、$\omega'$、$\kappa'$很小，故可假设 $Z_l\approx Z_r$，$X_l - X_r \approx b_x$，

$B_Z \approx 0$，$B_Y \approx 0$，则

$$\begin{cases} N = \dfrac{B_x Z_r - B_z X_r}{X_l Z_r - X_r Z_l} = \dfrac{B_x}{b_x} \approx m \\ N' = \dfrac{B_x Z_l - B_z X_l}{X_l Z_r - X_r Z_l} = \dfrac{B_x}{b_x} \approx m \end{cases} \tag{8.12}$$

式中：$m$ 为摄影比例尺分母；$b_x$ 为像基线长。

对式（8.12）微分后得

$$\begin{cases} \mathrm{d}N = \dfrac{m}{Z_l \cdot b_x}\left(\dfrac{Z_l}{m}\mathrm{d}B_x - \dfrac{X_r}{m}\mathrm{d}B_z - Z_l\mathrm{d}X_l + X_r\mathrm{d}Z_l + Z_l\mathrm{d}X_r - X_r\mathrm{d}Z_r\right) \\ \mathrm{d}N' = \dfrac{m}{Z_l \cdot b_x}\left(\dfrac{Z_l}{m}\mathrm{d}B_x - \dfrac{X_l}{m}\mathrm{d}B_z - Z_l\mathrm{d}X_l + X_l\mathrm{d}Z_l + Z_l\mathrm{d}X_r - X_l\mathrm{d}Z_r\right) \end{cases} \tag{8.13}$$

在线阵立体相机获取影像时，由于前视影像和后视影像获取时，其姿态是相互独立，误差是不相等的（$\mathrm{d}\varphi \neq \mathrm{d}\varphi'$，$\mathrm{d}\omega \neq \mathrm{d}\omega'$，$\mathrm{d}\kappa \neq \mathrm{d}\kappa'$），中误差是相等的（$m_\varphi = m'_\varphi$，$m_\omega = m'_\omega$，$m_\kappa = m'_\kappa$）。此时，将式（8.10）、式（8.11）、式（8.12）、式（8.13）代入式（8.7），合并整理后，即得到前方交会地面 $A$ 点坐标的误差公式：

$$\begin{cases} \mathrm{d}X_m = \mathrm{d}X_S + \dfrac{x}{2f_l\tan\alpha}\mathrm{d}B_X + \dfrac{H}{2}(1-\tan^2\alpha)(\mathrm{d}\varphi + \mathrm{d}\varphi') - \dfrac{Hy\tan\alpha}{2f_l}(\mathrm{d}\omega - \mathrm{d}\omega') - \\ \qquad \dfrac{Hy}{2f_l}(\mathrm{d}\kappa + \mathrm{d}\kappa') + \dfrac{H}{2f_l}(\mathrm{d}x_l + \mathrm{d}x_r) + \dfrac{H\tan\alpha}{2f_l}(\mathrm{d}f_l - \mathrm{d}f_r) \\ \mathrm{d}Y_m = \mathrm{d}Y_S + \dfrac{y}{2f_l\tan\alpha}\mathrm{d}B_X + \dfrac{Hy}{2f_l\tan\alpha}(\mathrm{d}\varphi' - \mathrm{d}\varphi) + \dfrac{H}{2}(\mathrm{d}\omega' + \mathrm{d}\omega) - \\ \qquad \dfrac{f_l^2 H\tan^2\alpha + Hy^2}{2f_l^2\tan\alpha}(\mathrm{d}\kappa' - \mathrm{d}\kappa) + \dfrac{Hy}{2f_l^2\tan\alpha}(\mathrm{d}x_r - \mathrm{d}x_l) + \dfrac{H}{2f_l}(\mathrm{d}y_r + \mathrm{d}y_l) \\ \mathrm{d}Z_m = \mathrm{d}Z_S + \dfrac{H}{B}\left[-\mathrm{d}B_X + \dfrac{H}{\cos^2\alpha}(\mathrm{d}\varphi - \mathrm{d}\varphi') + \dfrac{Hy\tan\alpha}{f_l}(\mathrm{d}\omega + \mathrm{d}\omega') + \right. \\ \qquad \left. \dfrac{Hy}{f_l}(\mathrm{d}\kappa' - \mathrm{d}\kappa) + \dfrac{H}{f_l}(\mathrm{d}x_l - \mathrm{d}x_r) + \dfrac{H\tan\alpha}{f_l}(\mathrm{d}f_l - \mathrm{d}f_r)\right] \end{cases}$$

（8.14）

若不考虑相机内方位元素误差时，根据各误差项平方和法则，将式（8.14）取中误差，可得

$$\begin{cases} m_X = \sqrt{m_{X_S}^2 + \frac{1}{4} m_{B_x}^2 + \frac{H^2}{2}(1-\tan^2\alpha)^2 m_\varphi^2 + \frac{(Y\tan\alpha)^2}{2} m_\omega^2 + \frac{(Y)^2}{2} m_\kappa^2 + \frac{1}{2} m_{x_l}^2} \\ m_Y = \sqrt{m_{Y_S}^2 + \frac{y^2}{4(f_l\tan\alpha)^2} m_{B_x}^2 + \frac{Y^2}{2(\tan\alpha)^2} m_\varphi^2 + \frac{H^2}{2} m_\omega^2 + \frac{(f^2 H\tan^2\alpha + Hy^2)^2}{2 f_l^4 \tan^2\alpha} m_\kappa^2 + \frac{Y^2}{2H^2\tan^2\alpha} m_{x_l}^2 + \frac{1}{2} m_{y_l}^2} \\ m_Z = \sqrt{m_{Z_S}^2 + \frac{H^2}{B^2}\left[m_{B_x}^2 + \frac{2H^2}{\cos^4\alpha} m_\varphi^2 + 2(Y\tan a)^2 m_\omega^2 + 2Y^2 m_\kappa^2 + 2m_{x_l}^2\right]} \end{cases} \tag{8.15}$$

式中：$Y=(H/f_l)\times y_l$；$m_X$、$m_Y$、$m_Z$ 为地面点坐标中误差；$m_{X_S}$、$m_{Y_S}$、$m_{Z_S}$为摄站中误差；$m_\varphi$、$m_\omega$、$m_\kappa$ 为姿态角中误差；$m_{x_l}$、$m_{y_l}$为像点量测中误差（地面比例尺），$m_{x_l}=m_{y_l}=(0.36\times GSD)$，其中 GSD 为地面分辨率；$m_{B_x}$为摄影基线中误差，$m_{B_x}=v\times m_t$，其中 $v$ 为卫星飞行速度，$m_t$ 为计时精度。

## 8.2.2 线阵立体模型高程精度估算

### 8.2.2.1 精度估算一

当卫星平台姿态稳定度为 $1\times10^{-6}$ (°)/s 时，从前视到后视影像，姿态变化可由下式表示：

$$d\alpha = 10^{-6}\cdot\frac{B}{v} \tag{8.16}$$

式中：$B$ 为摄影基线；$v$ 为卫星飞行速度，通常 $v=7.6$km/s。

$d\alpha$ 对高程的影响原理如图 8.10 所示，后视光线本应在 $S_1$ 时刻摄取点 $A$，由于光线偏转 $d\alpha$，致使延后至 $S_1'$，即后视光线摄影时刻为 $S_1'$。光线偏转 $d\alpha$ 后高程误差为

$$dh_\alpha = \frac{H}{B}\cdot\frac{H\cdot d\alpha}{\cos^2\alpha} \tag{8.17}$$

在卫星起始指向角非零情况下（存在 $\varphi_0$），立体交会不是标准模式，如图 8.11 所示。

此时，光束法平差后建立的无上下视差模型，必然出现模型连同基线均倾斜 $\varphi_0$ 的值（同样还有 $\omega_0$、$\kappa_0$ 影响）。在有地面控制点情况下，可以利用控制点绝对定向予以消除。在没有控制点情况下，必须依靠星上测定的外方位元素作绝对定向[3]。绝对定向后高程误差为

$$dh = \frac{H}{B}(dh_\alpha + dT\cdot v + Y\cdot d\kappa_0 + dM) + B\cdot d\varphi_0 + Y\cdot d\omega_0 + dZ_{S_0} \tag{8.18}$$

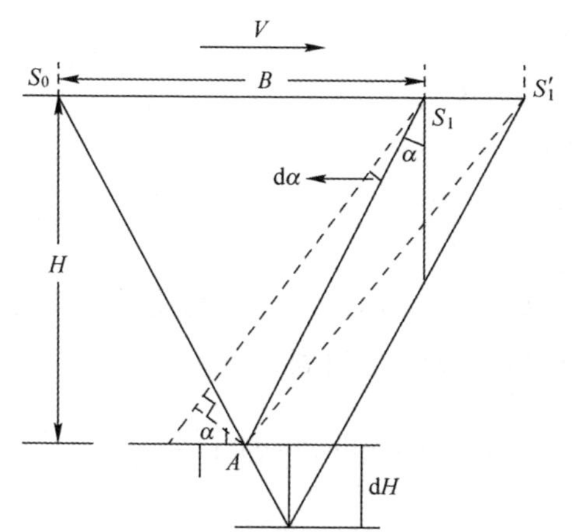

图 8.10　dα 引起的高程误差

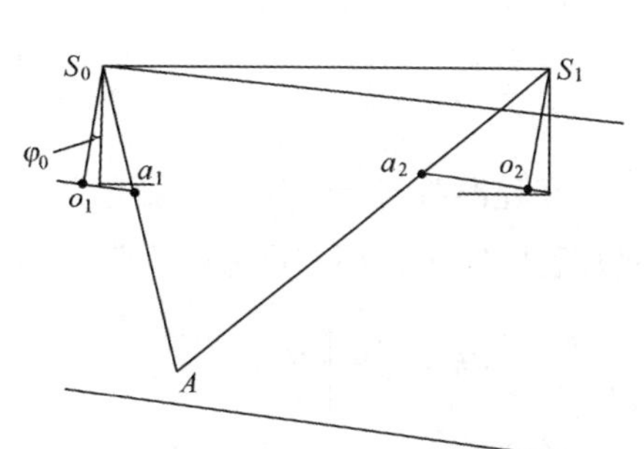

图 8.11　指向起始值为 $\varphi_0$ 的前方交会

### 8.2.2.2　精度估算二

当卫星姿态稳定度低于 $1\times10^{-6}$ (°)/s 时，角元素误差的累积值，已远大于星上姿态测量设备所观测的外方位角元素误差。因此，立体模型建立后，只能依靠外方位元素观测值按前方交会确定地面点坐标[10]。在卫星摄影测量中，轨道高较大，地形起伏高度相对于轨道高变化较小，此时，立体影像可看作基线水平的影像。若左右交会光线与正视方向夹角为 $\alpha$，按投影在主垂面上的前方交会如图 8.12 所示。

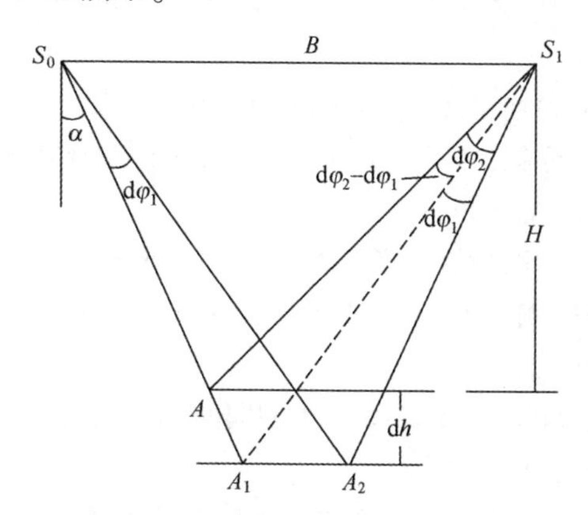

图 8.12　前方交会误差示意图

图 8.12 中，$A$ 为交会点的理想位置，$A_1$ 为受($d\varphi_2-d\varphi_1$)影响而交会的点，$A_2$ 为受 $d\varphi_1$、$d\varphi_2$ 共同影响交会的点。由于 $A_1$、$A_2$ 高程误差相近，故可从点 $A_1$ 推算。由 $d\varphi$ 产生的高程误差为

$$dh_{\varphi}=\frac{H}{B}\cdot\frac{H(d\varphi_2-d\varphi_1)}{\cos^2\alpha} \tag{8.19}$$

因 $d\varphi_1$、$d\varphi_2$ 相互独立，故对上式取中误差得

$$\sigma h_{\varphi}=\frac{H}{B}\sqrt{2}\cdot\frac{H\cdot\sigma\varphi}{\cos^2\alpha} \tag{8.20}$$

高程误差与计时误差、影像匹配误差以及 $d\kappa$ 引起的误差相关，由于 $d\omega$ 对高程的影响较小，可忽略不计，因此高程综合误差可表示为

$$dh=\frac{H}{B}\cdot\left[H\cdot\frac{(d\varphi_2-d\varphi_1)}{\cos^2\alpha}+dT\cdot v+Y\cdot(d\kappa_2-d\kappa_1)+dm\right]+dZ_{S_0} \tag{8.21}$$

将式（8.21）化为中误差，有

$$\sigma h=\sqrt{\frac{H^2}{B^2}\left[2\cdot\left(\frac{H\cdot\sigma\varphi}{\cos^2\alpha}\right)^2+2\cdot Y^2\cdot\sigma\kappa^2+(0.36\cdot \text{pixel})^2+0.7^2\right]+\sigma Z_{S_0}^2} \tag{8.22}$$

## 参考文献


[1] WU J, Triplet Evaluation of stereo-pushbroom scaner data [A]. Xv. ISPRS Com. 111 Congress, Rio de Jeneiro, 1984.

[2] 王建荣，胡莘．有理函数模型建模精度探讨［J］．测绘科学与工程，2012，32（2）：10-13.

[3] 王任享．三线阵 CCD 影像卫星摄影测量原理［M］．北京：测绘出版社，2016.

[4] 王建荣，杨秀策，周瑜，等．正向和反向相结合的卫星摄影数据模拟［J］．测绘科学与工程，2017，37（1）：30-34.

[5] 张祖勋，张剑清．数字摄影测量学［M］．武汉：武汉测绘科技大学出版社，1996.

[6] 王建荣，李晶，杨俊峰，等．三线阵 CCD 卫星影像的模拟［J］．测绘科学与工程，2008，28（3）：36-38.

[7] 王建荣，王任享，胡莘，等．三线阵 CCD 影像直接前方交会精度估算［J］．测绘科学，2009，34（4）：9-11.

[8] 牛瑞，王昱，王新义，等．航天双线阵相机无控定位性能预测与仿真［J］．测绘科学技术学报，2011，28（5）：351-354.

[9] 王之卓．摄影测量原理［M］．北京：测绘出版社，1990.

[10] 王任享．卫星光学立体影像制图高程精度的探讨［J］．测绘科学与工程，2008，28（4）：1-9.

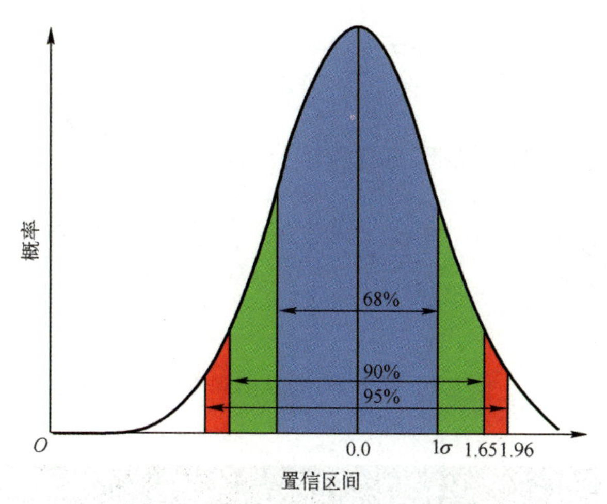

图 2.1　中误差和圆误差间的关系

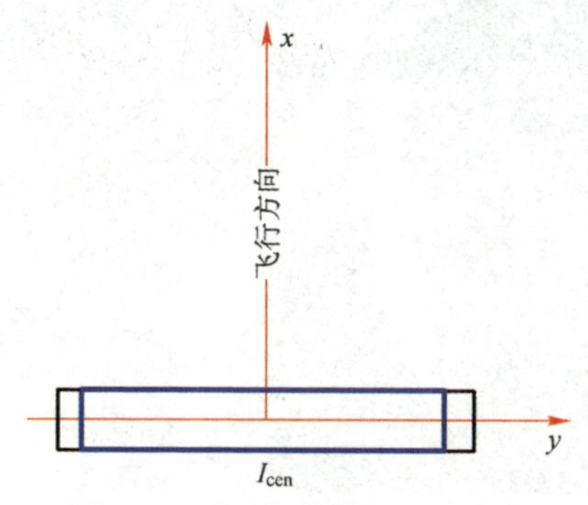

图 2.3　瞬时扫描坐标系示意图

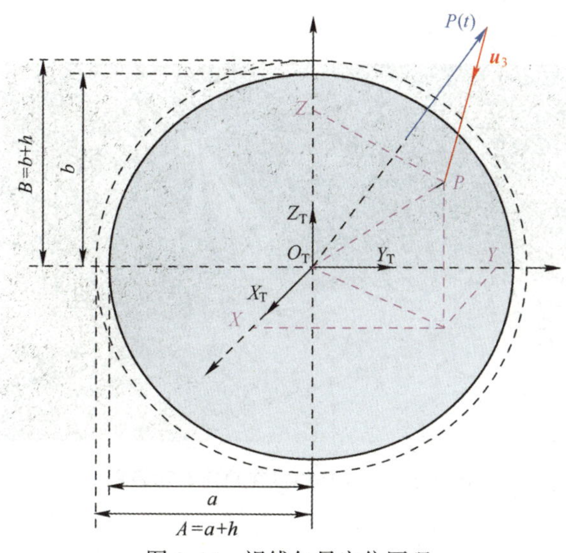

图 2.15　视线矢量定位原理

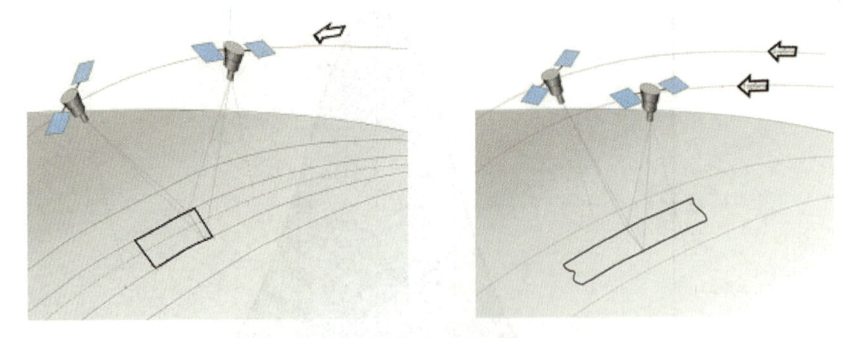

图 3.1 单线阵相机获取立体示意图

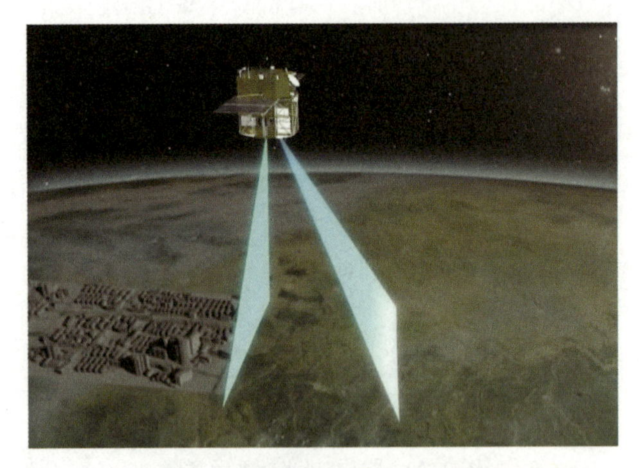

图 3.3 两线阵相机在轨摄影示意图

图 3.5 三线阵相机在轨摄影示意图

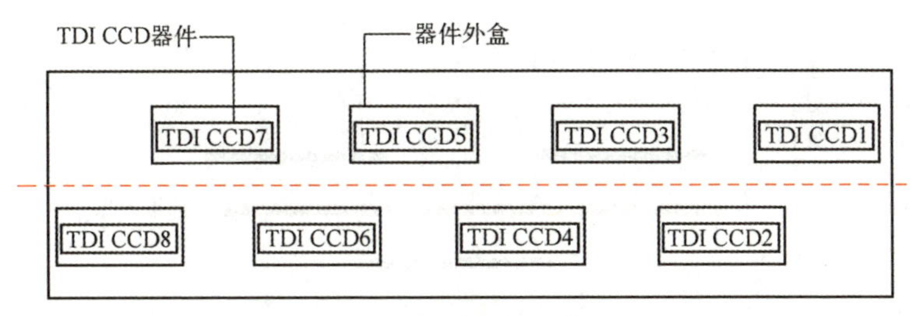


图 4.2 机械拼接示意图

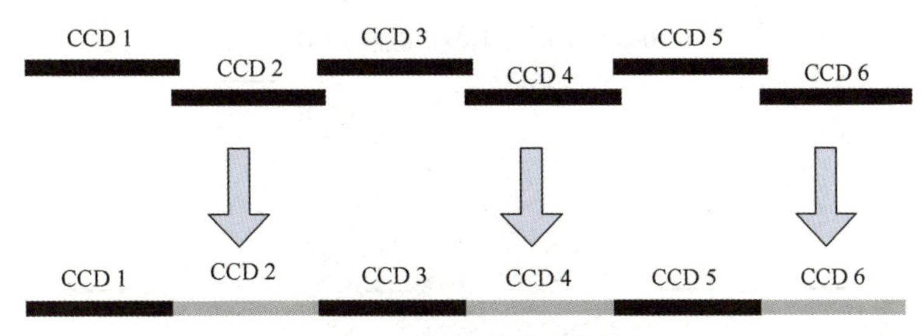


图 4.3 拼接前后示意图

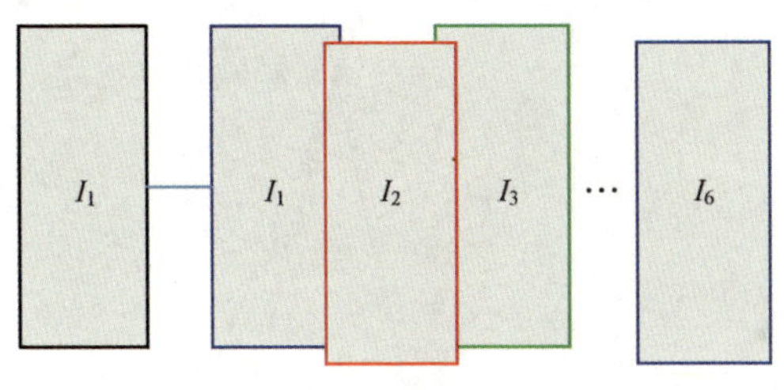


图 4.7 “逐片拼接式”拼接

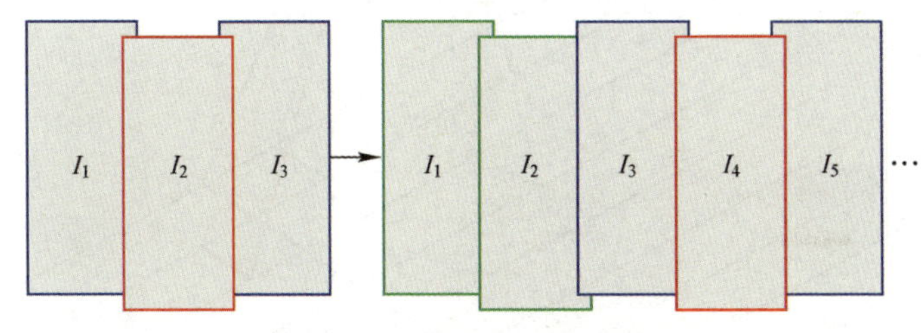


图 4.8 “三片嵌入式”拼接法

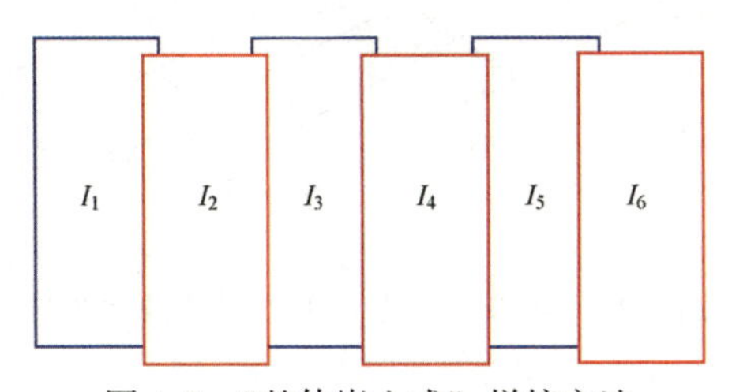


图 4.9 “整体嵌入式”拼接方法

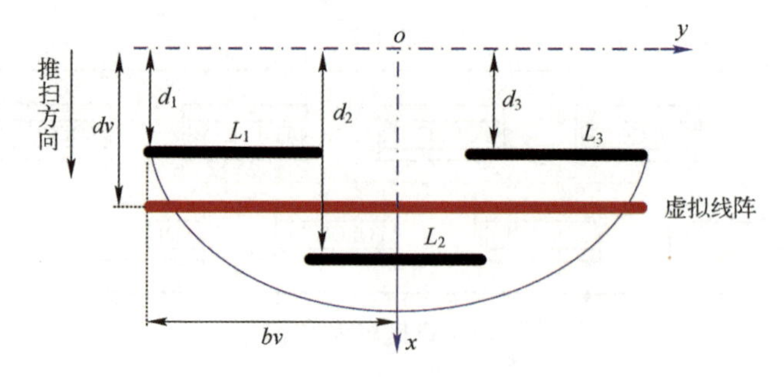


图 4.10　焦平面上虚拟长线阵 CCD 示意图

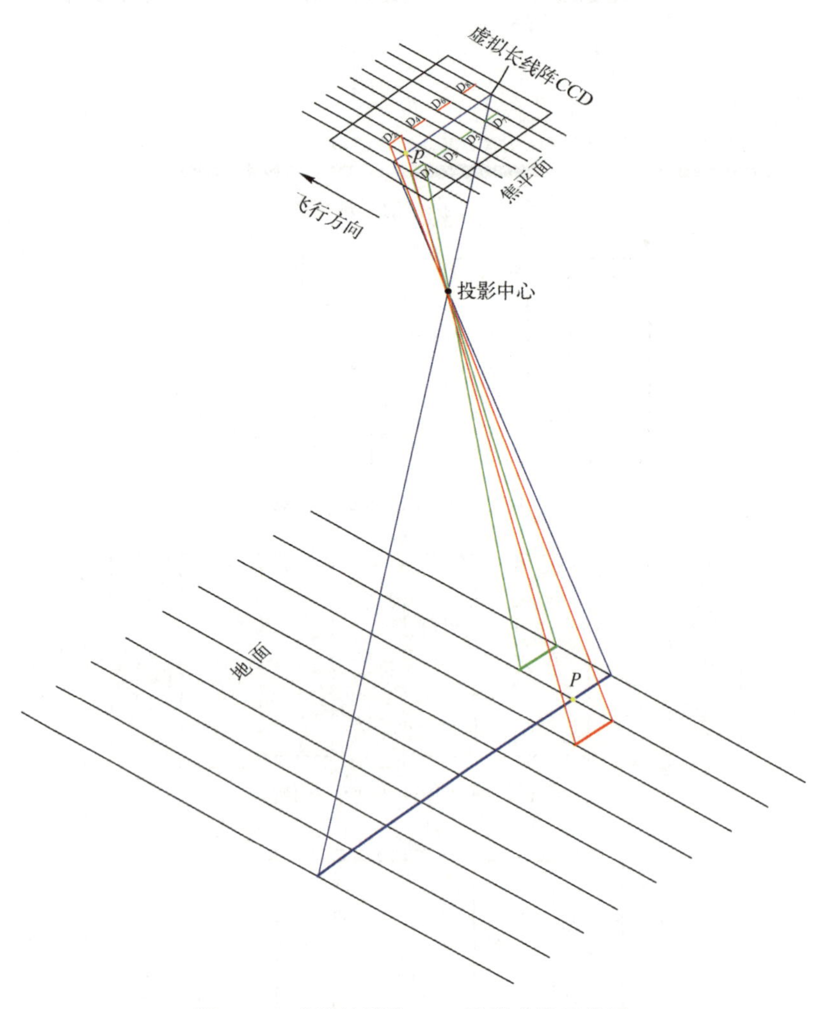


图 4.11　虚拟长线阵 CCD 及其成像示意图

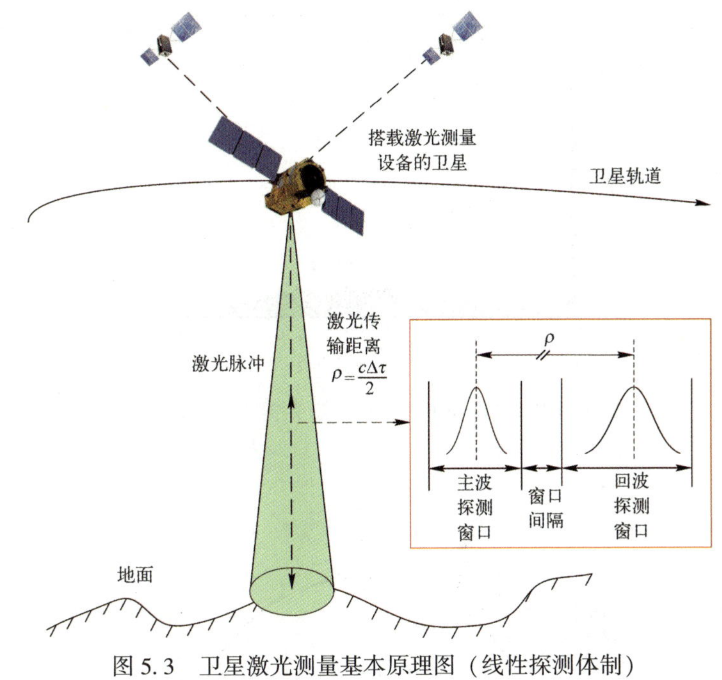


图 5.3　卫星激光测量基本原理图（线性探测体制）

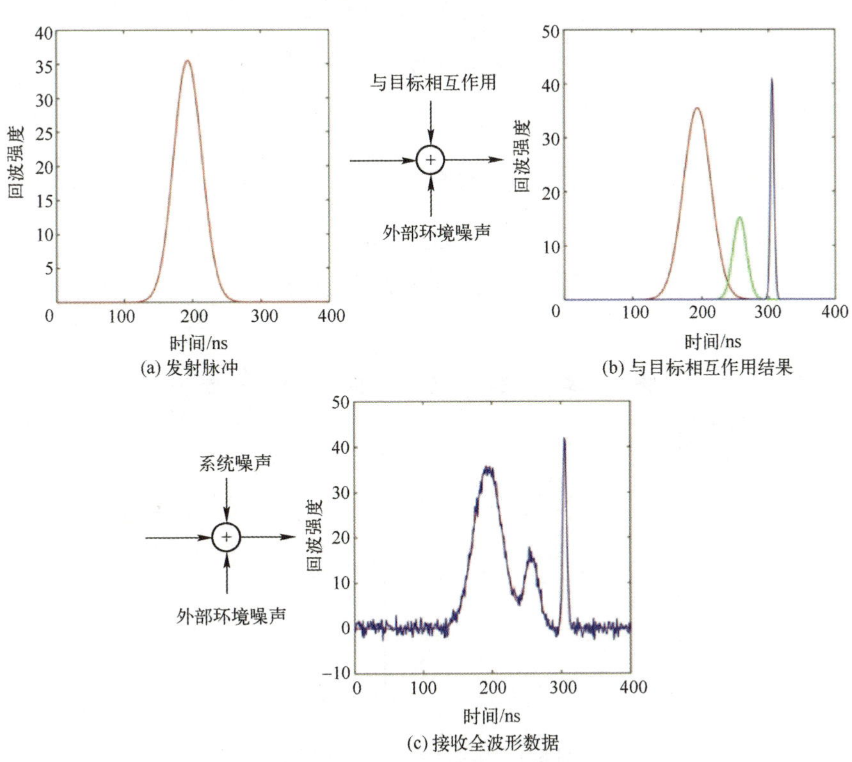


图 5.4　激光脉冲与多个目标相互作用后的波形结果

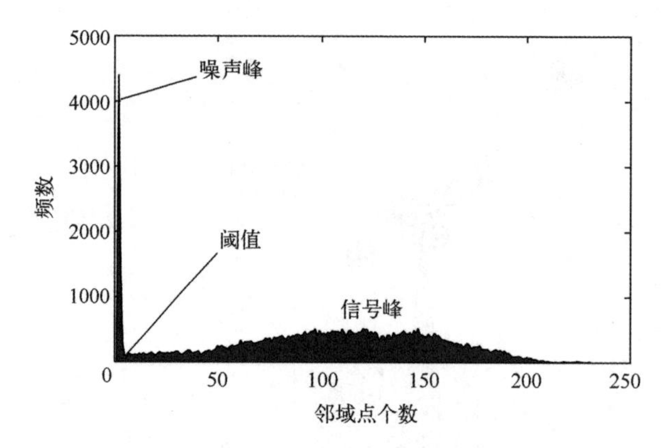

图 5.5　典型的双峰分布式单光子激光雷达点云密度直方图

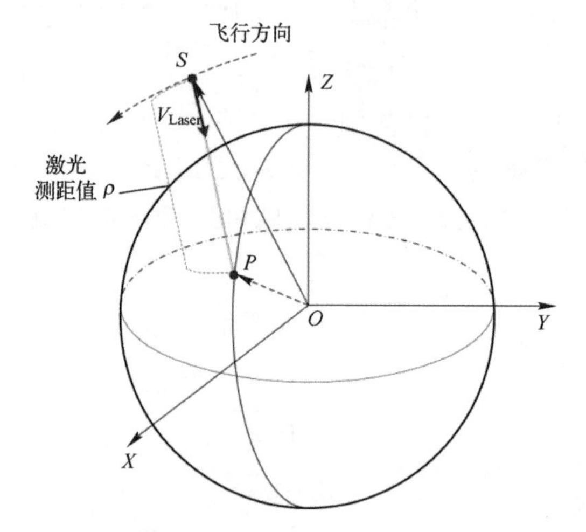

图 5.7　激光矢量定位示意图

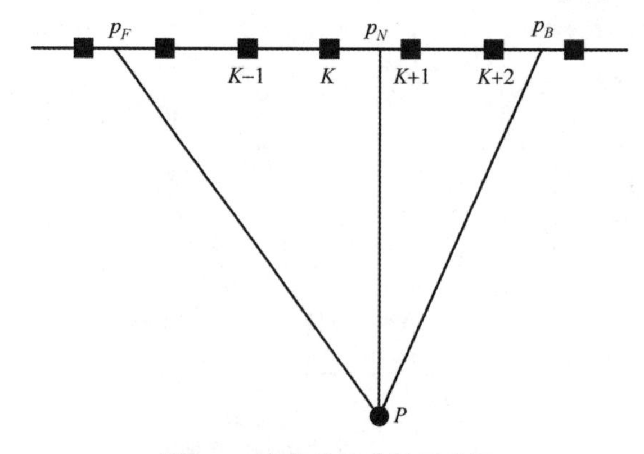

图 6.1　定向片法内插示意图

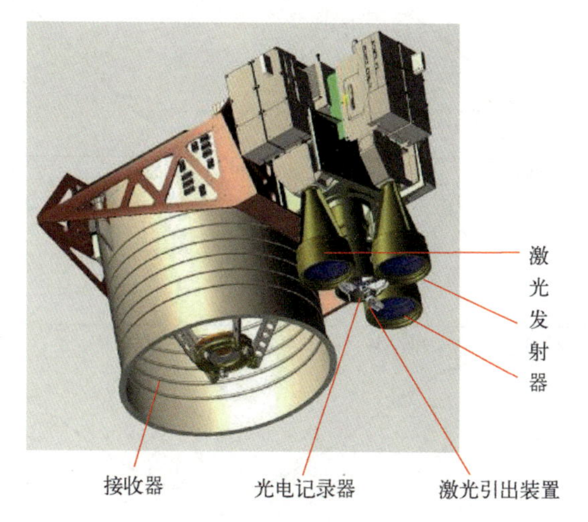


图 6.13　三波束激光测距仪示意图

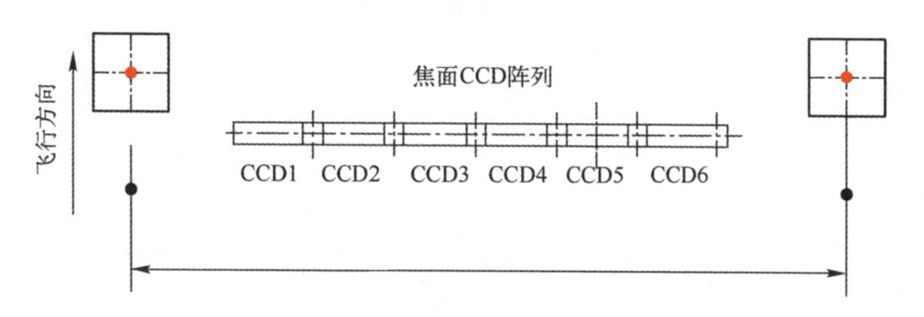


图 6.15　探测器与线阵相机焦面关系示意图

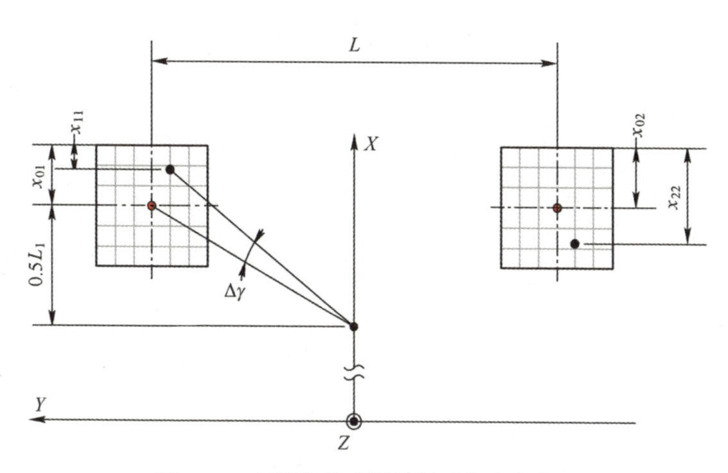


图 6.16　相机绕镜头视轴转动角度变化图

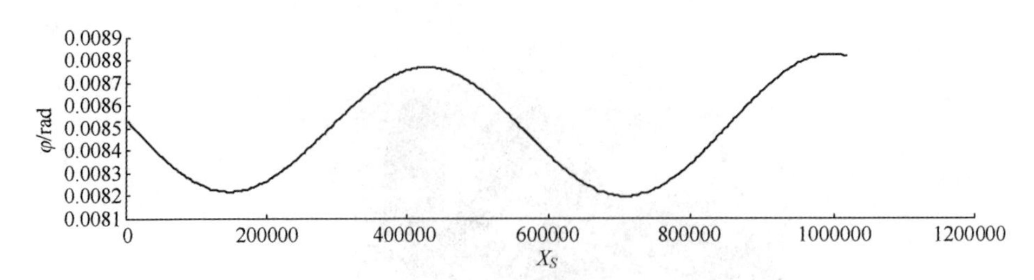


图 8.2　$\varphi$ 随 $X_S$ 变化图

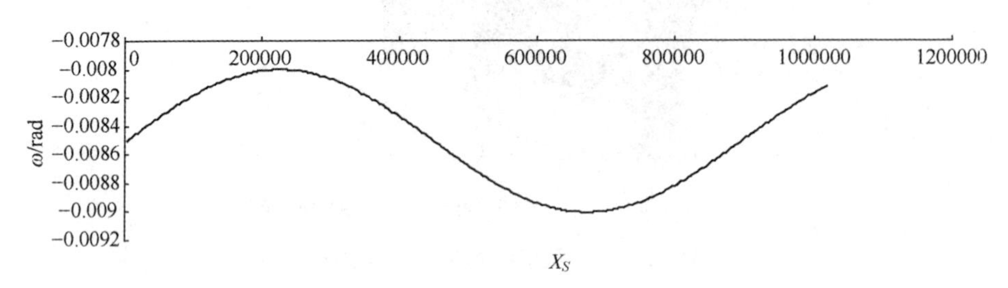


图 8.3　$\omega$ 随 $X_S$ 变化图

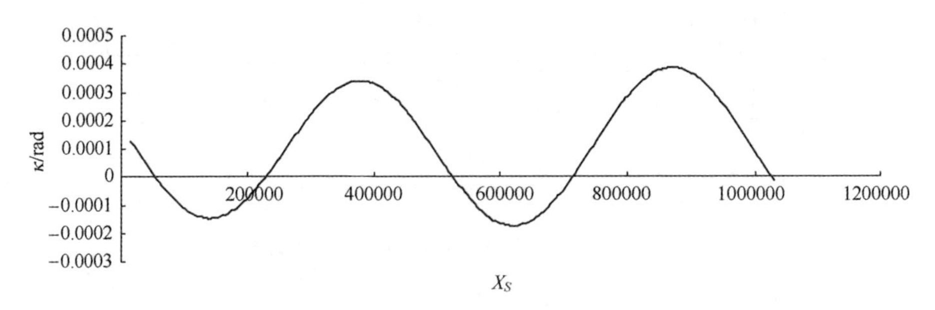


图 8.4　$\kappa$ 随 $X_S$ 变化图